U0268897

中国兽医科技发展报告

（2013-2014年）

CHINA VETERINARY SCIENCE AND
TECHNOLOGY DEVELOPMENT REPORT

农业部兽医局　编

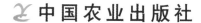

中国农业出版社

编 委 会

参编人员名单（按姓氏笔画排序）

关婕葳	李文合	杨　林	杨龙波	张淼洁	中国动物疫病预防控制中心
赵　婷	高胜普	翟新验			
王　琴	王鹤佳	毛开荣	宁宜宝	刘　燕	中国兽医药品监察所
杨秀玉	张广川	张存帅	顾进华		
王　栋	王永玲	王幼明	戈胜强	朱　琳	中国动物卫生与流行病学中心
刘华雷	刘雨田	孙淑芳	李　林	李金明	
吴晓东	张永强	赵思俊	倪雪霞	樊晓旭	
王晓钧	王笑梅	冯　力	朱远茂	乔传玲	中国农业科学院哈尔滨兽医研究所
刘胜旺	李慧昕	张振宇	薛　飞		
刘光远	独军政	殷　宏	郭建宏	窦永喜	中国农业科学院兰州兽医研究所
李泽君	林矫矫				中国农业科学院上海兽医研究所
李宏胜					中国农业科学院兰州畜牧与兽药研究所
闫喜军	张　蕾	赵建军			中国农业科学院特产研究所
刁青云	王　强				中国农业科学院蜜蜂研究所
王化磊	冯　娜	冯　烨	刘　全	杨松涛	中国农业科学院长春兽医研究所
高玉伟	涂长春	曹永国			
王崇明	史成银	白昌明	刘庆慧	李　杰	中国水产科学研究院黄海水产研究所
杨　冰	张庆利	莫照兰	黄　健		
石存斌	张德峰				中国水产科学研究院珠江水产研究所
王江勇	冯　娟	郭志勋			中国水产科学研究院南海水产研究所
卢彤岩	徐黎明				中国水产科学研究院黑龙江水产研究所
周俊芳	房文红				中国水产科学研究院东海水产研究所
曾令兵					中国水产科学研究院长江水产研究所
刘　荭					深圳出入境检验检疫局动植物检验检疫中心
邱　薇	范泉水				成都军区疾病预防控制中心
刘钟杰	吴聪明	张国中	金艺鹏	郭　鑫	中国农业大学
韩　博					

马 喆	许家荣	李玉峰	杨晓静	苗晋锋	南京农业大学
范红结	赵茹茜	费荣梅	曹瑞兵		
何启盖	陈冬梅	陈颖钰	周 锐	孟宪荣	华中农业大学
郭爱珍					
任 涛	李守军	郭霄峰			华南农业大学
丁 壮	白 雪	刘明远	刘晓雷		吉林大学
吴艳涛	胡顺林				扬州大学
赵 鹏					山东农业大学
巴音查汉					新疆农业大学
张传美	单 虎				青岛农业大学
王 文					南京师范大学
王 芳	何孔旺				江苏省农业科学院
沈锦玉	林 峰	潘晓艺			浙江省淡水水产研究所
郑雪莹					北京市动物疫病预防控制中心

感谢：（按姓氏笔画排序）

田宇飞　白 刚　司方方　曲韶梅　刘丽娟　刘金彪　杜 菊　李 娇　李 赫
李兆辉　李艳芳　杨 晓　杨 慧　陈慧娟　金映红　胡 骑　柳风祥　袁维峰
贾 红　高 娃
中国兽医协会

2013 年、2014 年，国家大力推进科技管理体制改革。2014 年 3 月，国务院下发了《关于改进加强中央财政科研项目和资金管理的若干意见》，针对我国科研项目安排分散重复、管理不够科学透明、资金使用效率亟待提高的三个突出问题，明确了使科研项目和资金配置更加聚焦国家经济社会发展重大需求，基础前沿研究、战略高精尖技术研究、社会公益研究和重大共性关键技术研究显著增强，财政资金使用效率明确提升，科研人员积极性和创造性充分发挥，科技对经济社会发展的支撑引领作用不断增强的五大目标，并进一步明确了财政部门、科技行政部门、行业主管部门、项目主管部门等科研管理及科研活动主体的权责利关系。

按照国务院的统一部署精神，科技部、财政部对科技项目、科技管理、成果转化等方面政策做出较大调整。农业部在统筹考虑农业的公益性地位和农业科技自身特征的基础上，在农业科技体制改革和机制创新上积极寻求突破，在加强科研项目和资金监管等方面修订完善规章制度，加强农业财政科研项目和资金管理的政策。各级兽医科研和技术支撑单位，全面落实改革措施，大力推进兽医科技体系创新。两年来，不仅在兽医科技项目管理机制上有了较大创新，也取得了丰硕的兽医科研成果。

为了系统评价我国兽医科技工作进展，准确把握科技发展需求，科学谋划科技资源布局，有效提升科技支撑能力，中国农业部兽医局决定每两年编制发布《中国兽医科技发展报告》（简称《报告》），供相关科技管理部门、畜牧兽医部门、科研机构、高等院校及相关决策和研究人员参考。

目前的《中国兽医科技发展报告（2013—2014 年）》是建立兽医科技发展定期评价制度后发布的第二份报告。为做好《报告》起草工作，中国农业部兽医局委托中国动物卫生与流行病学中心组成课题组，历时一年，对国内兽医研究力量较强的近30个兽医科研和技术支撑单位、高等学校和有关企业，就2013—2014年兽医科技发展状况进行了调查，系统梳理了中国兽医科技体系、动物疫病防治技术研究进展、动物产品安全评价与风险评估、兽医基础与临床研究进展、兽医药品和兽医器械、兽医科技发展需求与分析等内容。

在《报告》的编写过程中，得到了相关单位、科研机构、高等院校、企业和相关专家的大力协助与支持，在此一并表示感谢。由于本报告内容涉及专业领域多，编写时间紧、任务重，难免存在调查内容不全、覆盖面不够等情况，请读者批评指正。

目 录 CONTENTS

第一章

兽医科技体系

一、工作机构

（一）兽医科研院所体系

据不完全统计，我国中央层面，兽医科研院所体系包括：中国农业科学院哈尔滨兽医研究所、兰州兽医研究所、上海兽医研究所、北京畜牧兽医研究所、兰州畜牧与兽药研究所、特产研究所、长春兽医研究所，从事兽医相关领域全局性、基础性、关键性和方向性的重大科技问题研究；中国水产科学研究院设有相关水产研究所，从事水生动物疫病防治研究工作；中国检验检疫科学研究院，以检验检疫应用研究为主，同时开展相关软科学研究；中国林业科学研究院，主要从事野生动物保护方面应用基础、战略高技术、社会重大公益性等研究（表1-1）。地方层面，多数省份设有畜牧兽医研究院（所），结合当地畜禽养殖和疫病流行特点，从事相关研究工作，在提升国家兽医科技水平方面也发挥了重要作用。

表 1-1　中央层面兽医相关研究院所设置情况

单位名称	主要职能	单位地址	官方网站
中国农业科学院哈尔滨兽医研究所	根据国家战略需求、瞄准国际科学发展前沿、以知识创新为本，承担动物传染病防治相关领域全局性、基础性、关键性、方向性的重大科技项目，解决其相关的重大科技问题	黑龙江省哈尔滨市南岗区马端街 427 号	http://www.hvri.ac.cn

（续）

单位名称	主要职能	单位地址	官方网站
中国农业科学院兰州兽医研究所	承担国家重大项目和省级各类重点项目，培养兽医科学高级技术人才，推广先进科技成果和技术，根据行业发展趋势，提出中国兽医科学研究的发展方向和优先发展领域，协助国家、部门制定发展规划，为政府控制和消灭畜禽重大疫病决策提供技术咨询	甘肃省兰州市城关区盐场堡徐家坪1号	http://www.chvst.com
中国农业科学院上海兽医研究所	针对严重危害畜牧业生产的畜禽疫病和人畜共患病，开展前瞻性、关键性的预防控制技术及其基础理论研究	上海市闵行区紫月路518号	http://www.shvri.ac.cn
中国农业科学院北京畜牧兽医研究所	开展动物遗传资源与育种、动物生物技术与繁殖、动物营养与饲料、草业科学和动物医学五大学科的应用基础、应用和开发研究，着重解决国家全局性、关键性、方向性、基础性的重大科技问题	北京市海淀区圆明园西路2号	http://www.iascaas.net.cn
中国农业科学院兰州畜牧与兽药研究所	主要从事兽药创新，草食动物育种与资源保护利用，中兽医药现代化，旱生牧草品种选育与利用研究等应用基础研究和应用研究	甘肃省兰州市七里河区小西湖硷沟沿335号	http://www.lzmy.org.cn
中国农业科学院特产研究所	深入开展基础研究和应用基础研究，研究和解决特色产业发展中的重大基础理论和应用技术问题，促进农民增收和农业可持续发展，为特色经济发展提供科技支撑	吉林省长春市净月旅游开发区聚业大街4899号	http://www.caastcs.com
中国农业科学院长春兽医研究所	在动物病毒学、细菌学、寄生虫学、动物性食品安全等领域开展研究	吉林省长春市净月经济技术开发区柳莺西路666号	http://cvrirabies.bmi.ac.cn

（续）

单位名称	主要职能	单位地址	官方网站
中国检验检疫科学研究院	以检验检疫应用研究为主，同时开展相关基础、高新技术和软科学研究，着重解决检验检疫工作中带有全局性、综合性、关键性、突发性和基础性的科学技术问题，为国家检验检疫决策提供技术支持，并承担国家质检总局交办的相关执法的技术辅助工作	北京市亦庄经济技术开发区荣华南路 11 号	http：//www.caiq.org.cn
中国林业科学研究院	主要从事林业应用基础研究、战略高技术研究、社会重大公益性研究、技术开发研究和软科学研究，着重解决我国林业发展和生态建设中带有全局性、综合性、关键性和基础性的重大科技问题	北京市海淀区香山路东小府 1 号	http：//www.caf.ac.cn
中国水产科学研究院黄海水产研究所	主要研究领域为海洋生物资源可持续开发与利用，包括海水增养殖、渔业资源与环境和渔业工程技术等	山东省青岛市南京路 106 号	www.ysfri.ac.cn
中国水产科学研究院长江水产研究所	主要开展水产种质资源保存与遗传育种、濒危水生动物保护、渔业资源调查评估与水域生态环境监测保护、水产养殖基础生物学与养殖技术、鱼类营养与病害防治、水产品质量标准与检测等领域的应用基础和应用技术研究	湖北省武汉市东湖新技术开发区武大园一路 8 号	http：//www.yfi.ac.cn
中国水产科学研究院珠江水产研究所	承担我国珠江流域及热带亚热带渔业发展的科技创新和技术支撑任务。重点开展水产种质资源与遗传育种、水产养殖与营养、水产病害与免疫、渔业资源保护与利用、渔业生态环境评价与保护、水生实验动物、城市渔业和水产品质量安全等领域的研究，同时拓展转基因鱼、外来水生生物物种与生物安全等新兴领域研究	广东省广州市荔湾区西塱兴渔路 1 号	http：//www.prfri.ac.cn

（二）兽医高等院校体系

据不完全统计，我国大陆地区 68 所高校设有兽医学院或动物医学院（表 1-2）。其中，中国农业大学、华中农业大学、吉林大学、西北农林科技大学、浙江大学、西南大学和东北林业大学 7 所大学为"985"工程大学；上述 7 所大学以及南京农业大学、东北农业大学、华南农业大学、广西大学、四川农业大学、贵州大学、石河子大学、延边大学、宁夏大学、西藏大学、海南大学、青海大学共 19 所大学为"211"工程大学。高校的兽医相关学院是培养兽医工作者的摇篮。

表 1-2　设有兽医及相关专业的高等院校信息汇总

序号	高校名称	专业名称	所在省市	院校属性、特色	硕士博士学位授权
1	中国农业大学	动物医学	北京市	教育部直属重点高校，1954 年中央指定 6 所重点高校之一	博士一级学科授权
2	南京农业大学	动物医学动物药学	江苏省南京市	教育部直属重点高校，一级学科国家重点学科	博士一级学科授权
3	华中农业大学	动物医学动植物检疫	湖北省武汉市	教育部直属重点高校	博士一级学科授权
4	吉林大学	动物医学	吉林省长春市	教育部直属重点高校，二级学科国家重点学科	博士一级学科授权
5	东北农业大学	动物医学动物药学	黑龙江省哈尔滨市	二级学科国家重点学科	博士一级学科授权
6	华南农业大学	动物医学动物药学	广东省广州市	二级学科国家重点学科	博士一级学科授权
7	扬州大学	动物医学动植物检疫	江苏省扬州市	省部共建高校，省属重点高校，卓越工程师教育培养计划高校，卓越农林人才教育培养计划高校，二级学科国家重点学科	博士一级学科授权
8	西北农林科技大学	动物医学	陕西省杨凌区	教育部直属重点高校，二级学科国家重点学科	博士一级学科授权
9	甘肃农业大学	动物医学	甘肃省兰州市	省部共建高校，省重点建设高校	博士一级学科授权
10	内蒙古农业大学	动物医学动物药学动植物检疫	内蒙古呼和浩特市	国家林业局和内蒙古自治区共建重点高校，中西部高校基础能力建设工程农业类高校	博士一级学科授权

（续）

序号	高校名称	专业名称	所在省市	院校属性、特色	硕士博士学位授权
11	广西大学	动物医学	广西壮族自治区南宁市	省部共建高校，中西部高校提升综合实力计划建设高校	博士一级学科授权
12	四川农业大学	动物医学动植物检疫	四川省雅安市	以生物科技为特色，农业科技为优势的高校	博士一级学科授权
13	山东农业大学	动物医学动植物检疫	山东省泰安市	省属重点高校，山东特色名校工程，省部共建高校	博士一级学科授权
14	山西农业大学	动物医学动植物检疫	山西省太谷县	省部共建高校	博士一级学科授权
15	河南农业大学	动物医学动物药学动植物检疫	河南省郑州市	省部共建高校，2011计划牵头高校、特色重点学科项目建设高校	博士一级学科授权
16	黑龙江八一农垦大学	动物医学动物药学	黑龙江省大庆市	省属全日制普通高校	博士一级学科授权
17	湖南农业大学	动物医学动物药学动植物检疫	湖南省长沙市	"中西部高校基础能力建设工程"高校，省部共建高校	博士二级学科授权
18	吉林农业大学	动物医学动物药学	吉林省长春市	省属重点高校	博士二级学科授权
19	浙江大学	动物医学	浙江省杭州市	教育部直属高校，省部共建共管，C9联盟	博士一级学科授权
20	贵州大学	动物医学	贵州省贵阳市	省部共建高校，国家"中西部高校综合实力提升工程"高校之一	硕士一级学科授权
21	福建农林大学	动物医学	福建省福州市	省部共建高校，福建省重点建设高校	硕士一级学科授权
22	西南大学	动物医学动物药学	重庆市	省部共建高校，教育部直属重点高校	硕士一级学科授权
23	新疆农业大学	动物医学动物药学动植物检疫	新疆乌鲁木齐市	省属重点高校，国家林业局与新疆维吾尔自治区共建高校	硕士一级学科授权
24	安徽农业大学	动物医学动植物检疫	安徽省合肥市	省部共建高校，省属重点高校，中西部高校基础能力建设工程	硕士一级学科授权

（续）

序号	高校名称	专业名称	所在省市	院校属性、特色	硕士博士学位授权
25	云南农业大学	动物医学 动植物检疫	四川省昆明市	云南省省属重点高校	硕士一级学科授权
26	河北农业大学	动物医学 动物药学 动植物检疫	河北省保定市	省部共建高校，入选"中西部高校基础能力建设工程"的高校	硕士一级学科授权
27	江西农业大学	动物医学 动物药学 动植物检疫	江西省南昌市	全国重点高校，入选"中西部高校基础能力建设工程"、省部共建高校	硕士一级学科授权
28	青岛农业大学	动物医学	山东省青岛市	省属重点建设高校，山东特色名校工程	硕士一级学科授权
29	北京农学院	动物医学	北京市	北京市属农林高校	硕士一级学科授权
30	沈阳农业大学	动物医学 动物药学 动植物检疫	辽宁市沈阳市	"中西部高校基础能力建设工程"重点建设高校	硕士一级学科授权
31	天津农学院	动物医学 动植物检疫	天津市	天津市属普通本科高校	硕士一级学科授权
32	石河子大学	动物医学	新疆石河子市	国家"中西部高校综合实力提升工程"高校之一，"中西部高校基础能力建设工程"重点建设高校，教育部和新疆生产建设兵团共建高校	硕士一级学科授权
33	东北林业大学	动物医学	黑龙江省哈尔滨市	教育部直属重点高校	无
34	延边大学	动物医学	吉林省龙井市	"中西部高校基础能力建设工程"重点建设高校	硕士一级学科授权
35	河南科技大学	动物医学 动物药学 动植物检疫	河南省洛阳市	省属重点高校	硕士一级学科授权
36	宁夏大学	动物医学	宁夏银川市	宁夏回族自治区人民政府与教育部共建的综合性大学，国家"中西部高校综合实力提升工程"高校之一	硕士一级学科授权
37	河南科技学院	动物医学 动物药学 动植物检疫	河南省新乡市	省属普通本科院校	硕士一级学科授权
38	浙江农林大学	动物医学	浙江省杭州市	省属全日制本科院校	无

（续）

序号	高校名称	专业名称	所在省市	院校属性、特色	硕士博士学位授权
39	西南民族大学	动物医学	四川省成都市	教育部直属高校	硕士一级学科授权
40	长江大学	动物医学 动物药学	湖北省荆州市	省部共建高校	无
41	西北民族大学	动物医学	甘肃省兰州市	教育部属高校	硕士一级学科授权
42	西藏大学	动物医学 动植物检疫	西藏林芝	西藏自治区人民政府与教育部共建高校	硕士二级学科授权
43	佛山科学技术学院	动物医学	广东省佛山市	省属高等院校	硕士一级学科授权
44	河北北方学院	动物医学 动物药学 动植物检疫	河北省张家口市	省属高等院校	硕士一级学科授权
45	内蒙古民族大学	动物医学	内蒙古通辽市	国家民委和内蒙古自治区共建，省属重点高校	硕士一级学科授权
46	塔里木大学	动物医学 动植物检疫	新疆阿拉尔市	省部共建高校	硕士一级学科授权
47	安徽科技学院	动物医学 动物药学 动植物检疫	安徽省凤阳市	省属本科院校	无
48	安阳工学院	动物医学	河南省安阳市	省市共建本科高校	无
49	广东海洋大学	动物医学	广东省湛江市	国家海洋局、广东省人民政府共建高校	无
50	海南大学	动物医学	海南省海口市	海南省人民政府与教育部、财政部共建高校	无
51	河北工程大学	动物医学	河北省邯郸市	省部共建高校	无
52	河北科技师范学院	动物医学	河北省秦皇岛市	省部共建高校	无
53	河南牧业经济学院	动物医学 动物药学	河南省郑州市	省属高等院校	无
54	菏泽学院	动物医学	山东省菏泽市	省属高等院校	无
55	长春科技学院	动物医学	吉林省长春市	省属普通高校	无
56	吉林农业科技学院	动物医学 动物药学 动植物检疫	吉林省吉林市	省属普通高校	无

（续）

序号	高校名称	专业名称	所在省市	院校属性、特色	硕士博士学位授权
57	金陵科技学院	动物医学	江苏省南京市	普通本科高校	无
58	辽宁医学院	动物医学动植物检疫	辽宁省锦州市	省属普通高校	无
59	聊城大学	动物医学	山东省聊城市	省属普通高校	无
60	临沂大学	动物医学	山东省临沂市	省属普通高校	无
61	龙岩学院	动物医学	福建省龙岩市	省市共建高校	无
62	青海大学	动物医学动物药学	青海省西宁市	省部共建高校	无
63	四川民族学院	动物医学	四川省康定县	省属高校	无
64	西昌学院	动物医学动物药学	四川省西昌市	省属高校	无
65	信阳农林学院	动物医学	河南省信阳市	省属高等院校	无
66	宜春学院	动物医学	江西省宜春市	省属高校	无
67	辽东学院	动物医学	辽宁省丹东市	省属高校	无
68	沈阳工学院	动物医学	辽宁省抚顺市	省属高校	无

（三）技术支撑机构

中央层面上，农业部设有中国动物疫病预防控制中心、中国兽医药品监察所、中国动物卫生与流行病学中心3家直属机构（表1-3），并在中国农业科学院哈尔滨兽医研究所、兰州兽医研究所、上海兽医研究所、北京畜牧兽医研究所4家单位加挂中国动物卫生与流行病学中心分中心的牌子。地方层面上，各省、地（市）、县设有动物疫病预防控制中心，各省和部分地市设有兽药监察所，乡镇设有基层畜牧兽医站。此外，国家质量监督检验检疫总局分支机构设有动物及动物产品检测实验室，为实施动物及动物产品进出境检疫提供技术支撑。国家林业局设有中国林业科学研究院，为我国野生动物保护提供技术支撑。

表1-3 中央级兽医技术支撑机构

单位名称	主要职能	单位地址
中国动物疫病预防控制中心	承担全国动物疫情分析、处理，重大动物疫病防控，畜禽产品质量安全检测和全国动物卫生监督等工作	北京市朝阳区麦子店街20号楼

（续）

单位名称	主要职能	单位地址
中国兽医药品监察所	承担兽药评审，兽药、兽医器械质量监督、检验和兽药残留监控、菌（毒）种保藏，以及国家兽药标准的制修订、标准品和对照品制备标定等工作	北京市海淀区中关村南大街8号
中国动物卫生与流行病学中心	承担重大动物疫病流行病学调查、诊断、监测，动物卫生评估和动物及动物产品卫生质量监督检验，动物卫生法规标准和外来动物疫病防控技术研究和储备等工作	山东省青岛市市北区南京路369号

（四）兽医相关非政府组织

当前，兽医相关非政府组织主要有中国兽医协会、中国畜牧兽医学会和中国兽药协会（表1-4）。非政府组织通过组织学术交流、科技服务、科普等活动，为我国畜牧兽医科学技术发展、普及和推广产生了积极影响。

表 1-4 兽医相关非政府组织建立情况

组织名称	活动内容	组织形式
中国兽医协会	协调行业内、外部关系，支持兽医依法执业，维护兽医在执业活动中的合法权益，组织开展执业兽医的继续教育活动，指导动物诊疗机构规范化工作，普及兽医知识，传播科学思想和科学方法等	举办学术研讨会和行业展览，出版兽医刊物、软件、音像制品，建立行业网站等
中国畜牧兽医学会	开展国内外学术交流，编辑出版畜牧兽医书刊，对国家畜牧兽医科学发展战略、政策和经济建设的重大决策提供科技咨询和技术服务	
中国兽药协会	促进行业的技术进步和生产经营管理水平的提高，推广经营管理经验，扩大交流合作，分析动物保健品行业基本情况，市场发展动态	

（五）兽医高新技术企业

经不完全统计，当前我国大陆地区约有3 100多个兽医相关高新技术企业。这些企业在各省、自治区、直辖市的分布密度情况见表1-5，其中北京、上海、天津、江苏和山东是兽医相关高新技术企业最密集的5个省、直辖市。

表1-5　我国兽医相关高新技术企业分布

省份	高新技术企业（个）	省份	高新技术企业（个）
江苏省	338	陕西省	74
山东省	268	云南省	64
广东省	265	福建省	60
北京市	258	天津市	57
浙江省	225	海南省	50
四川省	202	内蒙古自治区	37
湖北省	159	广西壮族自治区	35
上海市	152	重庆市	34
湖南省	134	山西省	31
安徽省	114	甘肃省	28
河南省	107	新疆维吾尔自治区	21
黑龙江省	77	青海省	20
河北省	76	贵州省	16
吉林省	74	西藏自治区	16
江西省	74	宁夏回族自治区	12
辽宁省	74		

（六）兽医工程中心

截至目前，国家发展和改革委员会在兽医领域批准建设了1个工程研究中心，科学技术部批准建设了4个工程技术研究中心（表1-6）。

表1-6　兽医相关工程技术中心

批准单位	工程中心	主要业务范围	依托单位	地址
国家发展和改革委员会	动物用生物制品国家工程研究中心	开展动物疫苗、诊断制剂、血清等生物制品关键共性技术的研究开发和产业化；发展新型分子检测技术，构建相应的质量标准体系；提供成熟的先进工艺、技术和装备，满足动物防疫和畜牧业发展需求	中国农业科学院哈尔滨兽医所	哈尔滨市松北区创新三路789号

（续）

批准单位	工程中心	主要业务范围	依托单位	地址
科学技术部	国家家畜工程技术研究中心	主要开展猪主要经济性状的遗传规律与育种研究，猪分子生物学研究，瘦肉型猪规模化养殖技术体系研究与产业化示范及猪抗病育种等方面研究	华中农业大学	武汉市洪山区南湖瑶苑4号
科学技术部	国家家禽工程技术研究中心	主要研究、开发家禽优良品种选育、繁育技术，生产工艺与科学管理技术，饮用水水质控制技术，禽舍环境控制与装备研制技术，疫病综合防治、净化技术，饲料、添加剂及主要疫病疫苗。开展蛋鸡企业全程技术培训与管理服务	上海市新杨家禽育种中心	上海市闵行区紫月路518
科学技术部	国家奶牛胚胎工程技术研究中心	中心开发和建立奶牛良种繁育和推广体系。在性控精液生产，胚胎性别控制、鉴定和切割以及转基因和克隆等方面开展研究，与全国奶牛集中的地区对接建立奶牛技术推广站	北京三元集团公司	北京市延庆县北京奶牛中心延庆基地
科学技术部	国家兽用生物制品工程技术研究中心	中心主要以微生物大规模培养技术、抗原大规模浓缩提纯技术、新型耐热冻干保护剂技术、乳化工艺、免疫增强剂与免疫佐剂、生物活性肽与发酵工程技术开展研究	江苏省农业科学院和南京天邦生物有限公司	南京市玄武区钟灵街50号

二、重要技术平台

国家有关部委建设了3个国家兽医参考实验室、3个国家重点实验室、4个国家兽药残留基准实验室和8个国家级兽药安全评价实验室。世界动物卫生组织（OIE）国际参考实验室13个，协作中心2个；联合国粮农组织（FAO）参考中心1个。

（一）国家级实验室

1. 国家参考实验室

表1-7　国家兽医参考实验室

实验室名称	依托单位	主要职能
国家禽流感参考实验室	中国农业科学院哈尔滨兽医研究所	承担相关疫病的基础研究、疫苗和诊断试剂研发、疫情确诊、信息交流和技术推广工作
国家口蹄疫参考实验室	中国农业科学院兰州兽医研究所	
国家牛海绵状脑病参考实验室	中国动物卫生与流行病学中心	

2. 国家重点实验室

表 1-8　国家重点实验室

实验室名称	依托单位	研究内容
兽医生物技术国家重点实验室	中国农业科学院哈尔滨兽医研究所	针对重大动物疫病、重要人兽共患病和烈性外来病，开展流行病学与病原变异、病原致病机理与防控理论、新型疫苗及诊断技术、兽医基础免疫和实验动物资源与模式动物的研究
家畜疫病病原生物学国家重点实验室	中国农业科学院兰州兽医研究所	开展病原学及病原与宿主、环境相互作用规律的研究，包括：病原功能基因组学、感染与致病机理、病原生态学、免疫机理、疫病预警和防治技术基础研究
病原微生物生物安全国家重点实验室	中国农业科学院长春兽医研究所	重点开展病原微生物的发现、预警、检测和防御相关的理论和技术研究，以及病原微生物侦察、预警研究，病原微生物的快速检验、鉴定研究，新传染病的发现与追踪研究，重要病原微生物致病机理与防治基础研究

3. 国家兽药残留基准实验室

表 1-9　国家兽药残留基准实验室

实验室名称	依托单位	药物检测范围
国家兽药残留基准实验室	中国兽医药品监察所	氟喹诺酮类、四环素类和β受体兴奋剂类药物
	中国农业大学动物医学院	阿维菌素类、磺胺类、硝基咪唑类、氯霉素类和玉米赤霉醇类药物
	华南农业大学	有机磷类、除虫菊酯类、β-内酰胺类、砷制剂和己烯雌酚类药物
	华中农业大学	喹啉类、硝基呋喃类、苯并咪唑类药物

4. 国家兽药安全评价实验室

表 1-10　国家兽药安全评价实验室

实验室名称	依托单位	主要职责
国家兽药安全评价实验室	中国兽医药品监察所	开展兽药检验新技术、新方法的研究工作；开展兽用生物制品的生物安全评价研究工作；承担国家和农业部下达的兽药及其相关领域研究任务
	中国农业大学	研究兽药对环境生态影响；兽药安全性监测和风险评估；评价国内重点兽药环境安全性；建立有关行业标准

（续）

实验室名称	依托单位	主要职责
国家兽药安全评价实验室	华中农业大学	研究兽药对环境生态影响；兽药安全性监测和风险评估；评价国内重点兽药环境安全性；建立有关行业标准
	华南农业大学	开展兽用化学品的生态毒理学及对环境安全性的研究，制定有效的兽药风险评估方法，确定兽药残留的风险评估指标
	辽宁省兽药饲料监察所	承担国家政府部门指定的全国性兽药饲料产品质量抽检和信誉产品的评选、复查及跟踪检验；对实施兽药饲料生产许可证、进口饲料添加剂登记许可证的产品进行检验及对兽药饲料新产品的投产和科技成果的鉴定进行检验；承担兽药饲料产品质量的仲裁检验和委托检验；负责对兽药饲料企业和所辖地、市兽药饲料监察站（所）的技术指导，业务咨询及人员培训；研究开发兽药饲料新产品的检验技术与方法，承担或参与部分国家标准、行业标准和企业标准的制定、修订及兽药饲料标准的复核检验工作；承担国家四、五类新兽药的临床验证实验；承担加药饲料中药物的检验；承担北方地区进口疫苗、治疗用兽药和饲料添加剂的口岸检验
	上海市兽药饲料监察所	监督检验本市兽药、饲料添加剂质量，敦促兽药、饲料添加剂生产，经营和使用单位提高兽药、添加剂产品质量观念，查处制售伪劣兽药、饲料添加剂，保证用药安全有效
	四川省兽药监察所	负责本省兽药质量监督、检验、技术仲裁；承担兽药新制剂的质量复核；调查、监督全省兽药生产、经营和使用情况；承担兽药地方标准制订、修订、参与部分国家兽药标准的起草、修订工作；指导全省兽药生产、经营企业和制剂室质检机构的建设，并提供技术咨询、服务；负责全省兽药检验技术交流和技术培训；开展有关兽药质量标准、兽药检验技术、新方法及其他有关的研究工作；参与兽药生产企业的考核验收；负责全省兽药产品的预审
	广东省兽药与饲料监察总所	负责本辖区的兽药质量监督、检验、技术仲裁工作，并定期抽检兽药产品，掌握兽药质量情况。负责本辖区进口兽药的质量检验工作。负责完成上级畜牧兽医行政部门下达的兽药残留检验任务。负责兽药新制剂的质量复核检验和质量标准制、修订工作，并将新兽药、新制剂质量标准草案和标准制、修订说明及检验报告报畜牧兽医行政部门。负责制、修订兽药地方标准以及承担的兽药国家标准、行业标准起草、复核和修订工作。负责辖区内新兽药标准品、对照品原料的提供，并根据地方标准的需要，负责地方标准品、对照品的标定和管理工作

（二）国际参考实验室及协作中心和参考中心

表 1-11　国际兽医参考实验室及协作中心

实验室名称	依托单位	主要职能
OIE 高致病性禽流感参考实验室	中国农业科学院哈尔滨兽医研究所	承担相关疫病的基础研究、疫苗和诊断试剂研发、疫情确诊、信息交流、技术推广和政策研究评估工作
OIE 马传染性贫血参考实验室		
OIE 亚太区人畜共患病协作中心		
OIE 口蹄疫参考实验室	中国农业科学院兰州兽医研究所	
OIE 羊泰勒虫病参考实验室		
OIE 猪繁殖与呼吸障碍综合征参考实验室	中国动物疫病预防控制中心	
OIE 新城疫参考实验室	中国动物卫生与流行病学中心	
OIE 小反刍兽疫参考实验室		
OIE 兽医流行病学协作中心		
OIE 狂犬病参考实验室	中国农业科学院长春兽医研究所	
OIE 鲤春病毒血症参考实验室	深圳出入境检验检疫局	
OIE 传染性皮下与造血组织坏死症参考实验室	中国水产科学研究院黄海水产研究所	
OIE 对虾白斑病参考实验室		
OIE 猪链球菌病诊断国际参考实验室	南京农业大学	
OIE 亚太区食源性寄生虫病协作中心	吉林大学人兽共患病研究所	

表 1-12　FAO 参考中心

中心名称	依托单位	主要职责
FAO 动物流感参考中心	中国农业科学院哈尔滨兽医研究所	在全球动物流感防控及提升兽医公共卫生服务水平等方面提供专业服务、技术培训，与 FAO 合作开展动物流感监测和防控项目，开发动物流感新诊断技术，研发、生产和分享标准参考物质

（三）农业部学科群重点实验室

表 1-13　农业部兽医重点实验室

学科群	实验室名称	依托单位	研究方向和内容
兽用药物与兽医生物技术学科群	农业部兽用药物与兽医生物技术重点实验室	中国农业科学院哈尔滨兽医研究所	1. 流行病学与病原变异 2. 病原致病与免疫机制 3. 新型疫苗 4. 诊断技术 5. 实验动物
	农业部兽用药物创制重点实验室	中国农业科学院兰州畜牧与兽药研究所	1. 兽用化药的设计、合成及筛选 2. 天然药物筛选与兽用中药的研发 3. 生物药物制备与发酵合成 4. 药物筛选评价模型
	农业部兽用疫苗创制重点实验室	华南农业大学	1. 病原生态学与流行病学研究 2. 病原致病机理的研究 3. 新型兽用疫苗的研制 4. 传统疫苗生产工艺改进的研究 5. 兽用疫苗生物安全评价标准的研究
	农业部兽用诊断制剂创制重点实验室	华中农业大学	1. 诊断标识的挖掘与诊断试剂的分子设计 2. 诊断试剂的创制 3. 诊断试剂产业化关键技术研究 4. 诊断制剂的标准化研究 5. 诊断制剂的产业化与应用
	农业部兽用生物制品工程技术重点实验室	江苏省农业科学院	1. 抗原高效制造和浓缩纯化技术 2. 耐热保护技术和乳化技术 3. 新型免疫佐剂和免疫增强剂 4. 重组蛋白技术、质粒纯化技术和疫苗的剂型
	农业部特种动物生物制剂创制重点实验室	中国农业科学院长春兽医研究所	1. 特种动物重大传染病监测与流行病学调查 2. 特种动物重大传染病病原学研究 3. 特种动物重大传染病快速诊断制品的研究与开发 4. 特种动物重大传染病新型疫苗和治疗制剂的研究与开发 5. 特种动物重大传染病应急与处置
	农业部渔用药物创制重点实验室	中国水产科学研究院珠江水产研究所	1. 渔药创制基础研究 2. 免疫技术研究与疫苗创制 3. 病原检测技术研究与试剂盒创制 4. 药物安全使用技术研究与新型药物创制 5. 生态防控技术研究与生态防控制剂创制 6. 渔药区域化技术集成

（续）

学科群	实验室名称	依托单位	研究方向和内容
兽用药物与兽医生物技术学科群	农业部兽用生物制品与化学药品重点实验室	中牧实业股份有限公司	1. 兽用疫苗与诊断试剂研发 2. 饲料及饲料添加剂研发 3. 兽药研发
	农业部动物疫病防控生物技术与制品创制重点实验室	肇庆大华农生物药品有限公司	1. 畜牧养殖重大疫病和人畜共患病疫苗研制 2. 动物疾病检测和鉴别诊断技术研究 3. 诊断制品规模化生产关键技术平台及动物疫病防控公共服务平台搭建 4. 兽用疫苗规模化生产关键技术研究
	农业部生物兽药创制重点实验室	天津瑞普生物技术股份有限公司	1. 新型兽用生物制品研发 2. 现代中兽药研发 3. 饲料添加剂的研发
	农业部禽用生物制剂创制重点实验室	扬州大学	1. 禽用诊断试剂和试剂盒研制 2. 禽治疗用生物制品的研制 3. 禽预防用生物制品研制
动物疫病病原生物学学科群	农业部动物疫病病原生物学重点实验室	中国农业科学院兰州兽医研究所	以动物病毒、细菌和寄生虫为研究对象，针对口蹄疫、禽流感、蓝耳病、猪瘟等重要动物疫病，开展动物重大疫病、外来疫病、人兽共患病病原的功能基因组学与蛋白质组学、感染致病机理与免疫机理、病原生态学与流行病学、诊断与检测技术、新型疫苗与生物兽药等研究，解析病原对宿主的致病机制以及宿主对病原免疫应答的机理，发展或提出新的疫病防控理论或观点，从而为疫苗创制和免疫诊断方法的建立提供理论指导
	农业部动物病毒学重点实验室	浙江大学	1. 疫病病原学与致病机制：病毒性疫病的病原学与流行病学研究；细菌性疫病的病原生物学与流行病学研究，疫病病原体与宿主的相互作用研究 2. 动物疫病免疫干预：免疫活性细胞因子的生物学特性；动物 T 细胞受体基因的功能与免疫干预调控；免疫干预活性物质发掘与生物学活性 3. 新型兽用生物制品研制：新型诊断试剂的研制；传统疫苗的技术改良与新型疫苗的创制；疫苗生物反应器开发
	农业部动物细菌学重点实验室	南京农业大学	1. 进行猪链球菌病、副猪嗜血杆菌病、附红细胞体病、大肠杆菌病、猪圆环病毒病、猪繁殖与呼吸综合征、猪乙型脑炎病、禽流感等重大动物疫病的致病机制及诊断、免疫和防控技术研究 2. 进行球虫、捻转血矛线虫等畜禽寄生虫病的致病机理及防控技术研究 3. 进行嗜水气单胞菌病、对虾白斑综合征等水生动物病原菌的致病机制及防控技术研究

（续）

学科群	实验室名称	依托单位	研究方向和内容
动物疫病病原生物学学科群	农业部动物寄生虫学重点实验室	中国农业科学院上海兽医研究所	1. 兽医寄生虫的保存、分类和分子病原学研究 2. 兽医寄生虫的流行病学研究 3. 兽医寄生虫病的发生和免疫学机理研究 4. 药代动力学、药物杀虫机理、新兽药、新剂型研究 5. 兽医寄生虫基因结构分析与基因工程疫苗研究
	农业部动物免疫学重点实验室	河南省农业科学院	1. 动物免疫学基础理论 2. 重大动物疫病发病机制 3. 免疫学快速检测技术与新型疫苗研究
	农业部动物流行病学与人畜共患病重点实验室	中国农业大学	1. 动物分子病毒学 2. 动物免疫学 3. 分子寄生虫学与寄生虫病防治 4. 动物疫病诊断与防治技术 5. 外来动物疫病监测与实验动物模型
	农业部动物疾病临床诊疗技术重点实验室	内蒙古农业大学	1. 家畜普通疾病诊断与治疗技术 2. 动物感染性疾病病原生物学 3. 兽药残留检测技术
农产品质量安全学科群	农业部兽药残留及违禁添加物检测重点实验室	中国农业大学	1. 高通量仪器痕量/超痕量确证检测和筛查技术 2. 快速检测技术和检测产品研究 3. 样品前处理技术研究 4. 兽药残留风险评估技术研究
	农业部兽药残留检测重点实验室	华中农业大学	1. 兽药残留检测方法研究及国家标准制订 2. 兽药残留快速检测核心试剂及试剂盒研究 3. 兽药残留检测靶标研究 4. 兽药残留检测标准研究

（四）基础物资储备中心

表 1-14　动物疫病防控物资储备中心

储备中心名称	职责	依托单位	地址	联系方式
国家兽医微生物菌种保藏中心	收集兽医微生物菌种,进行鉴定和保藏,并为兽医生物药品制造单位、科研机构及农业院校提供应用,满足生产、科研和教学的需要	中国兽医药品监察所	北京市中关村南大街 8 号	010-62158844
国家动物血清库	对库存动物血清样品进行追溯性检测研究,对新发现的外来动物疫病进行追溯和示踪	中国动物卫生与流行病学中心	山东省青岛市南京路 369 号	0532-85622886

（续）

储备中心名称	职责	依托单位	地址	联系方式
亚太水产养殖中心网络（NACA）水生动物健康资源中心	收集、保存、交流水生动物卫生相关资源，提供技术交流和培训	中国水产科学研究院黄海水产研究所	山东省青岛市南京路 106 号	0532-85823062

（五）实验动物种质中心

表 1-15　实验动物种质中心

种质中心名称	职责	依托单位	地址	联系方式
国家啮齿类实验动物种子中心	实验动物的保种、育种与生产供应，实验动物质量检测，实验动物环境设施与设备检测，动物源性材料病毒安全性检测和病毒灭活效果验证，基因工程动物研究和动物模型研发	中国食品药品检定研究院	北京市丰台区东铁匠营顺四条 10 号	010-67639117
国家禽类实验动物种子中心	引进、收集和保存禽类实验动物品种、品系；研究禽类实验动物保种新技术；培育禽类实验动物新品种、品系；为国内外用户提供标准的禽类实验动物种子	中国农业科学院哈尔滨兽医研究所	哈尔滨市香坊区哈平路 678 号	0451-51661503
国家遗传工程小鼠种子中心	为科研机构及医药产业提供完整的人类重大疾病模型保种、生产、供应、信息咨询和人才培训等服务	南京大学	南京市鼓楼区汉口路 22 号	025-58641559
国家兔类实验动物种子中心	开展兔类实验动物种质资源及其相关生物资源的收集、保存、鉴定，繁育、生产、供种和供应；疾病动物模型表型研究；动物福利与关怀研究；动物实验技术服务和人员培养；实验动物资源的信息港共享工作	中国科学院上海实验动物中心	上海市松江区九亭镇南洋路 2 号	021-67632805
国家犬类实验动物种子中心	进行规范化和标准化的 Beagle 犬保种、育种及种质资源开发研究，培育出具有自主知识产权和具有中国特色的 Beagle 犬，创建 Beagle 犬生产、科研、新药安评研究一条龙服务	广州医药工业研究院	广州市珠江区江南大道中 134 号	020-66284075

种质中心名称	职责	依托单位	地址	联系方式
国家非人灵长类实验动物中心	主要从事非人灵长类实验动物的繁育和供应，药物非临床评价以及各类疾病模型研究	苏州西山中科实验动物有限公司	苏州西山镇东河新区	0512-66370160
国家实验动物数据资源中心	承担中国实验动物信息网和国家实验动物资源库的建设及运行管理工作	广东省实验动物监测所	广州市萝岗区科学城风信路11号	020-84106829

三、兽医科技管理

（一）兽医科技立项情况

1. 兽医科技项目资助总体概况

对14个科研院所、9所高等院校、3个技术支撑机构的科技项目进行统计分析，2013—2014年上述26家单位新增各类兽医领域项目1 159项，经费总额超8.3亿元（表1-16）。

其中，中央财政支持项目448项，包括"973""863"、国家科技支撑计划、国家自然科学基金、"948"项目、公益性行业（农业）科研专项和其他各类科技计划，经费总额约4.4亿元；地方财政资助422项，经费总额约1.7亿元；横向合作项目为262项，资金总额约1.8亿元；国际资助项目为37项，资金总额约0.4亿元。项目数量和资助金额显示，地方财政和横向合作财政支持比例较往年大幅提高，特别是横向合作支持提高最大。

表 1-16　科研项目资助总体情况

资助层级	项目数（项）	金额（万元）
中央财政	448	44 385.1
地方财政	422	16 923.3
横向合作	252	17 913.8
国际资助/合作	37	4 377.3
合计	1 159	83 599.5

2. 各级财政对《国家中长期动物疫病防治规划（2012—2020年）》中涉及16种优先防治病种科研资助情况

26家单位在2013—2014年间新增立项中，各级财政对《国家中长期动物疫病防治规划（2012—2020年）》中16种优先防治病种科研项目资助情况见表1-17，中央财政和地方财政支持力度远高于横向合作资金，但资助比重偏低。国际合作项目支持的比重最高，37个项目中有16个项目涉及优先防治病种。值得一提的是，地方财政对16种优先防治病种科技项目资助金额比例最高，达47%。

表1-17 涉及16种优先防治病种科研项目资助总体情况

资助层级	涉及16种优先防治病种项目		未涉及优先防治病种项目	
	项目数（项）	金额（万元）	项目数（项）	金额（万元）
中央财政	109	12 030.0	339	32 355.2
地方财政	111	7 886.1	311	9 037.2
横向合作	25	3 376.8	227	14 537.0
国际资助/合作	16	1 630.0	21	2 747.4

3. 各级财政支持结构情况

2013—2014年26家单位新增立项中，各级财政对不同技术研究领域科研项目资助情况见表1-18和图1-1。从统计情况看，中央和地方财政对应用研究的支持力度远高于基础研究及其他技术领域，地方财政尤为明显。地方财政对集成示范技术领域支持力度最大。各级财政对软科学研究支持力度均较小。

表1-18 兽医科技管理例表各技术方向科研项目国家资助情况

研究领域	中央财政		地方财政		横向合作		国际资助/合作	
	项目数（项）	金额（万元）	项目数（项）	金额（万元）	项目数（项）	金额（万元）	项目数（项）	金额（万元）
基础研究	318	18 804.9	170	2 819.1	24	679.0	11	1 456.4
应用研究	122	23 420.3	186	12 536.0	209	16 652.5	20	2 289.0
集成示范研究	6	1 970.0	54	1 506.5	12	281.3	3	597.0
软科学研究	2	190.0	12	121.7	7	301.3	3	35.0

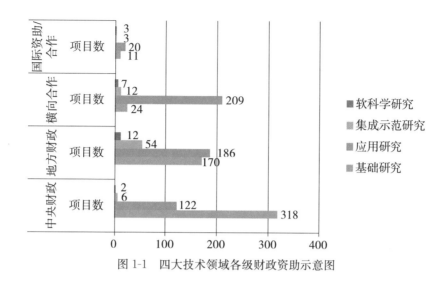

图 1-1　四大技术领域各级财政资助示意图

（二）获奖情况

2013—2014 年间，中国兽医领域荣获 3 项国家科技奖，具体见表 1-19。

表 1-19　2013—2014 年兽医科技国家级奖励情况

获奖成果名称	主要完成单位（前三位）	主持人	奖项
重要动物病毒病防控关键技术研究与应用	中国农业科学院长春兽医研究所、华南农业大学	金宁一	国家科技进步奖一等奖
禽流感病毒进化、跨种感染及致病力分子机制研究	中国农业科学院哈尔滨兽医研究所、浙江大学动物科学学院	陈化兰	国家自然科学二等奖
高致病性猪蓝耳病病因确诊及防控关键技术研究与应用	中国动物疫病预防控制中心、中国兽医药品监察所、北京世纪元亨动物防疫技术有限公司	田克恭	国家科技进步二等奖

（三）成果转化情况

中国兽医药品监察所，中国农业科学院哈尔滨兽医研究所、兰州兽医研究所、上海兽医研究所、兰州畜牧与兽药研究所、特产研究所、长春兽医研究所，中国农业大学、吉林大学、华南农业大学，中国水产科学研究院黄海水产研究所、江苏农业科学院兽医研究所、新疆畜牧科学院兽医研究所共 13 家单位提供的成果转化数据统计显示，2013—2014 年，这些单位共转化兽药、疫苗、诊断试剂等各类成果 99 项，共完成转化收入约 6.4 亿元（附表 1）。

中国农业科学院兰州兽医研究所、兰州畜牧与兽药研究所、长春兽医研究所、南京农业大学、扬州大学、中国水产科学研究院黄海水产研究所、江苏农业科学院兽医研究所、青岛农业大学、北京市动物疫病预防控制中心和新疆畜牧科学院兽医研究所10家单位提供的待转化成果数据统计显示，2013—2014年，这些单位拥有各类待转化成果合计105项，见表1-20和附表2。

表1-20　兽医科技各类待转化成果汇总

疫苗类成果总数（项）	诊断试剂类成果总数（项）	兽药类成果总数（项）	其他
33	37	16	19

（四）实验室管理（生物安全/质量体系）

4家实验室通过ISO17025国际实验室体系认证，9家实验室达到生物安全三级（表1-21），17家省级动物疫病预防控制中心实验室通过计量认证（表1-22）。

表1-21　经国家认可委（CNAS）认证的实验室统计情况

认证项	实验室名称	依托单位	业务范围
P3&ISO17025认证	国家外来动物疫病诊断中心	中国动物卫生与流行病学中心	重大外来动物疫病和新发病的诊断和疫苗等防控技术研究和储备；疯牛病、非洲猪瘟、小反刍兽疫等外来动物疫病的监测、诊断、紧急流行病学调查及其传入和传播风险评估；OIE新城疫参考实验室、OIE小反刍兽疫参考实验室、国家疯牛病参考实验室和新城疫重点实验室的职能任务
	人兽共患病生物安全实验室	中国动物卫生与流行病学中心	动物布鲁氏菌病、结核病、猪链球菌病等人兽共患病的监测、专项和紧急流行病学调查工作、诊断试剂和疫苗等防控技术研究
ISO17025认证	农业部兽药安全监督检验测试中心（北京）	中国农业大学动物医学院	兽药（含添加剂）安全性评价毒理学试验、兽药残留检测、兽药残留检测方法建立、兽药残留检测方法/产品验证（复核）
	动物疫病诊断与技术服务中心	中国农业科学院哈尔滨兽医研究所	动物新发传染病、疑难病的诊断和重大动物疫病疫情监测和防制工作，推广培训兽医诊断新技术

（续）

认证项	实验室名称	依托单位	业务范围
BSL-3/ ABSL-3	中国农科院哈尔滨兽医研究所动物生物安全三级实验室（ABSL-3）	中国农业科学院哈尔滨兽医研究所	主要开展高致病性禽流感等重大动物疫病、人畜共患病病原的分离鉴定、血清学及分子流行病学的研究工作
	福建省农业科学院畜牧兽医研究所动物生物安全三级实验室（ABSL-3）	福建省农业科学院畜牧兽医研究所	水禽高致病性禽流感病毒的相关研究
	华南农业大学动物生物安全三级实验室（ABSL-3）	华南农业大学	动物源性高致病性病原微生物实验活动
	扬州大学农业部畜禽传染病学重点开放实验室动物生物安全三级实验室（ABSL-3）	扬州大学	高致病性禽流感病毒、新城疫病毒的相关研究
	中国农科院兰州兽医研究所动物生物安全三级实验室（ABSL-3）	中国农业科学院兰州兽医研究所	高致病性病原微生物的研究（口蹄疫、布鲁氏菌病、小反刍兽疫等）
	中国动物卫生与流行病学中心国家外来动物疫病诊断中心动物生物安全三级实验室（ABSL-3）	中国动物卫生与流行病学中心	重点防范的外来动物疫病和新发病的诊断和疫苗等防控技术研究和储备；疯牛病、非洲猪瘟、小反刍兽疫等外来动物疫病的监测、诊断、紧急流行病学调查及其传入和传播风险评估；OIE新城疫参考实验室、OIE小反刍兽疫参考实验室、国家疯牛病参考实验室和新城疫重点实验室的职能任务
	广东大华东动物保健品股份有限公司中大生物安全三级（BSL-3）实验室	广东大华东动物保健品股份有限公司	高致病性禽流感病毒、新城疫病毒的相关研究
	华中农业大学动物生物安全三级实验室（ABSL-3）	华中农业大学	高致病性禽流感、布鲁氏菌病的相关研究
	中国动物卫生与流行病学中心人兽共患病生物安全三级实验室（ABSL-3）	中国动物卫生与流行病学中心	布鲁氏菌病、结核病的相关研究

表1-22　经各省、自治区、直辖市质量技术监督局认证的实验室统计情况

认证项	实验室名称	依托单位	业务范围
计量认证	北京市动物疫病预防控制中心实验室	北京市动物疫病预防控制中心	动物疫病疫情监测、检测与防治工作；血清学及分子流行病学的研究工作；推广培训兽医诊断新技术
	天津市动物疫病预防控制中心实验室	天津市动物疫病预防控制中心	动物疫病疫情监测、检测与防治工作；血清学及分子流行病学的研究工作；推广培训兽医诊断新技术
	内蒙古自治区动物疫病预防控制中心实验室	内蒙古自治区动物疫病预防控制中心	动物疫病疫情监测、检测与防治工作；血清学及分子流行病学的研究工作；推广培训兽医诊断新技术
	辽宁省动物疫病预防控制中心实验室	辽宁省动物疫病预防控制中心	动物疫病疫情监测、检测与防治工作；血清学及分子流行病学的研究工作；推广培训兽医诊断新技术
	吉林省动物疫病预防控制中心实验室	吉林省动物疫病预防控制中心	动物疫病疫情监测、检测与防治工作；血清学及分子流行病学的研究工作；推广培训兽医诊断新技术
	上海市动物疫病预防控制中心实验室	上海市动物疫病预防控制中心	动物疫病疫情监测、检测与防治工作；血清学及分子流行病学的研究工作；推广培训兽医诊断新技术
	浙江省动物疫病预防控制中心实验室	浙江省动物疫病预防控制中心	动物疫病疫情监测、检测与防治工作；血清学及分子流行病学的研究工作；推广培训兽医诊断新技术
	福建省动物疫病预防控制中心实验室	福建省动物疫病预防控制中心	动物疫病疫情监测、检测与防治工作；血清学及分子流行病学的研究工作；推广培训兽医诊断新技术
	山东省动物疫病预防与控制中心实验室	山东省动物疫病预防与控制中心	动物疫病疫情监测、检测与防治工作；血清学及分子流行病学的研究工作；推广培训兽医诊断新技术
	河南省动物疫病预防控制中心实验室	河南省动物疫病预防控制中心	动物疫病疫情监测、检测与防治工作；血清学及分子流行病学的研究工作；推广培训兽医诊断新技术
	湖北省动物疫病预防控制中心实验室	湖北省动物疫病预防控制中心	动物疫病疫情监测、检测与防治工作；血清学及分子流行病学的研究工作；推广培训兽医诊断新技术
	广东省动物疫病预防控制中心实验室	广东省动物疫病预防控制中心	动物疫病疫情监测、检测与防治工作；血清学及分子流行病学的研究工作；推广培训兽医诊断新技术

（续）

认证项	实验室名称	依托单位	业务范围
计量认证	广西壮族自治区动物疫病预防控制中心实验室	广西壮族自治区动物疫病预防控制中心	动物疫病疫情监测、检测与防治工作；血清学及分子流行病学的研究工作；推广培训兽医诊断新技术
	重庆市动物疫病预防控制中心实验室	重庆市动物疫病预防控制中心	动物疫病疫情监测、检测与防治工作；血清学及分子流行病学的研究工作；推广培训兽医诊断新技术
	四川省动物疫病预防控制中心实验室	四川省动物疫病预防控制中心	动物疫病疫情监测、检测与防治工作；血清学及分子流行病学的研究工作；推广培训兽医诊断新技术
	贵州省动物疫病预防控制中心实验室	贵州省动物疫病预防控制中心	动物疫病疫情监测、检测与防治工作；血清学及分子流行病学的研究工作；推广培训兽医诊断新技术
	宁夏回族自治区动物疾病预防控制中心实验室	宁夏回族自治区动物疾病预防控制中心	动物疫病疫情监测、检测与防治工作；血清学及分子流行病学的研究工作；推广培训兽医诊断新技术

（五）实验动物管理

目前，饲育的实验动物品种齐全，动物级别高，经过相关认证的实验动物饲育单位有 10 家。具体见表 1-23。

表 1-23　实验动物管理情况

饲育单位名称	质量合格认证情况	饲育动物种类	实验动物级别	证书情况
兰州畜牧与兽药研究所	通过质量合格认证	小鼠	二级	SYXK（甘）2014-0002
	通过质量合格认证	小鼠	三级	SYXK（甘）2014-0002
兰州兽医研究所实验动物场	通过甘肃省实验动物管理委员会认证	豚鼠	一级	SCXK（甘）2010-0001
	通过甘肃省实验动物管理委员会认证	兔	一级	SCXK（甘）2010-0001
	通过甘肃省实验动物管理委员会认证	小鼠	三级	SCXK（甘）2010-0001
	通过甘肃省实验动物管理委员会认证	小鼠	三级	SCXK（甘）2010-0001

（续）

饲育单位名称	质量合格认证情况	饲育动物种类	实验动物级别	证书情况
江苏省农业科学院实验动物中心	通过江苏省科学技术厅认证	兔、犬、小型猪、大鼠、小鼠、鸡	一级，普通级（兔、犬、小型猪）二级，清洁级（大鼠、小鼠、鸡）三级，SFP级（鸡）	SYXK（苏）2010-0005
北京华阜康生物科技股份有限公司	通过北京市科委认证	常用啮齿类	清洁、SPF	
北京维通利华实验动物技术有限公司	通过北京市科委认证	常用啮齿类	清洁、SPF	
华南农业大学实验动物中心	通过质量合格认证	大鼠	三级	SYXK（粤）2014-0136
		小鼠	三级	
扬州大学比较医学中心	通过质量合格认证	小鼠	二、三级	SCXK（苏）2012-0004 SYXK（苏）2012-0029
	通过质量合格认证	大鼠	二、三级	SCXK（苏）2012-0004 SYXK（苏）2012-0029
	通过质量合格认证	鸡	三级	SCXK（苏）2012-0004 SYXK（苏）2012-0029
哈尔滨兽医研究所	通过了黑龙江省科技厅行政许可认证	鸡	三级	SCXK（黑）2011-008
	通过了黑龙江省科技厅行政许可认证	鸡	三级	SCXK（黑）2011-007
	通过了黑龙江省科技厅行政许可认证	猪	三级	SCXK（黑）2011-007
	通过了黑龙江省科技厅行政许可认证	鸭	三级	SCXK（黑）2011-007
	通过了黑龙江省科技厅行政许可认证	大鼠	三级	SYX（黑）2011-022
	通过了黑龙江省科技厅行政许可认证	小鼠	三级	SYX（黑）2011-022
	通过了黑龙江省科技厅行政许可认证	鸡	三级	SYX（黑）2011-022
	通过了黑龙江省科技厅行政许可认证	猪	一级	SYX（黑）2011-022
	通过了黑龙江省科技厅行政许可认证	鸭	三级	SYX（黑）2011-022

（续）

饲育单位名称	质量合格认证情况	饲育动物种类	实验动物级别	证书情况
哈尔滨兽医研究所	通过了黑龙江省科技厅行政许可认证	兔子	三级	SYX（黑）2011-022
	通过了黑龙江省科技厅行政许可认证	兔子	二级	SYX（黑）2011-022
	通过了黑龙江省科技厅行政许可认证	马	一级	（黑）2011-022
	通过了黑龙江省科技厅行政许可认证	牛	一级	SYX（黑）2011-022
	通过了黑龙江省科技厅行政许可认证	羊	一级	（黑）2011-022
南京农业大学实验动物中心	江苏省实验动物管理委员会	小鼠、大鼠、豚鼠	清洁级	SYXK（苏）2011-0036
吉林大学动物医学学院	军事医学科学院认证	小鼠	三级	SCXK（辽）2010-0001
	军事医学科学院认证	小鼠	三级	SCXK（辽）2010-0002
	军事医学科学院认证	小鼠	三级	SCXK（辽）2010-0003

（六）兽医技术标准化

2013—2014 年间，兽医领域获得批准发布的各类标准共 10 个，包括屠宰、动物卫生和宠物标准。具体标准信息参见表 1-24。

表 1-24　各类兽医标准汇总情况

序号	标准号或公告号	标准名称	标准完成单位	标准类别
屠宰标准				
1	GB/T 30958—2014	生猪屠宰成套设备技术条件	商务部流通产业促进中心等	国标
2	GB/T 20799—2014	鲜、冻肉运输条件	商务部流通产业促进中心等	国标
3	NY/T 2534—2013	生鲜畜禽肉冷链物流技术规范	中国农业科学院农产品加工所等	行标
动物卫生标准				
1	GB/T 18649—2014	牛传染性胸膜肺炎诊断技术	中国农业科学院哈尔滨兽医研究所	国标

（续）

序号	标准号或公告号	标准名称	标准完成单位	标准类别
2	NY/T 2417—2013	副猪嗜血杆菌 PCR 检测方法	中国农业科学院兰州兽医研究所	行标
3	NY/T 772—2013	禽流感病毒 RT-PCR 检测方法	中国农业科学院哈尔滨兽医研究所、中国卫生与流行病学中心	行标
宠物标准				
1	SN/T 3505—2013	犬恶丝虫病检疫技术规范	中华人民共和国四川出入境检验检疫局	行标
2	QB/T 4524—2013	宠物用清洁护理剂	西安开米股份有限公司	行标
3	SN/T 3984—2014	犬细小病毒实时荧光 PCR 检疫技术规范	中华人民共和国四川出入境检验检疫局	行标
4	SN/T 4087—2014	狂犬病检疫技术规范	中华人民共和国北京出入境检验检疫局	行标

第三章

动物疫病防治技术研究进展

一、动物疫病防治技术研究

（一）禽病

本节主要介绍了近两年禽流感、新城疫等 9 种禽类疫病的研究进展。发现我国新出现的 H7N9 亚型流感病毒为三源重组病毒，H7N2 病毒在哺乳动物中复制能力增强，H9N2 亚型病毒可以有效结合人类呼吸道受体；建立了针对性的流感病毒蛋白芯片检测法、RT-LAMP 检测法以及免疫胶体金试纸条等系列检测方法；成功研制了 Re-7 和 Re-8 等 H5 亚型高致病性禽流感新型疫苗，H5 亚型 DNA 疫苗已经初步通过新兽药注册评审。建立了新城疫强毒荧光定量 RT-PCR 方法和 Fret 探针鉴别诊断方法，研制的重组新城疫病毒灭活疫苗（A-Ⅶ株）获得国家一类新兽药证书。明确了我国目前的鸡传染性支气管炎病毒主要以"肾型"为主，建立了较为完备的病毒库、血清库和基因数据库。研究发现，禽白血病、传染性法氏囊病、马立克氏病等禽类免疫抑制病在我国不同日龄的鸡群中存在持续散发的流行状态，而且常与其他病原混合感染。传染性法氏囊病仍以超强毒株流行为主；我国部分大型养鸡场通过多轮检测净化，已基本达到禽白血病净化标准；针对鸭坦布苏病毒病和鸭疫里默氏菌病等水禽疫病，建立了系列诊断方法，并开发出了有效疫苗。

1. 禽流感（Avian Influenza，AI）

主要研究机构。中国农业科学院哈尔滨兽医研究所、华南农业大学、扬州大学、中国农业大学和中国动物卫生与流行病学中心等单位对本病开展了持续监测与研究。

流行病学。2013—2014 年的监测数据表明，我国家禽存在 H1、H3、H4、H5、H6、H7、H9、H10 和 H11 等亚型的流感病毒。

2013 年开始在多个省份监测到 H5 亚型 2.3.4 分支的变异病毒，且 HA 和 NA 亚型组合表现出多样性，包括 H5N1、H5N2、H5N6 和 H5N8 等亚型。部分地区仍然存在 2.3.2 和 7 分支的 H5 亚型病毒。

2013 年在国内多个省份的活禽市场首次监测到 H7N9 亚型流感病毒，2014 年个别地区还出现了 H7N9 亚型与 H9N2 等亚型重组而成的 H7N2 等新型流感病毒。

我国当前存在多种基因型的 H9 亚型流感病毒，以 BJ1/94 分支病毒类型为主，在该分支内病毒逐渐变异形成新的分支。H9N2 病毒在 2010 年之后对鸡的适应性增强，且其抗原性发生改变，增强了 H9N2 病毒参与重排的机会。

2013 年年底在江西发生 H10N8 亚型流感病毒感染人的事件，该病毒为典型的重组病毒，其内部基因来自于 H9N2 亚型病毒。在我国南方多个省份的水禽尤其是鸭群中，曾先后监测到多种 H10 亚型流感病毒，包括 H10N1、H10N2、H10N3、H10N4、H10N6、H10N7 和 H10N8 等多种组合。

病原学。我国流行的 Clade2.3.2，Clade2.3.4 和 Clade7 三个分支 H5N1 病毒与人呼吸系统组织的结合性并没有差异，但 Clade2.3.4 病毒在人肺细胞和巨噬细胞上的感染性和复制能力更强，这可能是该分支病毒对人感染性、致病性强的主要原因。

我国新出现的 H7N9 亚型病毒为三源重组病毒，其 HA 基因来源于水禽中分离的 H7N3 亚型流感病毒，NA 基因与韩国野鸟中分离的 H7N9 亚型流感病毒非常相似，而其余的 6 个内部基因来源于目前在上海、浙江和江苏等地鸡群中流行的 H9N2 亚型流感病毒。国内还新出现了 H7N9 和 H9N2 的重配病毒——H7N2 病毒，这种病毒在哺乳动物中复制能力比 H7N9 病毒更强。

国内分离的 H9N2 亚型病毒都可以有效结合人类呼吸道受体，其中一些病毒已经获得了在雪貂之间经呼吸道飞沫传播的能力；这些可传播的 H9N2 病毒具有相似的"内部基因组合"，并且这种"内部基因组合"被完整地提供给引起人感染和死亡的 H7N9 和 H10N8 亚型流感病毒。

致病机理。研究发现，H5N1 亚型 AIV PA353R 和 PA101G/PA237E 分别是决定对小鼠和麻鸭致病力差异的关键氨基酸位点，PA-X 蛋白可通过抑制病毒复制和宿主应答来降低 H5N1 亚型 AIV 的致病性。H5 亚型 HA 158 位糖基化位点的缺失是其获得 α-2，6 唾液酸受体结合能力的前提，且在 HA 蛋白头部具有 144＋/158－/169＋糖基化位点组合模式的 H5 亚型 AIV 与 α-2，6 唾液酸受体的亲和力最强，部分 2.3.4.4 分支 H5N2、H5N8 病毒同时具有 α-2，3 和 α-2，6 唾液酸受体结合特性；另有研究发现 2.3.4 分支抗原变异株 HA 抗原 B 区 K205D 突变是其发生抗原漂移的关键分子基础。H5N1 亚型 AIV NA（49～68 位）和 NS（80～84 位）部分氨基酸同时缺失的病毒，在抵抗干扰素、诱导产生炎性因子以及细胞的混合传代过程中具有竞争优势。H5N1 亚型的 NS1 蛋白可以拮抗 MDA5 介导的信号通路，从而逃逸宿主的天然免疫反应。

H5N1 病毒与 2009 甲型 H1N1（2009/H1N1）病毒的重组试验证明 H5N1 病毒

确有可能通过与人流感病毒的基因重配，获得在哺乳动物之间高效空气传播的能力，从而具备引起人间大流行的潜力。

从禽体和人体中分离的 H7N9 亚型病毒都具有结合人呼吸道上皮细胞受体的能力。从禽体内分离的 H7N9 病毒对鸡、鸭和小鼠无致病性，但从人体内分离的 H7N9 病毒可引起小鼠严重发病，体重下降超过 30%，甚至死亡。人源 H7N9 分离株在小鼠体内的复制能力与致病力较强的原因是其在人体复制过程中发生了基因突变。

H9N2 流感病毒主要为具有 HA A316S 突变和 NA 截短的毒株。HA A316S 突变和截短的 NA 能共同增强 HA 的裂解能力，NA 截短后能提高 NA 酶活性并促进病毒在红细胞的释放，无论是单突变还是二者结合均能增强 H9N2 病毒对鸡和小鼠的毒力。HA 蛋白的 363 位氨基酸和 PA 蛋白的 672 位氨基酸是影响 H9N2 亚型 AIV 在鸡群中气溶胶传播能力的关键位点；此外，PB2 的 F404L 变异是导致 H9N2 亚型 AIV 鼠适应株毒力增强的关键因素。国内分离到的大多数 H9N2 病毒在 NS1 蛋白的 C 端发生了 13 个氨基酸的缺失，研究表明 NS1 C 端延长对病毒在 MDCK 和 DF-1 细胞上的复制能力没有显著影响，在小鼠体内的复制能力没有显著差异，但突变病毒在鸡中的复制能力增强并能够诱导较高的炎性细胞因子水平。

诊断技术。利用昆虫细胞表达 H5N1 AIV 的 NP 蛋白制备蛋白芯片建立了检测抗 NP 蛋白的抗体检测方法；研发了反转录 LAMP（RT-LAMP）检测方法；建立了能快速检测 H7N9 和其他 A 型流感病毒的荧光定量 RT-PCR 检测方法；建立了可同时检测 H5、H7、H9 亚型 AIV 的一步 RT-PCR 方法；研制出检测 H9 亚型 AIV 的免疫胶体金试纸条。

疫苗研发。根据国内 7 分支的 H5 流行现状，成功研发了新的 Re-7 疫苗株，替换了原有的 Re-4 疫苗株，用于北方地区 7.2 分支病毒的免疫防控。针对国内新流行的 2.3.4.4 病毒成功研发了 Re-8 疫苗。研制出了水禽用 H5 流感灭活疫苗（H5N2 亚型，D7 株）。以 Re-6 和 Re-7 种毒为基础更新研制了禽流感（H5N1，Re-6＋Re-7）新城疫二联灭活浓缩疫苗。

以重组鸭瘟-禽流感二联活疫苗替代现有鸭瘟疫苗免疫商品蛋鸭，可对 H5 亚型禽流感和鸭瘟病毒都提供良好的免疫保护，研究表明该疫苗单次免疫肉鸡可提供对禽流感的"终身"保护。H5 亚型禽流感 DNA 疫苗已经初步通过新兽药注册评审，正在进行复核试验。构建了表达 H9 亚型 AIV HA 基因的重组新城疫病毒。

以 AIV 保守的 M2e 为靶抗原，与黏膜佐剂蛋白大肠杆菌热不稳定肠毒素的 B 亚基（LTB）融合，以杆状病毒作为载体，构建了新型禽流感候选疫苗 BV-Dual-3M2e-LTB。

防控技术。主要采取了强制免疫和扑杀相结合的防控策略，开展基于风险的病原学监测，针对病原流行变异情况及时更新疫苗毒株。农业部制定实施了 H7N9 剔除计划，部分省份建立了基于风险分析的活禽市场关闭制度。

2. 新城疫（Newcastle Disease，ND）

主要研究机构。中国动物卫生与流行病学中心、扬州大学、华南农业大学和中国农业大学等单位对本病开展了持续监测与研究。

流行病学。监测和流行病学调查数据表明，我国目前流行的新城疫病毒（NDV）具有多样性，Ⅰ类和Ⅱ类病毒共存。其中Ⅰ类病毒的分离率呈升高趋势，Ⅱ类病毒主要包括基因Ⅰ、Ⅱ、Ⅵ、Ⅶ和Ⅻ等5个基因型。值得关注的是在南方个别省份新出现了基因Ⅶh亚型病毒，从东南亚国家传入我国的可能性较大。基因Ⅵ型病毒主要在鸽群中流行，而基因Ⅶ型则主要在鸡、鸭、鹅等家禽中流行，基因Ⅶd亚型仍是我国流行的优势毒株，基因Ⅻ型仅在南方个别省份分离到。

病原学。主要开展了病毒基因组学和免疫学研究。HN蛋白表位分析表明，具有347K特性的Ⅶd变异株分离率增高，抗原性分析表明Ⅶd变异株与疫苗株La Sota之间抗原性差异显著。首次发现HN蛋白长度为582氨基酸的强毒株。流行毒株与疫苗毒株之间存在基因重组现象。

致病机理。基因Ⅶd亚型NDV对鸡的淋巴组织侵嗜能力增强，且在免疫鸡群中的传播能力显著强于早期基因型毒株，这可能是Ⅶd亚型NDV在免疫鸡群中感染与流行的主要原因。HN蛋白基因长度对病毒毒力没有影响，但对病毒生长特性具有一定影响。

诊断技术。建立的强毒荧光定量RT-PCR方法能检出目前流行的所有强毒基因型，基于L基因保守区建立的Fret探针法可用于鉴别所有Ⅱ类毒株。此外，探索了焦磷酸测序技术、表面增强拉曼光谱技术等在新城疫病原学诊断方面的研究。

疫苗研发。成功研制的重组新城疫病毒灭活疫苗（A-Ⅶ株）获得国家一类新兽药证书，该疫苗免疫原性强，产生的抗体滴度高、时间快，能有效降低强毒攻击后的病毒载量和排毒率。此外，在重组基因Ⅶ型新城疫病毒弱毒活疫苗、鸽新城疫病毒灭活疫苗等方面也开展了研究。

防控技术。结合鸡群生理规律、抗体产生规律及疾病发生规律，尝试开展了鸡群免疫减负计划的推广，优化了免疫程序，有效降低新城疫疫苗的使用频率，节约了成本，产生良好的经济效益。

3. 鸡传染性支气管炎（Avian Infectious Bronchitis，IB）

主要研究机构。中国农业科学院哈尔滨兽医研究所、四川大学、华南农业大学和中国农业大学等单位对本病开展了持续研究。

流行病学。IBV主要感染鸡，但从孔雀、水鸭和鸽等多种禽类分离到IBV。人工感染证实这些来源于其他禽类的病毒对于鸡存在不同程度的致病性。我国IBV的致病型主要以"肾型"为主，同时存在其他不同致病型的IBV，如"呼吸型"，但未见

"肠型"的报道。目前我国不同基因型/血清型 IBV 及变异株同时流行，但大部分毒株系 LX4（QX-Like）基因型，与 Mass 型疫苗株同源性低，免疫保护试验证实该疫苗不能有效防控这类主要流行毒株。自 1996 年国内首次分离到 LX4 型病毒以来，该型病毒已进一步分为不同的亚型。我国建立了较为完备的 IBV 病毒库、血清库和基因数据库。

病原学。与其他国家和地区流行的 IBV 类似，国内 IBV S1 基因普遍存在基因缺失、插入以及点突变等变异现象，这可能是导致病毒血清型、组织嗜性等发生变化的主要原因。近年的研究发现，中国流行毒株之间、流行毒株与疫苗株之间的自然重组现象较为普遍，重组的位点多数发生在 S 基因区，在其他基因区也有发现，这也是导致 IBV 变异的重要原因之一。

致病机理。已证实点突变的积累和病毒不同"准种"的选择可能是导致病毒在不同宿主系统中适应并发生感染的原因。对 IBV 亲本强毒株及其鸡胚适应致弱株的对比研究证明，病毒致病性降低可能与编码病毒复制酶基因，尤其是 nsp3 基因的变异有关，而与纤突蛋白基因关系不大。对国内流行的部分 IBV 分离株基因组和病毒复制特点进行研究，证明 IBV 的 S 基因与组织和细胞嗜性有关，而病毒的 5' 和 3' 末端序列决定了病毒在机体中的复制效率。

诊断技术。IBV 分离鉴定应用较为广泛，国内先后建立了多种 RT-PCR 和 Real-time RT-PCR 检测技术。但目前国内尚未研制出商品化的 ELISA 抗体检测试剂盒，快速敏感且有效的 IBV 血清学检测方法仍然是 IBV 研究的难点之一。

疫苗研发。国内 IB 防控仍主要依赖于 H120 等 Mass 型疫苗的使用。针对流行毒株与疫苗株血清学不匹配，疫苗免疫不能完全抵抗流行毒株的情况，成功培育出针对中国主要血清型流行毒株的疫苗（LDT3-A 株）。

防控技术。根据监测和流行病毒调查结果，结合鸡群生理规律、抗体产生规律及疾病发生规律，选择血清型匹配的疫苗，优化免疫程序，加强生物安全等综合防控措施，可降低 IBV 的感染率。

4. 鸡传染性喉气管炎（Avian Infectious Laryngotracheitis，ILT)

主要研究机构。扬州大学和中国农业科学院哈尔滨兽医研究所等单位。

流行病学。该病主要发生在成年蛋鸡，肉鸡也时有发生。疫病严重程度与病毒毒力有关。该病在新发地区可引发严重的临床症状，病死率可达 70%；在老疫区，则呈散发和温和暴发。

病原学。研究表明，与我国早期分离的 WG 株及组织培养源（TCO）弱毒疫苗株相比，新分离 ILTV 田间毒株和鸡胚培养源（CEO）弱毒疫苗株在 ICP4 基因的 272～283nt 部位均存在 12 个碱基的缺失。遗传进化分析显示，我国近年的田间分离毒株与 CEO 疫苗株的距离较近，处于同一个大分支上；而与 TCO 疫苗株及 WG 株的距离相对较远，处于不同分支上。

致病机理。 病毒存在于感染鸡的咽喉、气管、结膜、窦、气囊和肺等部位。由于病毒复制通常是细胞裂解性的，因此可导致上皮细胞严重损伤和出血。病毒可以从气管外传递到三叉神经节，在中枢神经系统中建立起潜伏感染。在鸡受到应激的情况下潜伏感染的病毒活化，进一步复制和扩散，表现出临床症状。

诊断技术。 分子生物学方法，包括 PCR 产物酶切片段长度多态性（PCR-RFLP）分析和 DNA 测序，可以用来区分疫苗株和田间流行毒株。建立的快速、特异、敏感的实时荧光定量 PCR 诊断方法，适用于 ILTV 的早期临床检测和流行病学调查。

防控技术。 目前，ILT 的预防主要依赖于 CEO 弱毒疫苗免疫。由于病毒具有潜伏感染的特性，疫苗毒株在鸡群中的维持和不断传播导致毒力增强，亦可引起易感鸡群发病。因此在没有 ILT 流行的地区不宜使用弱毒疫苗。国内成功研发出以鸡痘病毒或马立克氏病毒为载体，表达 ILTV 主要保护性抗原 gB、gD 和 gE 的基因工程疫苗，具有良好的安全性和免疫效果。

5. 鸡传染性法氏囊（Infectious Bursal Disease，IBD）

主要研究机构。 中国农业科学院哈尔滨兽医研究所、中国农业大学和广西大学等单位。

流行病学。 我国仍以超强毒流行为主，基因组的不同步进化和基因重配的多样性是 vvIBDV 流行的新特点。最近分离鉴定的弱 A 强 B 型、强 A 弱 B 型等基因组节段重配病毒，其生物学意义仍在深入研究中。尽管病毒基因组的突变和抗原漂变仍在持续，但尚无证据证明其能够突破现有疫苗的保护。

病原学。 证实了病毒新的毒力位点，即 VP2 的 249 或 256 位氨基酸，三点突变 Q249R/Q253H/A284T 可以使 vvIBDV 进一步致弱，不仅致死率降为零，而且感染鸡的法氏囊没有出现明显萎缩和损伤。此外，VP2 蛋白 279 位点突变不仅不能改变 vvIBDV 的细胞嗜性，对病毒复制和毒力也无明显影响。证据表明，B 节段及其编码的 VP1 在 IBDV 的遗传演化中具有重要作用。最近研究发现，VP1 蛋白的第 4 位、145/146/147 位、276 位氨基酸通过影响 RNA 聚合酶活性进而影响病毒的致病性和复制效率。因此，IBDV 的毒力是由基因组 A 和 B 节段共同决定的。

致病机理。 筛选了与 IBDV 感染相关的一系列宿主蛋白，发现病毒的各个编码蛋白均参与了与宿主的互作网络。鉴定了病毒 VP4 蛋白的一个新的互作因子亲环蛋白 A（CypA），并证实 CypA 是病毒复制的一个限制因子，其顺反异构酶活性可能参与宿主对病毒复制的调节。宿主蛋白 HSP90AA1 通过与 VP2 蛋白互作识别 IBDV，激活 AKT-MTOR 通路进而诱导细胞自噬，抵抗 IBDV 的早期感染。宿主编码的 microRNAgga-miR-21 对 IBDV 的感染也有一定的限制作用。细胞免疫也参与 IBDV 的感染和致病，比如 CD4CD25 细胞、γc 家族细胞因子。另外，IBDV 也可"劫持"

一些宿主因子而利于自身增殖。高尔基体在 IBDV 的感染中起重要作用，其硫酸软骨素 N-乙酰氨半乳糖氨基转移酶 2（CSGalNAcT2）可通过相互作用招募病毒结构蛋白 VP2 并促进其成熟。病毒 VP4 蛋白通过与宿主亮氨酸拉链蛋白（GILZ）互作抑制 I 型干扰素的表达，进而有利于病毒早期复制。VP4 蛋白可通过与蛋白激酶 C1 受体（RACK1）和电压依赖的阴离子通道 2（VDAC2）互作形成复合物，促进自身增殖。

诊断技术。研制了鸡传染性法氏囊病毒 ELISA 抗体检测试剂盒和琼脂扩散试剂盒，已经获得国家批复，正在进行临床试验。

疫苗研发。基于反向遗传操作技术，构建了与流行毒株抗原性更匹配的 IBD 重组疫苗株，其中 rGtHLJVP2 已经获得国家发明专利和农业部转基因安全证书，即将进行临床试验。基于酵母发酵平台，研制了 IBD 核酸疫苗和亚单位疫苗。基于活载体系统，研制了表达 IBDV VP2 基因的重组新城疫病毒和重组马立克氏病病毒的候选疫苗株。基于益生菌平台，开展了关于锚定 IBDV VP2 蛋白的重组益生菌复合疫苗研究。另外，还探索了 IBDV 作为疫苗载体的可能性，成功构建了表达新城疫病毒（NDV）抗原表位的重组 IBDV。

6. 禽白血病（Avian Leukosis，AL）

主要研究机构。山东农业大学、中国农业科学院哈尔滨兽医研究所、扬州大学和中国农业大学等单位。

流行病学。禽白血病病毒感染鸡群常伴有其他免疫抑制病病原（如鸡传染性贫血病毒、网状内皮组织增生症病毒等）的混合感染。从我国地方品系鸡中鉴定了新的 ALV 亚群，定名为 K 亚群。另外，已在我国野鸟中发现 ALV 的流行。

病原学。我国蛋鸡群中流行的 ALV-J 的囊膜基因出现了多处碱基突变，3'非编码区有 205bp 碱基缺失，保留了与致瘤相关的 E 元件序列。不同亚群禽白血病病毒的重组时有发生，我国鸡群中已有 C 亚群与 E 亚群、C 亚群与 J 亚群和 B 亚群与 J 亚群重组的报道。

致病机理。ALV-J 分离株 5'非编码区碱基的插入能够增强 ALV-J 的体外复制能力，但与 ALV-J 的致病力增强无直接关系，而 3'非编码区 205bp 碱基缺失增强了病毒的致病性。ALV-J 通过诱导 IL-6 的生成而促进血管内皮生长因子及其受体的表达，进而有利于诱导肿瘤发生。研究证实，MYC、TERT、ZIC1 基因是 ALV-J 整合到宿主细胞中的常见插入位点，可能与 ALV-J 激活宿主癌基因、诱导髓细胞瘤有关；而整合到 MET 基因，能够诱导 MET 表达量升高，与诱导血管瘤的形成有关。从 J 亚群禽白血病病毒（ALV-J）感染的 DF-1 细胞上清中分离提取 Exosome，发现病毒感染细胞分泌的 Exosome 可能携带了某些病毒蛋白，在细胞信号转导中传递了病毒的组成成分，造成细胞对病毒识别的丧失，从而使病毒能够顺利地在细胞内复制及传播，确定 Exosome 在 ALV-J 所造成的免疫抑制过程中起信号传递作用。

诊断技术。建立了用于检测禽白血病病毒的群特异性抗原 ELISA 检测方法、荧光定量 PCR 诊断方法、多重 PCR 检测方法、LAMP 鉴别诊断方法等病原学快速检测技术，部分已经组装了试剂盒，如禽白血病群特异性抗原 ELISA 检测试剂盒、胶体金检测试纸卡等。

防控技术。主要开展了禽白血病净化措施的研究，制定了《种禽场禽白血病监测净化方案》。在成功研制病原学检测试剂盒的基础上，针对我国鸡群的特点，开展了多轮检测净化，部分大型养殖场已基本达到禽白血病净化标准。

7. 鸡马立克氏病（Marek's Disease，MD）

主要研究机构。山东农业大学、扬州大学和中国农业科学院哈尔滨兽医研究所等单位。

流行病学。我国鸡马立克氏病呈现持续性的散发流行状态，发病特征呈现多样性，存在现有疫苗保护不佳的 MDV 流行毒株。与禽网状内皮增生症病毒（REV）混合感染比较常见，并在 MDV 的基因组中发生 REV 的插入重组，对于 MDV 的流行和不断演化具有重要意义。

病原学。经证实我国 MDV 毒株毒力逐渐增强，对鸡的致病特点呈现多样化，在发病日龄、早期溶细胞感染、肿瘤分布和毒株在鸡体内的复制能力等方面发生较大变化。

致病机制。依据部分 MDV 编码的 miRNAs 以及宿主编码的 miRNAs 在该病原致肿瘤过程中的作用及作用机制，筛选出一系列的可能与 MDV 致病和致肿瘤相关的因子。

防控技术。针对现有 MD 疫苗对某些现地毒株的免疫保护效果不佳的情况，应用基因工程手段构建了多个新型疫苗株，其中 rMDV-MS-Δmeq 株已经获得国家发明专利和农业部转基因安全证书，即将进行临床试验。利用 MDV 活病毒载体进行了多种病原的表达研究，为新型多联活疫苗的研究奠定了基础。抗 MDV 药物研究也取得较好进展。

8. 鸭坦布苏病毒病（Tembusu Viral Disease，TMUVD）

主要研究机构。中国农业大学、中国农业科学院上海兽医研究所、山东农业大学等单位。

流行病学。宿主范围广泛，各种日龄的北京鸭、樱桃谷鸭、麻鸭和鹅等均易感，感染率可达 100%；鸡、麻雀、番鸭、野鸭体内有时也可分离到该病毒，自然感染能否致病还不太明确，但人工感染产蛋番鸭产蛋明显下降，并导致雏鸭生长迟缓。一年四季均有发生，冬季暴发更加频繁。该病不仅可以通过直接接触传播，而且可以通过空气传播，蚊子在该病传播中的作用尚需研究。

病原学。多株病毒基因组序列分析表明，我国 2010—2014 年分离到的病毒之间高度同源，与早期蚊子体内分离到的病毒核苷酸同源性在 87% 以上。该病毒可在鸡胚、鸭胚上增殖；脑内接种可致小鼠死亡，同时产生高滴度病毒；在 DF-1 细胞上增殖可形成明显的细胞病变。成功构建了多株病毒的反向遗传操作系统，为分子致病机理研究奠定了基础。

诊断技术。建立了 PCR、套式 PCR、荧光定量 PC 和 RT-LAMP 等病原学诊断方法，建立了荧光微量中和试验、阻断 ELISA、间接 ELISA 等血清抗体检测方法。

防控技术。开展了油乳剂灭活疫苗和弱毒活疫苗的临床试验，灭活疫苗多次免疫后可达到预防效果，而弱毒活苗一次免疫可以保护 6 个月以上。将表达 E 蛋白的基因插入到鸭瘟病毒中构建的活载体疫苗，也可有效保护鸭免受强毒攻击。

9. 鸭疫里默氏菌病（Riemerella Anatipestifer Infection，RAD）

主要研究机构。中国农业科学院上海兽医研究所、四川农业大学、中国农业大学和山东农业大学等单位。

流行病学。我国主要养鸭省份均有该病发生，鸭场一旦发生该病很难彻底清除。国内分离菌仍以 1 型、2 型和 10 型为主。耐药菌株的分离率逐年增加。

病原学。全基因组测序表明，其基因组全长 2.1~2.3Mb，GC 含量 35%，各菌株包含的基因数目为 2 000~2 200 个。鉴定出多个与致病力相关的毒力基因。利用高通量筛选方法，获得一种具有交叉保护 1 型和 2 型菌株的抗原蛋白。

诊断技术。建立了 PCR、Realtime PCR 和 LAMP 等快速病原学诊断技术，建立了针对全菌和特定蛋白的间接 ELISA 抗体检测方法。

疫苗研发。成功研制了针对不同血清型的灭活疫苗，包括 1 型的单价灭活苗，1 型和 2 型二价灭活苗，1 型、2 型和 10 型的多价苗等。

（二）猪病

本节主要介绍了近两年口蹄疫、猪蓝耳病、猪伪狂犬病等 16 种主要猪群疫病研究进展。明确了口蹄疫 O 型 Mya98 株、PanAsia 株及 A 型 Sea-97 毒株传入我国的大致时间、来源及三间分布。近两年，O-Asia 1-A 型三价口蹄疫灭活疫苗研制成功；监测到新传入的以 NADC30、MN184B 株为代表的美洲型蓝耳病毒株，建立了针对性的双重、三重荧光 PCR 诊断技术；首次从华南地区水牛中分离到猪圆环病毒 2 型，研制出了 3 种猪圆环病毒 2 型新型疫苗并获新兽药证书；分离到基因 2、3、4、5 和 6 型流行性腹泻毒株，建立了系列鉴别诊断方法，成功研制出猪传染性胃肠炎、猪流行性腹泻、猪轮状病毒（G5 型）三联活疫苗获得国家二类新兽药证书；研究发现，以猪丹毒、副猪嗜血杆菌病为代表的细菌病在我国局部地区有流行的趋势。

1. 口蹄疫（Food-and-mouth Disease，FMD）

主要研究机构。中国农业科学院兰州兽医研究所、中国兽医药品监察所和相关疫苗企业等单位。

流行病学。2013—2014年，经国家口蹄疫参考实验室确诊疫情30起，其中A型22起，O型8起。流行毒株的类型有A型ASIA拓扑型Sea-97毒株（22起）、O型SEA拓扑型Mya98毒株（4起）和O型ME-SA拓扑型PanAsia毒株（4起）。其中，O型Mya98毒株和PanAsia毒株分别于2010年和2011年由东南亚国家传入我国，而A型Sea-97毒株属2013年新传入毒株。2013年，广东茂名发生的猪A型口蹄疫疫情的致病毒株与2009—2010年我国A型疫情毒株（A/Sea-97 G1分支）同源性在90%左右，而与2011—2012年泰国、越南A型流行毒株之间的同源性为97.4%～99.2%，表明2013年我国新发A型口蹄疫的致病毒株属于从东南亚国家再次传入的新毒株（A/Sea-97 G2分支）。截至2014年年底，A/Sea-97 G2毒株在广东、青海、新疆、西藏、云南、江苏6个省份引发疫情，在辽宁、内蒙古、湖南、河北、安徽、河南和江西等省份监测到该病原，田间发病情况和实验室致病性检测结果表明，该毒株均可感染牛、猪并引起发病。

病原学。不同A型流行毒株致病性研究表明，新流行的A/Sea-97 G2病毒对猪和牛都具有较强致病性。系统测定了重组疫苗株Re-A/WH/09毒株对该流行毒的免疫保护效力，结果表明该疫苗毒株对流行毒株PD50都在10.81以上，具有良好的免疫保护。开展口蹄疫病毒致乳鼠心肌炎机制的研究，成功建立口蹄疫病毒致乳鼠心肌炎动物模型，从转录组和蛋白质组学水平上发掘与口蹄疫病毒致乳鼠心肌炎的关键蛋白，通过高通量测序和差异蛋白的鉴定和生物信息学分析，获得了与心肌炎发生有关的一些关键基因和信号通路。开展了口蹄疫病毒感染相关miRNAs的筛选和功能研究，对Asia 1型口蹄疫病毒感染宿主细胞前后miRNA表达丰度和功能进行了分析研究，开展了miRNA在口蹄疫病毒感染宿主过程中参与病毒复制和免疫调控机制的研究。

致病机理。对自然流行毒进行田间监测发现，来自牛体的大部分病毒其3A基因不缺失，而来自猪体的病毒3A基因几乎全部缺失。通过实验室跨种传代研究证实，3A基因是牛源口蹄疫病毒向猪体适应性变异的分子标志之一，3A基因与病毒的宿主嗜性有关。

在测定和分析O、A、Asia 1型病毒株全基因组序列的基础上，发现引发1999年大流行毒株的3B基因的第4位密码子与其他O型病毒不同，参与病毒复制的氨基酸发生了改变，有利于病毒的复制。这一发现找到了1999年口蹄疫猖獗流行的分子依据。

研究了O型Mya98谱系S片段的缺失对病毒复制、毒力、维持RNA稳定性等方面的生物学意义，成功构建了S片段缺失和不缺失Mya98系工程病毒，对比分析拯救病毒的生物学特性差异。结果表明：S基因缺失70nt可以加快病毒核酸S片段的复制，提高病毒滴度 12 倍以上，说明 S 片段缺失 70nt 可能是病毒对环境的一种适应性变异，有利于病毒的生存。

研究受体识别位点变异导致病毒表型变异的规律，结合稳定表达单受体（整联蛋白和硫酸乙酰肝素）的细胞系，阐明了含有不同受体识别位点的毒株对受体的路径识别和利用效率，并借此研究口蹄疫病毒对猪和牛受体嗜性的差异及鉴定了病毒介导受体路径。研究还发现，口蹄疫病毒 BHK 细胞高代适应毒株除利用已知的两类细胞受体之外，可能还利用另一类未知的受体感染细胞，这一结果拓展了口蹄疫病毒的受体知识和视野。

研究了口蹄疫病毒诱导凋亡机制，分别从磷脂酰丝氨酸外翻、线粒体膜电位变化、核型变化、核 DNA 断裂程度等方面全方位研究了口蹄疫蛋白 3A、VP1、VP3 诱导 BTY 细胞凋亡的情况。结果表明，这三种蛋白均能诱导 BTY 发生明显的细胞凋亡。VP1 主要通过 caspase 途径诱导细胞凋亡，而通过线粒体途径抑制宿主细胞凋亡。VP3 主要通过 caspase 途径和线粒体途径诱导凋亡。

研究了口蹄疫病毒抑制天然免疫机制，结合反向遗传技术和宿主天然免疫信号转导机制理论，研究了口蹄疫病毒基因或蛋白天然免疫信号转导机制。

诊断技术。成功研制了与国际标准接轨的间接夹心 ELISA 方法，可用于口蹄疫和猪水泡病的抗原定型检测。

建立了口蹄疫 O 型、亚洲 1 型和 A 型固相竞争 ELISA 抗体检测方法。口蹄疫病毒非结构蛋白 2C3AB 抗体检测试纸条进入临床试验。口蹄疫抗原定量 ELISA 方法趋于成熟，并组装成产品，进行了区域性推广实验，该方法能够对疫苗及其抗原中的口蹄疫各型 146S 全病毒抗原进行精确定量，检测结果稳定，重复性好。对口蹄疫病毒五种非结构蛋白抗体免疫印迹检测试剂盒进行了工艺改造，研制了口蹄疫病毒非结构蛋白抗体单抗阻断 ELISA 试剂盒，该方法可以与口蹄疫标记灭活疫苗配套使用，应用前景较大。

在通用型荧光定量 RT-PCR 基础上发展的荧光定量 PCR 定型诊断方法，可准确区分 O、A 和 Asia 1 型三个血清型。建立了口蹄疫病毒 O 型、A 型、Asia 1 型、猪水泡病病毒和水疱性口炎病毒 5 种病毒 GeXP 多重 PCR 检测体系。

疫苗研发。研发了 3 种灭活疫苗和 1 种三组分多肽疫苗，筛选培育出对当前 O 型口蹄疫流行株具有广谱免疫保护性的疫苗种毒 O/MYA98/BY/2010 株，研制出猪口蹄疫 O 型缅甸 98（Mya98）疫苗（2013 新兽药证字 23 号）；研发了猪口蹄疫 O 型灭活疫苗（OGX09-7 株＋OXJ10-11 株 2014 新兽药证字 01 号）；创制出口蹄疫 O 型、Asia 1 型、A 型三价灭活疫苗（O/MYA98/BY/2010 株＋Asia 1/JSL/ZK/06 株＋Re-A/WH/09 株，2013 新兽药证字 40 号），在我国实现了产业化生产和应用，取得了重大的社会和经济效益。

在原有的 Cathay 型毒株和 PanAsia 毒株抗原肽的基础上，增加了 Mya98/BY/2010 毒株的抗原肽，成功研制能够有效防控 Cathay、PanAsia 和 Mya98 三个流行毒株的三组分合成肽疫苗——猪口蹄疫 O 型合成肽疫苗（多肽 2600＋2700＋2800，2014 新兽药证字 24 号），提高了疫苗效力和抗原谱。这些新产品为我国有效防控 O 型口蹄疫提供了技术支持。

近 2 年开展的系列新疫苗和疫苗新技术研究，包括口蹄疫反向遗传疫苗、标记疫苗、复合表位蛋白疫苗、病毒样颗粒疫苗（VLPs）等，取得了重要进展，形成了国际领先水平的技术优势，为口蹄疫等疫苗的创新奠定了坚实基础。

防控技术。随着全国疫情呈明显下降，启动了 Asia 1 型口蹄疫免疫退出工作；加强了与周边国家合作，积极参与了中国-东南亚口蹄疫控制行动路线图计划。

2. 猪瘟（Classical Swine Fever，CSF）

主要研究机构。中国兽医药品监察所、中国农业科学院长春兽医研究所、中国农业科学院哈尔滨兽医研究所、中国动物卫生与流行病学中心、中国农业科学院兰州兽医研究所、中国农业大学等单位。

流行病学。监测表明，我国 CSF 流行特点为：流行范围广，呈散发流行；成年猪带毒现象严重；发病时典型特征和非典型特征同时存在，非典型症状和繁殖障碍型 CSF 增多，混合感染严重；多见免疫失败导致的 CSF 发生。由于存在不同养殖模式，根除本病依然是一个巨大挑战。

通过分析我国自 1979 年到 2013 年获得和收集的 728 条 E2 基因部分区域序列（190 bp），我国流行的 CSFV 分属为 1.1、2.1、2.2 和 2.3 四个基因亚型，其中 74.4％属于基因 2 型，分布在内地各个省份，表明基因 2 型占绝对优势。其中 2.1 亚型为 435 条，占 59.8％，为优势基因亚型；1.1 亚型为 186 条，占 25.5％；其他为少量的 2.2 亚型（12.2％）和 2.3 亚型（2.5％）。研究结果还表明，我国 CSFV 流行株基因组在 34 年间处于稳定状态，现用疫苗对流行毒株能有效保护。监测结果表明，我国内地尚未有基因 3 型的传入与流行。人工 CSFV 持续感染动物模型的建立和研究表明，不仅带毒母猪可以垂直或水平传播 CSFV，带毒种公猪也有传播能力，持续感染的 CSFV 至少可在母猪体内维持 750d，这种情况常常导致 CSF 在猪场形成恶性循环，也是造成该病长期持续存在和散发流行的主要根源，这种持续带毒现象严重影响了 CSF 防控效果。

病原学。CSFV 基因组大小约为 12.3kb，其开放阅读框架（ORF）编一个 3898Aa 大小的多聚蛋白，经病毒和宿主细胞酶作用形成 4 个成熟结构蛋白和 8 个非结构蛋白，排列顺序从 N 端到 C 端依次为 NH2-N^{pro}-C-E^{rns}-E1-E2-P7-NS2-NS3-NS4A-NS4B-NS5A-NS5B-COOH。在病毒复制过程中，NS3、NS4A、NS4B、NS5A、NS5B 是必需的；而其余 3 种非结构蛋白即 N^{pro}、P7 和 NS2 是非必需的。

CSFV 不同致病力毒株在本动物体内传代后血液中病毒含量的测定结果表明，血液中病毒含量增加是导致临床致病力增强的因素之一，但田间 CSF 的临床表现呈现多样化是多种原因综合影响的结果。

免疫与致病机理。研究了猪瘟兔化弱毒疫苗株的免疫机制。在免疫后 9～12d 抗体开始呈现阳性，在此期间 IL-8 转录水平大幅上调，揭示了 Th 细胞通过增殖诱导 B 淋巴细胞成熟，诱导细胞因子表达产生特异性抗体，并形成免疫保护机制；免疫后 28d 之前免疫细胞处于微效应期，多数正向调节的细胞因子未出现持续性的显著上调，疫苗病毒在动物体内缓慢增殖，对机体产生持续刺激；免疫后 28d，多数正向调节的细胞因子出现持续显著上调，机体开始逐渐清除疫苗病毒；疫苗免疫不会导致炎性细胞因子的持续上调，避免了由于炎症反应所导致的免疫细胞和免疫器官的损伤。然而强毒株的感染能够通过抑制宿主的早期非特异性抗病毒免疫而逃逸宿主免疫监视。

开展了 CSFV 感染宿主的猪肾细胞、外周血单个核细胞（PBMC）、原代血管内皮细胞（PUVEC）和血清的蛋白质组学和转录组学研究，获得了 CSFV 感染宿主的差异表达蛋白/基因数据。首次提出 CSF 持续感染病程中病毒对淋巴器官具有持续性、不可逆的损伤，而其他组织的损伤是可逆的。研究发现 CSFV 3'UTR 的突变可以影响病毒毒力，阐述了 CSFV 的减毒机理，为开发新一代疫苗提供了理论依据。

诊断技术。病原学检测技术方面，我国采用自主研发的 CSFV E2 单克隆抗体优化和完善了 CSFV 分离培养技术、荧光抗体检测技术、免疫过氧化物酶检测技术和体外病毒中和试验；研制了 CSFV 通用荧光 RT-PCR 诊断试剂盒、CSFVMGB 鉴别荧光 RT-PCR 诊断试剂盒和套式 CSFVRT-nPCR 检测试剂盒，可用于 CSF 监测、强弱毒鉴别诊断、分子流行病学调查；研制了猪瘟兔化弱毒疫苗和牛病毒性腹泻病毒检测试剂盒，用于疫苗中间产品效力检验的动物实验替代方法及原材料中牛病毒性腹泻病毒的检测，为疫苗质量安全提供技术保障；研发了 CSFV QuantiGeneViewRNA 原位杂交检测方法，可用于 CSFV RNA 在易感细胞中的复制规律研究。

CSF 抗体检测技术方面，采用杆状病毒表达的 CSFV E2 蛋白研发了 CSFV 间接 ELISA 抗体检测试剂盒；采用 E2 蛋白和自制的 CSFVE2 单克隆抗体研发了 CSFV 阻断 ELISA 抗体检测试剂盒，较国外产品具有更高的敏感性、适用性和实用性，解决了长期使用国外同类产品费用高昂的难题，更适合我国目前全面普免的抗体筛查。采用我国自主研发的猪瘟单克隆抗体建立和完善了国际贸易指定方法：猪瘟病毒荧光抗体病毒中和试验（NIF）和猪瘟病毒过氧化物酶联中和试验（NPLA）。

目前我国 CSF 检测技术已经达到了 OIE/欧盟的技术标准，已经建立、完善、使用并开始推广 OIE 标准确认的猪瘟诊断技术和国际贸易指定方法，在 CSF 诊断、监测、分子流行病学调查分析等方面建立起一套完整的检测体系，为控制消灭 CSF 提供了重要技术支撑。

疫苗研发。研发了 CSF 传代细胞苗，安全，抗体水平高，免疫猪各项生产性能指标显著优于原代细胞苗及脾淋组织苗。

防控技术。按照准备→控制→强制净化→监测→认证阶段等五个净化程序，通过对 CSF 快速检测试剂盒，疫苗毒株和野毒株鉴别诊断方法的筛选、整合和集成，免疫程序的调整，生物安全措施的综合实施，系统完善研究了我国 CSF 防制与净化支撑条件，构建了规模化猪场净化模式，成功实施了 CSF 的净化。制定了《规模化猪场猪瘟、猪伪狂犬病综合防控技术集成与示范实施方案》《规模化猪场猪瘟净化技术指南》《集约化、规模化猪场生物安全体系的实施方案》和《"猪瘟、猪伪狂犬病综合防控技术集成与示范"课题种猪净化认证方案建议》等指南，取得了的重要创新性成果，为我国 CSF 防治净化提供了比较完善的框架体系。

3. 猪繁殖与呼吸综合征（Porcine Reproductive and Respiratory Syndrome，PRRS）

主要研究机构。中国动物疫病预防控制中心，中国农业科学院上海兽医研究所、哈尔滨兽医研究所、中国动物卫生与流行病学中心、中国农业大学、华中农业大学、华南农业大学、西北农林科技大学、南京农业大学、山东农业科学院畜牧兽医研究所等单位。

流行病学。我国优势流行的美洲型 PRRSV，依据致病力的不同分为经典毒株（以 CH1-a 株为代表毒株）和高致病性毒株（HP-PRRSV，以 NVDC-JXA1 为代表毒株），新传入的美洲型 PRRSV 毒株（以美国 NADC30 为代表毒株）的流行范围在扩大，在华中、华东、华北地区养殖场都可检测出。该毒株与现有国内美洲型 PRRSV 同源性较低，小于 90%。

病原学。不同 PRRSV 流行毒株的分析表明，近期流行毒株仍以 Nsp2 编码区缺失 30 个氨基酸为主要特征，但不同分离株存在遗传差异，如 LN1101 株以 Nsp2 编码区第 482～499 位连续缺失 18 个氨基酸为特征，CHsx1401 株则与美国 NADC30 毒株相同，以 Nsp2 编码区存在 131 个氨基酸不连续缺失为特征。

致病机理。PRRSV 可通过抑制 IFN-α 的表达来减弱宿主的天然免疫，进而干扰获得性免疫中 IFN-γ 和中和抗体的早期产生，抑制细胞免疫，延长病毒血症时间，引起持续性感染。对非结构蛋白的研究发现，Nsp9 和 Nsp10 基因是影响我国高致病性毒株体内外增殖能力和决定其致死性毒力的关键基因，为阐释我国高致病性 PRRSV 的分子致病机制提供了重要的科学依据；Nsp2、Nsp9、Nsp10、Nsp11、Nsp12 与宿主细胞多种蛋白存在相互作用，进而发挥调控病毒复制、细胞凋亡和免疫抑制的过程；NSP4 第 155 位氨基酸是影响其抑制 IFN-β 水平的关键位点。Nsp1α 能够诱导 SLAⅠ-HC 和 β2m 经泛素化-蛋白酶体途径降解，从而下调细胞内 SLAⅠ类分子的外排水平，引起免疫抑制。对结构蛋白的研究表明：M 蛋白与宿主细胞蛋白 NF45 具有相互作用，并揭示了 NF45 在 PRRSV 增殖中的生物学意义；宿主细胞 NDUFB8、NDUFS6、TBX20、MR1 基因过表达对 PRRSV 体外增殖有显著抑制作用，其中 TBX20 基因沉默可以促进 PRRSV 的体外增殖。PRRSV 不同致病性毒株影响细胞因子 IL-10 和 TNF-α 的表达存在明显不同，提示它们在免疫抑制和拮抗宿主免疫应答能力方面存在差异；高致病性 PRRSV 毒株的 Nsp1β 和 Nsp11 是抑制猪肺泡巨噬细胞产生 TNF-α 的病毒蛋白。

诊断技术。 研究表明唾液可取代血清成为 PRRSV 病原监测的理想样品，在感染后 4d 至 4 周均可检出病原。国内外相继开发出针对欧洲型和美洲型、美洲经典毒株和变异毒株，以及野毒株和疫苗毒株的双重、三重荧光 PCR 技术，对临床诊断、疫苗免疫等具有重要作用。鉴于 PRRSV 变异速度较快，分子诊断技术应定期评价，避免出现假阴性结果。

疫苗研发。 利用 PRRSV 作为载体，构建了表达日本脑炎病毒 E 蛋白的重组 PRRSV 毒株，为开发成新型基因疫苗奠定了基础。

4. 猪伪狂犬病（Pseudorabies，PR）

主要研究机构。 华中农业大学、中国农业科学院哈尔滨兽医研究所、中国农业科学院上海兽医研究所、中国动物卫生与流行病学中心、中国动物疫病预防控制中心、南京农业大学、华南农业大学、中国农业大学、吉林大学、河南农业大学等单位。

流行病学。 该病在我国主要养猪地区呈流行态势，并出现了新的遗传变异毒株。对华中地区猪场的监测表明，2013 年和 2014 年伪狂犬病病毒（PRV）gE 抗体（野毒抗体）检出率分别是 26.7% 和 12.5%。Bartha-K61 疫苗免疫猪群也有感染发病的报道，gE 抗体阳性但无明显临床症状的猪群也普遍存在，预示现有疫苗毒株不能提供猪群对野毒感染的完全保护。山羊、虎和犬也出现了感染伪狂犬病毒而死亡的报道。

病原学。 与经典毒株（SC 株）相比，PRV 变异毒株发生了毒力增强和抗原变异，如 TJ 株对猪具有更强的致病性，表现出更高的死亡率，JS-2012 株也表现相似的特点，而河南分离株（HNX 株）接种有 Bartha-k61 疫苗母源抗体的仔猪，可出现发热等症状，也可使 60 日龄猪死亡。中和试验和交叉攻毒保护试验表明，PRV 流行毒株的抗原发生了变异，在 gB、gC 和毒力相关基因（如核苷酸还原酶）存在多处的碱基缺失和点突变等，gE 基因序列分析说明，PRV 变异毒株形成相对独立的新分支，其编码蛋白在第 48 位和第 492 位各存在 1 个天冬氨酸的特征性插入，可作为变异毒株的分子标记。在全基因组序列水平上，新分离的 HNX 株与 Boai 株、早期 Fa 株与 Bartha 株的同源性分别为 90.7%、90.8% 和 90.8%。

致病机理。 PRV 感染 ST 细胞后，可使细胞停滞在 G2 期，诱发细胞凋亡，这种影响与感染时间相关。对 PRV 编码蛋白的研究表明，新发现的 miR-21，可调节 IFN-γ 诱导 IL-10，抑制 PRV 在 PK-15 细胞中的增殖；prv-mir-LLT7 可以调控猪的 MHC I 基因和伪狂犬病毒 VP16 基因的表达；prv-mir-LLT1、prv-mir-LLT9 和 prv-mir-LLT11 可下调 IE180 基因的表达。用单克隆抗体鉴定出 EP0 蛋白的 287～292aa 存在一个抗原表位。用犬源 PRV BJ-YT 株接种犬后，犬出现了以搔痒为主要特征的临床症状，主要病理变化为多脏器广泛的充血和出血，心脏二尖瓣血栓以及脾的不完全收缩。组织学病变包括非化脓性脑炎，心、肺、胸腺、淋巴结出血，胸腺和淋巴结淋巴细胞的排空以及急性肾炎，免疫组化方法仅在感染犬脑干中检测到病毒抗原。

对 PRV 新型免疫佐剂的研究表明，含 CpG 单元的寡核苷酸作为免疫佐剂可增强 Th1 细胞的免疫反应，显著增加 CD4＋T 细胞比率，降低 CD4＋CD8＋CD45RO＋T 细胞比率，提高 PRV 特异性的 CD4＋T 细胞活性。

诊断技术。建立了能够鉴别野毒变异株和 gE 基因缺失疫苗毒的纳米 PCR 方法；建立了基于检测 gD 和 gE 基因的 SYBR Green I 荧光定量 PCR，检测猪伪狂犬病野毒株和 gE 基因缺失株。获得了 2 株 gE 蛋白单克隆抗体，为建立鉴别检测方法奠定了基础。

疫苗研发。以 PRV 变异株 ZJ01 株作为亲本毒株，构建了毒力减弱的 gE/gI 双基因缺失株，研制了 vZJ01ΔgE/gI 灭活疫苗，动物实验表明能够完全保护动物抵抗野毒的攻击。用 PRV 变异株 TJ 株构建了 rPRV TJ-gE 基因缺失株，免疫仔猪后可以抵抗野毒的攻击。以 HNX 株为亲本株研制的 gE 基因缺失灭活疫苗进入了转基因安全试验阶段。

防控技术。种猪场继续推进病原根除计划。我国多数生猪产业体系综合试验站和国家核心种猪场在防控新型 PRV 时，根据猪场特点，通过调整优化现有基因缺失疫苗的免疫程序、检疫淘汰野毒感染猪、加强生物安全措施建设，维持了 PRV 阴性状态，推动了本病净化进展。

2013 年国内有关 PRV 的授权专利有 3 件，分别是伪狂犬活疫苗稀释液的制备，猪伪狂犬病毒弱毒株 C 株极其耐热保存方法，伪狂犬疫苗种毒中支原体的清除方法等。

5. 猪圆环病毒 2 型（Porcine Circovirus 2，PCV2）

主要研究机构。华中农业大学、南京农业大学、中国农业科学院、中国农业大学、东北农业大学、扬州大学、中国动物卫生与流行病学中心、西北农林科技大学、华南农业大学、中国动物疫病预防控制中心等单位。

流行病学。2013—2014 年，对我国北方、南方和华中地区规模化猪场 PCV2 的病原学监测结果表明，阳性率分别是 39.7％、25.7％和 68.1％。PCV2 主要分为 5 种基因亚型，PCV2a、PCV2b、PCV2d 和 PCV2e 亚型在我国均有流行，以 PCV2b 流行最广，且 PCV2b-1C 为主要基因亚型。我国同时存在 PCV2a/PCV2b 重组毒株和 PCV2b-1A/1B 等重组毒株。从华南地区水牛中首次检测和分离到 PCV2，3 株毒株分别属于 PCV2a、PCV2b 和 PCV2c 亚型。

病原学。开展了 PCV1/PCV2 嵌合病毒和抗原表位的研究，发现 rep 基因编码蛋白与病毒的毒力相关，但不能刺激机体产生中和抗体，Cap 蛋白第 59 位和第 60 位氨基酸参与构象表位的形成。研究还发现在 PCV2 的 ORF3 中存在 ORF4，为病毒复制非必需，缺失后复制活性更高，且与凋亡抑制相关。在陕西不同地区采集自然病死猪样品，通过测序分析其基因型，发现均为 PCV2a 和 PCV2b 重组株，并进一步研究证明其重组主要发生在病毒 Cap 蛋白编码区域，且在此区域以不同模式重组可以获得不同重组毒株。

致病机理。对 PCV2 在细胞中增殖机制的研究表明，PCV2 感染能激活 PK-15 细胞中 JAK-STAT 信号通路，进而抑制 PCV2 在该细胞中的增殖。在猪肺泡巨噬细胞传代细胞（3D4/31）中过表达热休克蛋白 Hsp70，能促进 PCV2 在该细胞系的增殖。对 PCV2 引起免疫抑制机理的研究表明，PCV2 感染诱导猪原代肺泡巨噬细胞（PAM）CD74 分子上调表达，激活 NF-κB 信号通路，促进下游炎症因子 IL-6、IL-8 和 COX-2 分泌，增强炎症反应。PCV2 通过 TLR1 和 TLR9 途径促进细胞因子分泌，上调 SERPINB9，抑制细胞凋亡，促进病毒增殖。泛素蛋白酶体途径促进 PCV2 感染早期的复制。PCV2 能在 IPEC-J2 细胞上复制增殖，引起细胞内部微丝骨架的改变，增加肌动蛋白的聚集促进病毒的入侵，而皮质肌动蛋白的溶解有利于病毒的释放。研究发现，猪圆环病毒（PCV2）可以通过激活 TLRs-MyD88-NF-κB 信号通路调控体外培养的猪肺泡巨噬细胞（PAMs）和淋巴细胞细胞因子的分泌（IL-1β、IL-6、IL-10、IL-4 和 IL-12 等）。

诊断技术。建立了检测 PCV1 和 PCV2 双重 PCR、PCV2a 和 PCV2b 双重 PCR；建立了基于纳米 DNA 探针的 PCR 方法、实时定量 PCR、环状恒温介导扩增（LAMP）技术以及检测 PCV2 抗原的夹心 ELISA 方法，用于临床监测。研制了 PCV2 间接 ELISA、阻断 ELISA 和胶体金检测试纸条等抗体检测方法。

疫苗研发。2013 年和 2014 年批准了 3 种新疫苗上市，分别是猪圆环病毒 2 型灭活疫苗（ZJ/C 株）〔（2013）新兽药证字 10 号〕、猪圆环病毒 2 型基因工程亚单位疫苗〔（2014）新兽药证字 37 号〕和猪圆环病毒 2 型杆状病毒载体灭活疫苗〔（2014）新兽药证字 52 号〕。新型疫苗研究结果表明，展示生长激素抑制素的重组猪圆环病毒样颗粒免疫仔猪，攻毒后发现免疫仔猪获得很好保护。小鼠试验结果表明，PCV2 亚单位疫苗与重组猪 IFN-γ 联合使用，能提高亚单位疫苗的免疫保护作用。猪 IL-18 与 PCV2 的 Cap 基因串联表达，能提高 DNA 疫苗的免疫原性。嵌合型猪圆环病毒 PCV1-2 灭活苗可有效地诱导免疫猪产生针对 PCV2 感染的保护性免疫应答。构建表达 IL-18、PCV2Cap 蛋白和马链球菌兽疫亚种（SEZ）M 蛋白的重组痘病毒 rSPV-ICS，免疫巴马迷你猪后能够抵抗 PCV2-SEZ 的共感染。

6. 猪流感（Swine Influenza，SI）

主要研究机构。中国农业科学院、华中农业大学、南京农业大学和中国农业大学等单位。

流行病学。我国猪群中类禽型 H1N1 抗体和血清抗体平均阳性率滴度均高于其他亚型；H1N1 亚型 SIV 感染较为普遍，系统进化分析表明，SW/GX/133/11、SW/GX/547/112 株 SIV 与 2009 年大规模感染人的甲型 H1N1 流感病毒的进化关系接近，可能是人群甲型 H1N1 流感病毒跨种传播，在猪体内进化而来；从进化关系上可以看出，SW/HN/232/11、SW/HLJ/24/112 株 SIV 属于类禽型 H1N1 SIV。

病原学。目前发现 SIV NS1 蛋白有两种不同形式，研究表明 NS1 蛋白差异不影响感染细胞内 IFN-α/β 和 TNF-α 的表达；猪型和禽型 SIV 分别感染 BALB/c 小鼠，48h 后均能明显提高 CD4＋T 细胞亚群的百分率，CD8＋T 细胞亚群的百分率及 CD4＋/CD8＋比值略有提高，但差异不明显（$P>0.05$）。建立了 H1N1 亚型流感病毒 A/swine/Jiangsu/40/2011（JS40）的反向遗传操作系统。

免疫与致病机理。在 A/Mexico/4486/2009（H1N1）流感病毒引入人 H1N1 流感毒株 HA 上 142 和 177 两个糖基化位点后，其抗原性发生变化，对小鼠的致病性增强。具有与 H1N1/2009 病毒相同基因组合方式的流感病毒在猪体内连续传代后其致病性和传播性得到增强，具有与 H1N1/2009 大流行流感病毒类似的生物学特性。单纯的猪体内传代，可使猪源流感病毒获得在人群中传播流行的潜力。

诊断技术。研制了检测猪流感病毒 H3 亚型、猪流感病毒 H3 亚型和甲型 H1N1 二联胶体金检测试剂盒和 H1 抗体 ELISA 试剂盒；建立了 H3 亚型流感病毒抗原捕捉 ELISA 检测方法、H1 亚型流感病毒重组 HA1 蛋白 iELISA 方法以及 H1 亚型流感病毒实时荧光定量 RT-PCR 检测方法。

防控技术。采用反向遗传操作手段，成功拯救出重组 H1N1 亚型流感病毒 GD/PR8，该重组病毒制备的疫苗能有效抑制猪体排毒。攻毒实验结果显示，该疫苗能显著降低病毒对动物肺脏的损伤，对 H1N1 亚型的古典猪流感病毒攻击能起到有效的保护作用。以猪痘病毒为活载体，构建了同时表达猪流感病毒 H1N1、H3N2 HA1 蛋白的 rSPV/H3-2A-H1 活载体疫苗，该疫苗能诱导动物产生显著的体液和细胞免疫反应，能完全保护豚鼠和猪抵御 SIV H1N1 和 H3N2 亚型病毒攻击。

7. 猪流行性腹泻（Porcine Epidemic Diarrhea，PED）

主要研究机构。中国农业科学院哈尔滨兽医研究所、中国动物卫生与流行病学中心、华中农业大学、东北农业大学、南京农业大学、山东农业大学、山东省农业科学院畜牧兽医研究所等单位。

流行病学。我国猪群 PEDV 感染普遍，PEDV 主要侵害 2～3 日龄的新生仔猪，其发病率和病死率可高达 100％。分子流行病学研究表明，我国 PEDV 流行毒株分为 2 个基因型，而且仍然以变异株为主。从部分母猪的乳汁中能够检测到 PEDV。也发现 PEDV 与传染性胃肠炎病毒、轮状病毒混合感染的情况。

病原学。分离到的 PEDV 变异毒株（如 LNCT2，CH/GDGZ/2012，CHYJ130330），能够引起 7 日龄以内仔猪发病，其全基因组长度为 28 038nt，与 2011—2012 年流行毒株相比存在核苷酸点突变现象。

致病和免疫机理。证实 2-脱氧-D-葡萄糖通过触发未折叠蛋白反应抑制 PEDV 复制。利用靶向 RNA 重组技术对 PEDV 进行了遗传操作，并证实 ORF3 不是 PEDV 复制的必需基因。研究表明 Vero E6 细胞感染 PEDV 后在 G2/M 期停滞；感染 G2/M 期细胞的病毒载量明显高于正常细胞。识别猪氨基肽酶 N 的小分子肽能够抑制 PEDV 感染细胞。PEDV 木瓜样蛋白酶是一种病毒去泛素化酶，能够负调控 1 型干扰素通路。PEDV N 蛋白具有核定位特性，并和核仁蛋白相互作用促进病毒复制；此外，N 蛋白延长 S 期的细胞周期，诱导内质网应激，上调白细胞介素-8 表达；通过阻止 IRF3 和 TBK1 之间的相互作用抑制 β 干扰素的产生；E 蛋白诱导内质网应激，上调白细胞介素-8 表达；泛素蛋白酶系统可促进病毒早期复制。

诊断技术。建立了鉴别诊断 PEDV 流行毒株和疫苗株的 RT-PCR 方法、鉴别诊断变异株和经典毒株的多重 TaqMan 探针荧光定量 PCR 方法、快速和鉴别诊断引起猪腹泻的四种病原的多重 RT-PCR 方法。建立了检测 PEDV 抗体的间接 ELISA 方法。

防控技术。猪传染性胃肠炎、猪流行性腹泻、猪轮状病毒（G5 型）三联活疫苗获得国家二类新兽药证书。针对流行性毒株引起的猪流行性腹泻，开展了猪流行性腹泻单苗及其与猪传染性胃肠炎二联灭活疫苗、活疫苗研究。此外，还开展了亚单位疫苗和核酸疫苗的相关研究。研究表明，通过妊娠母猪产前两次免疫，新生仔猪可获得被动保护，产房温度调节和卫生措施加强，防控效果更好。

8. 猪细小病毒病（Porcine Parvovirus Infection，PP）

主要研究机构。中国农业科学院、南京农业大学、中国动物疫病预防控制中心、河南农业大学、四川农业大学和上海市农业科学院等单位。

流行病学。对未免疫猪群血清流行病学调查表明，猪细小病毒（PPV）感染在我国广泛存在，血清阳性率为 78.1％。分子流行病学调查发现，我国除了存在传统的 PPV（基因型 1）外，在南方 6 省规模化猪场病猪样本中检测出基因 2，3 和 4 型毒株；此外，也发现了基因 5 型和基因 6 型毒株（PPV6）。

病原学。从河南、四川、黑龙江、上海和湖南等省市病猪样本中分离到 PPVST 细胞（猪睾丸细胞）适应毒株和 PK15 细胞适应毒株。研究表明，PPV NS1 蛋白全长 662 氨基酸残基，主要参与病毒 DNA 的复制及调节基因的表达，不含信号肽序列，无跨膜区，为可溶性蛋白，主要定位于细胞核内，T199、Y309、T338、T512、S631、T635 为其潜在磷酸化位点，包含 10 个主要抗原表位。利用杆状病毒表达系统表达 VP2 蛋白，可自我组装成病毒样颗粒（VLPs），且具有血凝活性；而利用原核表达系统表达的 VP2 蛋白不能组装成 VLPs，且无血凝活性。

致病机理。PPV 感染导致初产母猪发生繁殖障碍、仔猪皮炎和肠炎（腹泻），推测 VP2 蛋白决定 PPV 的组织嗜性、毒力和血凝活性。PPV 能在 PAMs 中增殖，并促进 IFN-γ 和 TNF-α 的表达；而当 PPV 与 PCV2 混合感染后，后者进一步能促进 PPV 在 PAM 中增殖，显著抑制 IFN-γ 的表达。动物试验证明，PPV 与 PCV2 之间存在显著的协同致病作用。

诊断技术。建立了扩增 PPV 非结构蛋白 NS1 基因的纳米 PCR 方法，灵敏度比常规 PCR 高 100 倍；建立了检测猪细小病毒与猪伪狂犬病毒二重 SYBR Green I 实时荧光 PCR 方法。用杆状病毒表达的重组 VP2 或大肠杆菌表达的重组 NS1 蛋白包被酶标板，建立了间接 ELISA 方法。建立了检测 PPV 抗体的化学发光免疫分析方法。

防控技术。制备了 PPV PK-15 细胞适应毒株的灭活疫苗，开展了猪圆环病毒病-猪细小病毒病-猪乙型脑炎三联灭活疫苗的研究，探索了纳米铝胶佐剂增强猪细小病毒灭活疫苗免疫效果的研究。由于 PPV 在猪群中广泛流行，用灭活疫苗免疫后备母猪和后备公猪，是当前规模化猪场防控猪细小病毒感染的主要措施。

9. 猪流行性乙型脑炎（Japanese Encephalitis，JE）

主要研究机构。南京农业大学、华中农业大学、河南省农业科学院，中国农业科学院上海兽医研究所、哈尔滨兽医研究所等单位。

流行病学。JE 在我国分布广泛，蚊虫活跃季节猪群血清抗体阳性率显著升高。调查表明，三带喙库蚊的 JEV 带毒率显著高于中华按蚊和骚扰阿蚊。猪群的乙脑发病率与该地区的气温和降雨量呈正相关。2013 年湖南、安徽、河北等地猪乙脑病例显著多于往年。

病原学。2013—2014 年从病猪病料和蚊子中分离的 JEV 流行毒株多为基因 I 型或基因 III 型。病猪病料中分离的基因 III JEV 与弱毒疫苗株 SA14-14-2 的基因同源性最高，尤其是某些毒力相关位点的囊膜蛋白氨基酸具有疫苗株的特征。

致病和免疫机理。发现 TLR3 与 RIG-I 在 JEV 诱导小胶质细胞炎症反应与抑制病毒增殖过程中起到了重要作用，且 RIG-I 较 TLR3 更显著。针对 JEV NS2A 核糖体移码结构域或茎环结构域进行突变获得 NS1 表达改变的重组病毒，发现 JEV NS1 蛋白不具备直接影响病毒复制能力和毒力的功能。发现 JEV 通过膜穴样凹陷（Caveola）介导的、发动蛋白和 pH 依赖型的内吞途径入侵 B104 等神经细胞，而之前的研究表明 JEV 通过网格蛋白介导的内吞途径入侵非神经细胞。Hsp70 可以通过其分子伴侣的功能稳定复制复合体中 NS3 和 NS5 的表达从而达到稳定复制复合体结构的作用。

诊断技术。制备了针对 JEV M、E、NS1、NS2B、NS3、NS4B 和 NS5 蛋白的 30 多株单克隆抗体，鉴定出 JEV 中和抗原表位、病毒特异性抗原表位和血清群保守性抗原表位。研制了检测病毒抗原的夹心 ELISA、免疫胶体金试纸条、检测 JEV 野毒感染抗体的 ELISA 方法。建立了可检测及鉴别基因 Ⅰ 型和 Ⅲ 型 JEV 的 RT-PCR 方法。

疫苗研发。构建了稳定分泌表达 JEV 病毒样颗粒（VLP）的 BHK-21 细胞系，表达量可达 $20 \sim 25 \mu g/mL$。小鼠免疫接种 $3\mu g$/只的 VLP 抗原可产生对 JEV 强毒 P3 株 100% 的保护。病毒样颗粒疫苗两次免疫猪后诱导的保护性中和抗体可持续 8 个月以上。目前，JEV VLP 疫苗已获得农业部转基因安全评价安全证书。开展了基因 Ⅰ 型猪乙型脑炎灭活疫苗、猪细小病毒病-猪乙型脑炎二联灭活疫苗、猪圆环病毒病-猪细小病毒病-猪乙型脑炎三联灭活疫苗等的生产工艺与免疫效果的研究。

防控技术。发现广谱性抗病毒蛋白 Griffithsin 能够直接作用于 E 蛋白从而抑制 JEV 的感染；靶向 E、NS3 和 NS4B 等多个 JEV 基因的 shRNA 可在细胞和小鼠体内抑制 JEV 的增殖，发挥特异性抗 JEV 效果；建立了日本脑炎病毒 NS3 蛋白酶活性体外检测方法及基于蛋白酶活性测定的日本脑炎病毒抑制剂高通量筛选，获得 3 个抑制 JEV 增殖的分子化合物；发现依那西普（Etanercept，hTNFR p75 Fc 融合蛋白）对 JEV 引起的小鼠脑部炎症具有一定的治疗效果，为乙型脑炎的治疗提供了新思路。发现三带喙库蚊自然带毒率较高，全夜均有活动，高峰在 22：00—23：00，加强种猪场防蚊灭蚊措施对防控猪流行性乙型脑炎效果明显。

10. 猪大肠杆菌病（Swine Colibacillosis）

主要研究机构。扬州大学、华中农业大学和中国兽医药品监察所等单位。

流行病学。从猪出生至断奶期均可发病，仔猪黄痢常发于生后 1 周以内，以 1～3 日龄者居多；仔猪白痢多发于生后 10～30 日龄，以 10～20 日龄者居多；猪水肿病主要见于断奶仔猪。

病原学。大肠杆菌的许多血清型均可引起猪发病，其中以 O8、O9、O101、O138、O141、O157 等为主。致猪腹泻的产肠毒素大肠杆菌（ETEC），除含酸性多糖 K 抗原外，还含有蛋白质性黏附素抗原，常见的有 K88、K99、987P、F41 等黏附素；引起猪肠道外感染的大肠杆菌（Porcine ExPEC）以 O8、O11、O26、O101、O138、O161 等血清型为主，其普遍含有与肠道外感染相关的毒力因子，如黏附素、侵袭素、血清抗性因子和铁摄取系统等。

致病机理。致病性大肠杆菌依赖多种毒力因子引起不同的病理过程，主要包括起黏附定植作用的黏附素，如 K88、K99、987P、F41 等；参与败血症进程的内毒素；

引起分泌性腹泻的外毒素，包括不耐热肠毒素（LT）和耐热肠毒素（ST）；导致猪水肿病的类志贺毒素（SLT）；与入侵并破坏肠黏膜细胞能力相关的侵袭素；与引起败血症能力相关的大肠杆菌素。

疫苗研发。猪致病性大肠杆菌的血清型众多，地域分布广泛且存在差异，各型之间交叉保护性较低，选择优势血清型菌株，构建含多种血清型的低毒多价灭活疫苗，对猪提供广谱保护，降低疫苗副作用。用针对本地流行的优势血清型的大肠杆菌研制适用于本地区的大肠杆菌疫苗，对于防控本病以及防止该病向其他地区的扩散传播，能够起到很好作用。

11. 猪肺疫（Nneunomic Pasteurellosis）

主要研究机构。中国兽医药品监察所、华中农业大学和黑龙江八一农垦大学等单位。

诊断技术。以巴氏杆菌 Kmtl 基因（NO. AF016259）为靶标，建立了检测多杀性巴氏杆菌的 LAMP 方法，敏感性高于常规 PCR。A 型菌株的荚膜多糖成分是透明质酸；B 型菌株的荚膜多糖是由阿拉伯糖、甘露糖和半乳糖组成；D 型菌株的荚膜物质是一种类似于肝素的多糖。针对多杀性巴氏杆菌 A 型、B 型和 D 型菌株不同的荚膜物质的合成基因位点设计引物，扩增出不同长度基因片段（1 044bp、760bp、657bp、511bp、851bp），建立了荚膜分型 PCR 方法，对 53 株多杀性巴氏杆菌分离株的定型结果与传统 Carter 氏间接血细胞凝集试验方法定型结果完全吻合。

疫苗研发。将血清 A 型多杀性巴氏杆菌的外膜蛋白 H 基因疫苗装载到猪传染性胸膜肺炎放线杆菌（App）菌影疫苗（pCDNA-ompH）中，对小鼠的 App Ⅰ型活菌和多杀性巴氏杆菌 D 型活菌攻毒的保护效率依次为 100％和 90％。以血清 A 型多杀性巴氏杆菌的外膜蛋白 H 作为基因疫苗，可以对血清 D 型多杀性巴氏杆菌产生交叉保护效力。

PlpB 蛋白为多杀性巴氏杆菌的外膜蛋白，Fur 蛋白作为铁摄取调节蛋白，均在细菌的生长中起到重要的作用。将 PlpB、Fur 蛋白分别与 GST 融合表达，与弗氏佐剂乳化后制备亚单位疫苗，与全菌灭活疫苗、生理盐水分别免疫小鼠。结果表明，全菌灭活苗免疫效果最优，与其他三个亚单位疫苗差异均极显著，GST-PlpB-Fur 融合蛋白苗免疫效果优于 GST-PlpB 与 GST-Fur 重组蛋白苗，Fur 与 PlpB 蛋白在免疫效果上起到协同作用。

12. 猪传染性萎缩性鼻炎（Atrophic Rhinitis of Swine）

主要研究机构。华中农业大学、东北农业大学和南京农业大学等单位。

致病和免疫机理。研究发现 Crp/Fnr 转录调控因子家族的 PrfA 参与多杀性巴氏杆菌的感染，是细菌重要的毒力因子之一。ΔprfA 突变株生化特性未发生改变，具有良好的遗传稳定性，致病性明显降低。Lon 是一种 ATP 依赖的蛋白酶，可降解异常蛋白和特异性调控其他调控蛋白。多杀性巴氏杆菌 Δlon 突变株对 RK13 细胞黏附能力增强，与亲本毒株相比小鼠致病性稍有下降。

对产皮肤坏死毒素（PMT）血清 D 型多杀性巴氏杆菌 HN06 株的细菌表面蛋白进行免疫蛋白组学筛选，鉴定出表面蛋白磷酸甘油变位酶（PGAM），免疫小鼠 2 次后，以 10 LD50 的剂量 HN06 株攻毒后，PGAM 蛋白免疫组能够提供 70％的保护力，表明 PGAM 蛋白具有一定免疫保护性，可用于研制新型疫苗。

诊断技术。通过豚鼠皮肤坏死试验和 toxA 基因 PCR 对比检测 17 株多杀性巴氏杆菌分离株，均鉴定出 4 株产毒素多杀性巴氏杆菌，检测 toxA 基因 PCR 方法可用于鉴定产毒素多杀性巴氏杆菌。

防控技术。研究构建了融合表达支气管败血波氏杆菌丝状血凝素（FHA）和百日咳杆菌黏附素（PRN）、单独表达多杀性巴士杆菌 toxA 蛋白的重组沙门氏菌、分别表达多杀性巴氏杆菌 toxA 基因 C 端和 N 端的重组支气管败血波氏杆菌，并进行了重组菌的安全性评估、免疫途径、免疫剂量和免疫效果评价，安全性获得证明且具有一定的临床保护效果。以 A 型猪源多杀性巴氏杆菌四川分离株为材料，克隆和原核表达 plpE 基因中编码成熟蛋白的核苷酸片段，研究其免疫交叉保护性。小鼠用 A 型猪源多杀性巴氏杆菌 pET-plpE 重组蛋白 20μg，二免后 2 周，分别用 10～20 倍 LD50 的 B 和 D 型猪源多杀性巴氏杆菌的攻毒，免疫小鼠得到良好的交叉保护性。

选取支气管败血波氏杆菌优势流行菌株制成 I 相菌铝胶灭活疫苗，免疫仔猪，具有较好的免疫保护效果。母猪产前 1 个月或仔猪在 7 日龄和 28 日龄分别接种猪萎缩性鼻炎灭活疫苗，可产生较高抗体水平，猪群发病率下降、增重率提高，出栏时间提前。

13. 猪丹毒（Swine Erysipelas，SE）

主要研究机构。华中农业大学、吉林大学等单位。

流行病学。该病近年来发病率呈上升趋势，近期江苏、安徽、河南、湖北、湖南、四川、广东、广西、云南、吉林、福建等地均有关于猪场发生猪丹毒的报道。

病原学。急性猪丹毒主要由血清 1a 型菌株引起，慢性猪丹毒主要由血清 2 型菌株引起。药敏试验显示，目前国内流行的猪丹毒杆菌对 β-内酰胺类和大环内酯类抗生素敏感，对卡那霉素和磺胺异噁唑耐受。

致病和免疫机理。对猪丹毒杆菌分离株 SY1027 的全基因测序分析显示，该菌有37 个潜在毒力因子，其中 7 个可能与耐药性高度相关。通过构建猪丹毒杆菌 spaA-基因缺失株，发现缺失株对小鼠的致病力下降了 76 倍，首次证明了 spaA 在猪丹毒杆菌致病中的重要作用。通过对致弱过程中保存的菌株进行 spaA 高变区序列分析和PFGE 分析，发现猪丹毒的毒力与 spaA 高变区的序列无关，其毒力改变也不引起PFGE 带型的变化。

将猪丹毒杆菌强毒株 HX130709 在吖啶橙培养基上连续传 55 代，获得了致弱株 HX130709a。生长曲线表明致弱株的生长速度显著低于强毒株，攻毒保护试验说明该致弱株不但对小鼠没有致病性，还能保护小鼠免受强毒株的感染。

防控技术。国内猪场大多选择猪丹毒活疫苗。疫苗免疫可以有效预防急性猪丹毒的发生，但对慢性猪丹毒的预防效果不佳。猪丹毒 DNA 疫苗目前依然处于研究阶段。青霉素对本病有很好的防治效果，但应警惕耐药菌株的出现。

14. 副猪嗜血杆菌病（Haemophilus Parasuis，HPs）

主要研究机构。华中农业大学、中国动物卫生与流行病学中心、北京市农林科学院、中国农业科学院兰州兽医研究所、广东省农业科学院动物卫生研究所、山东省农业科学院畜牧兽医研究所和广东永顺生物制药股份有限公司等单位。

流行病学。副猪嗜血杆菌病在我国集约化猪场呈普遍流行的态势，可影响从 2 周龄到 4 月龄的青年猪，主要在断奶前后和保育阶段发病，发病率一般在 10%～15%，严重时病死率可达 50%。副猪嗜血杆菌不会通过母猪垂直传播，但带菌母猪可以在哺乳期间通过咳嗽飞沫等途径将病原传播给仔猪。许多病原体，如猪蓝耳病病毒、猪圆环病毒 2 型、猪链球菌易与本病发生混合感染或继发感染，使病情加重。

病原学。副猪嗜血杆菌至少可以分为 15 个血清型，我国分离率较高的致病性菌株多为 4、5、12、13、14 型等，其中血清 4 和 5 型更为常见。不同血清型间的致病性差异显著，血清型间没有交叉保护性。副猪嗜血杆菌的毒力也与抗原性密切相关。鉴定了副猪嗜血杆菌的 CdtB、Ompp1、Hps-2037、OapA 和 IdgA 等外膜蛋白。

致病机理。副猪嗜血杆菌是一种条件性致病菌，在致病条件下，位于猪鼻腔、扁桃体和气管前段中的副猪嗜血杆菌可损害上呼吸道的正常防卫机制，引起黏膜损伤，增加了细菌侵入机体的机会；损伤纤毛上皮，病变处纤毛丢失，支气管细胞及黏膜急性肿胀，进而增加了副猪嗜血杆菌侵入机体的机会。在感染中期，菌血症非常明显，肾脏、肝脏及脑膜炎上的瘀点和瘀斑构成了败血症损伤。在血浆中，可检出较高水平的细菌毒素。许多器官出现纤维蛋白性血栓，随后出现典型的纤维蛋白化脓性多关节炎、脑膜炎和多浆膜炎等。发现了 GAPDH 是一个毒力相关和突变调节蛋白。

疫苗研发。成功研制了二价、三价灭活疫苗，正在研制四价灭活疫苗。国外已有多家公司的副猪嗜血杆菌多价灭活疫苗在我国注册使用。免疫猪的攻毒保护率可以达到 80% 以上，免疫期为 4～6 个月。正在研发副猪嗜血杆菌和猪链球菌的二联亚单位疫苗，已经通过临床试验审批。副猪嗜血杆菌亚单位疫苗仍处于实验室研究阶段。

15. 猪传染性胸膜肺炎（Porcine Contagious Pleuroneumoniae，PCP）

主要研究单位。华中农业大学，中国农业科学院哈尔滨兽医研究所、兰州兽医研究所，四川农业大学，江苏农业科学院兽医研究所等单位。

流行病学。该病主要在全国各地规模化猪场流行，临床症状主要见于生长育肥猪。最初为急性死亡，有的病猪耐过后转变为慢性型，表现为长期咳嗽，生长缓慢，饲料报酬下降。一些猪场可出现高毒力血清型和低毒力血清型混合感染，导致急性型和慢性型病例同时存在。本病也与猪繁殖与呼吸综合征共同发生。

病原学。病原为胸膜肺炎放线杆菌（*Actinobacillus pleuroneumoniae*，APP），有 15 个血清型以及尚未分型菌株。多年来，我国流行的血清型以 1、5、7、2、3 型为主，特别是 5 型明显增多。

致病与免疫机制。鉴定了新的免疫原性蛋白，在 APP 基因组学研究的基础上，运用表达谱芯片比较研究了 APP 12 个血清型菌株的基因转录谱，鉴定出 251 个保守的 APP 表面蛋白基因，结合免疫蛋白质组学研究鉴定出 30 个保守的具有免疫原性的外膜蛋白和分泌蛋白，用动物试验评价了其中 12 个重组蛋白的免疫保护力，为新型疫苗和诊断试剂的设计与研制奠定了基础。解析了 APP15 种血清型 Flp 操纵子的结构和遗传多样性，发现 Flp 菌毛形成与细菌黏附、生物被膜形成和体内定植等功能有关。发现宿主的儿茶酚胺类激素可以调控 APP 的生长、代谢和毒力，初步揭示了其生长调控的机制，说明宿主应激激素可以直接作用于病原菌，调控病原菌的生长、代谢和致病性。

疫苗研发。基于毒素与外膜蛋白为抗原的亚单位疫苗和猪传染性基因缺失疫苗研究也取得进展。后者获得了国家转基因安全证书，正在申报新兽药注册证书。

《猪胸膜肺炎放线杆菌 ApxIV-ELISA 抗体检测方法》2013 年获批湖北省地方标准。疫苗和鉴别诊断试剂盒的推广应用，有效地控制了该病在我国的暴发流行。"猪传染性胸膜肺炎防控关键技术研究与应用"2014 年获得湖北省科技进步一等奖。

（三）反刍动物病

本节主要介绍了牛病毒性腹泻、牛流行热、牛副流感等 16 种反刍动物疫病的研究进展，新鉴定了牛病毒性腹泻 1u 亚型、3 株牛流行热病毒、牛副流感基因 A 型和 C 型、牛蓝舌病病毒 1/9/16 型、羊痘病毒等病原，开展了牛病毒性腹泻等 16 种疫病的全国性或部分地区的流行病学调查，建立和熟化了一批 PCR、多重 PCR、ELISA、荧光 PCR 等检测方法，开发了 BVDV-1 型灭活苗、牛病毒性腹泻/牛传染性鼻气管炎二价灭活疫苗，对 BVDV 等病原的全基因组进行了测序、反向遗传操作和致病机研究。

1. 牛病毒性腹泻（Bovine Viral Diarrhea，BVD）

主要研究机构。中国动物卫生与流行病学中心、华中农业大学、中国农业科学院兰州兽医研究所、青岛农业大学和华威特（北京）生物科技有限公司等单位。

流行病学。监测表明，多数省份牛群血清抗体阳性率高，其中奶牛群可达

69.1％；各地流行株基因亚型有所差异，以 BVDV-1 型为主，发现了 BVDV-1u 新亚型；证实有 BVDV-2 型感染，并对代表株 XJ-04 进行了基因组测序。

诊断技术。针对 BVDV 5'-UTR 区域，建立 BVDV-1 型和 BVDV-2 型焦磷酸测序检测方法，可用于 BVDV 的快速鉴定和分型。同时，针对 BVDV 5'-UTR 区域，设计通用引物、1 型和 2 型 MGB 探针，建立了 BVDV 1 型和 2 型双重 real time RT-PCR 检测方法，该方法检测 1 型的灵敏度可以达到 1.6×10^2 个拷贝/μL，2 型的灵敏度可以达到 2.1×10^2 个拷贝/μL，并且特异性良好，对猪瘟、牛传染性鼻气管炎、口蹄疫病毒无非特异性扩增。

疫苗研发。BVDV-1 型灭活疫苗已申报新兽药注册证书，处于产品复核阶段。

2. 牛流行热（Bovine Ephemeral Fever，BEF）

主要研究机构。中国农业科学院兰州兽医研究所、哈尔滨兽医研究所等单位。

流行病学。2012 年 1 月至 2014 年 6 月，对 26 个省血清流行病学调查，均有阳性牛存在，说明我国牛群感染普遍，但存在区间差异，最高区达 81％。

病原学。从采自浙江省台州市（宿主为奶牛）和河南省洛阳市（宿主为奶牛）送检的病料中分离到 3 株 BEFV，分别命名为 JT02L、LS11 和 LYC11。对 LS11 毒株进行了全基因组序列测定，全长为 14 899bp，GenBank 序列号为 KM276084.1，这是我国测定的第一株 BEFV 全基因组序列。

致病机理。尚不清楚 BEFV 的起始复制时间，但高热前将近 1d 时血液中有很高的病毒滴度，并特异地高滴度存在于中性粒细胞中。病毒主要侵袭各个组织的动脉、静脉和毛细管的内皮细胞，主要导致内皮细胞损伤和低血钙。

诊断技术。通过扩增仅包括 BEFV 糖蛋白基因 G1 抗原位点的特异性片段，建立了检测 BEFV 血清抗体的间接 ELISA 方法，已开发成试剂盒，目前正在进行中试，特异性和敏感性均较好，并申报了国家发明专利（申请号 201410244271.1）。

3. 牛副流感（Bovine Para Influenza，BPI）

主要研究机构。中国农业科学院哈尔滨兽医研究所、黑龙江八一农垦大学、中国农业科学院特产研究所、华威特（北京）生物科技有限公司、中国农业大学和沈阳农业大学等单位。

流行病学。从黑龙江、辽宁等 12 个省份采集牛血清样品 2 489 份，用血清中和试验进行 BPI 3 型病毒（BPIV3）抗体检测，抗体阳性率为 77.6％（1 936/2 489），其中 2/3 的省份阳性率超过 80％，个别省份高达 100％。

病原学。从送检疑似样品中多次检测到基因 A 型和 C 型 BPIV3，但基因 B 型是否存在有待进一步研究和确认。

致病机理。动物（牛等）感染试验结果表明，气管和肺脏是 BPIV3 复制的靶器官，本身可造成下呼吸道感染，进而引起严重的肺感染。用 BPIV3 接种豚鼠后，表现出呼吸道相关的临床症状和病理学变化，接毒 24h 在呼吸道组织中检测到了病毒复制。BPIV3 回归试验表明，接毒后的牛体可从鼻腔排毒，病理变化表现为肺泡壁毛细血管扩张瘀血，肺泡腔内有少量红细胞散在，伴有少量浆液析出；气管黏膜层消失；淋巴小结内淋巴细胞有轻微减少，部分淋巴细胞出现凋亡。

诊断技术。基于 BPIV3 M 基因建立了 TaqMan 实时荧光定量 RT-PCR，用于快速定量检测 BPIV3，该方法特异性强、敏感性高、重复性好，可用于人工感染样本的检测；建立了同时检测牛病毒性腹泻病毒、牛副流感病毒 3 型和牛呼吸道合胞体病毒 3 种病毒的多重 RT-PCR 方法，该方法具有特异、快速、准确的特点，可用于对 3 种病毒的检测和鉴别诊断。

防控技术。用 BPIV3 经细胞培养并灭活后与油佐剂乳化制成 BPIV3 灭活疫苗，证实了实验室条件下 BPIV3 灭活疫苗对牛的安全性，可诱导接种牛产生较高滴度的中和抗体，保护牛体抵抗强毒株的攻击。由于疫苗尚未上市，目前尚无特异性防控手段。采用综合作用方式给药时，沙冬青总生物碱对 BPIV3 感染的治疗指数高达 25.76，表明沙冬青总生物碱对 BPIV3 有宽广的安全质量浓度范围。

4. 蓝舌病（Bluetongue，BT）

主要研究机构。云南畜牧兽医科学院、中国农业科学院哈尔滨兽医研究所、兰州兽医研究所、广西兽医研究所、云南出入境检验检疫局和华中农业大学等单位。

流行病学。在新疆、内蒙古、贵州、广西、西藏的调查表明，各地均存在该病感染，且存在区间、品种间差异。

病原学。在师宗县建立的黄牛监控动物群中共分离到 86 份 BTV 疑似样品，其中 67 份经 RT-PCR 扩增和细胞微量中和试验确认为 BTV，主要包括 BTV-1、BTV-9、BTV-16 三个血清型。对 BTV-1 和 BTV-16 分离株进行 VP2 基因测序分析，发现该 BTV-1 株序列与 Y863 株（Genbank：KC879616）同源性为 92%，BTV-16 株序列与参考株（Genbank：AB686221）同源性为 99%。中基于 BTV-1 SZ97/1 株全基因序列建立了 BTV-1 的反向遗传操作系统。正在开展构建 BTV-16 反向遗传操作系统工作。

致病机理。尚未对蓝舌病致病机理开展深入的研究，目前已对多个血清型 BTV 结构蛋白的抗原表位进行了鉴定。

诊断技术。通过制备蓝舌病群特异性的多克隆抗体和优化抗原固定技术，建立了蓝舌病多克隆抗体 C-ELISA 方法，同时建立了蓝舌病阻断 ELISA 抗体检测方法。已建立了牛羊 BTV 抗体定量 ELISA 检测方法，可用于田间感染动物的净化和疫苗免疫效果评价。

针对 BTV 基因组 S1 和 S5 片段设计了 2 对特异性引物，建立了 BTV SYBR Green 定量 PCR 检测方法，适用于 BTV 的快速检测和诊断。利用 1 对特异性引物和探针，建立了一种荧光定量 PCR 检测方法。

疫苗研发。目前有关 BTV 疫苗的研究很少。将 O 型 FMDV 编码保守的中和表位（8E8）序列分别插入 BTV-8 VP2 基因编码的两个不同 loop 区，分别构建了嵌合8E8 表位的 VP2 基因，并在 Sf9 细胞中表达，发现所表达的 VP2 蛋白至少存在两个插入位点，能容纳 12 个氨基酸短肽的插入，此项研究为蓝舌病和口蹄疫多价疫苗的研究提供了思路。

5. 牛传染性鼻气管炎（Bovine Infectious Rhinotracheitis，IBR）

主要研究机构。扬州大学、中国农业大学、华中农业大学、吉林农业大学、南京农业大学、中国农业科学院特产研究所、山东省农业科学院等单位。

流行病学。我国 14 个省区进行了流行病学调查，结果显示 IBRV 抗体阳性率为33.3%，局部地区可达 82.5%（66/80）。牦牛群感染情况也非常严重，如青海、西藏、四川牦牛群抗体阳性率达为 38.6% 以上，最高可达 77.4%。

病原学。对临床分离株 GD0109 株进行全基因组测序，将其与参考株（GenBank：AJ004801.1）进行比对分析和拼接，发现分离株与参考株序列同源性在90% 以上，但仍有部分片段如反向重复序列中突变十分明显，说明该分离株为新毒株。对 IBRVNM 株的 gD 基因序列进行分析，表明 NM 株与 IBRV K22 株的同源性最高。

致病机理。IBRV 感染可以影响单核巨噬细胞 NO 分泌量，显著降低 IL-4、IL-6和 IL-8 的 mRNA 转录水平，显著升高 IL-10 及 TNF-α 的 mRNA 转录水平，从而对宿主的单核巨噬细胞免疫学功能产生影响。IBRV 感染可正调控与抗感染免疫相关的CD14 和 CD11a 的表达，负调控与抗原递呈相关的 MHCI 和 MHCII 的表达，表明IBRV 感染单核巨噬细胞会影响细胞表面分子的表达水平。BHV-1 感染可刺激机体形成炎性体并激活 caspase 1 活性，从而引发临床症状。

诊断技术。制备了 IBRV gC 蛋白的特异性单克隆抗体，建立了检测 IBRV 的双抗体夹心 ELISA 方法；建立了 IBRV 阻断 ELISA 抗体检测方法；制备了 gB 单克隆抗体，建立了双抗体夹心 gB-ELISA 方法，上述 ELISA 方法均证实具有良好的特异性和灵敏度。基于 IBRV gB 基因和赤羽病病毒（AKAV）S 基因建立了 IBRV 和AKAV 双重快速检测方法，建立了同时检测这两种病毒的基因芯片方法；基于 gB 和gE 建立了荧光定量 PCR 诊断方法；基于 gB 基因建立了 IBRV PCR 检测方法；建立了 IBRV 与 BVDV 双重 PCR 检测方法。

疫苗研发。将 IBRV 弱毒疫苗 LNM 株在动物体内盲传 3 代进行毒力返强试验，证实了该疫苗株安全、稳定性良好，已获得临床试验批件并完成了临床试验。已完成IBRVtk-/gG-双基因缺失疫苗的转基因微生物安全评价环境释放试验，正申报生产中试试验。牛病毒性腹泻、牛传染性鼻气管炎二价灭活疫苗于 2013 年申报了国家发明专利（申请号 201310184764）。IBRV 活疫苗保护效力与诱导产生中和抗体水平正相关，抗体效价高于 1∶6 时，疫苗免疫保护率在 80％以上，效力良好，抗体效价在 1∶3 与 1∶6 之间，保护率近 78％。利用荷斯坦奶牛 IBRV-C1 分离株制备的三批牛传染性鼻气管炎灭活疫苗，初步证明对靶动物安全且免疫效果较好。构建了能高效表达 BHV E_2 糖蛋白的 BHV-1 通用疫苗载体。

6. 奶牛子宫内膜炎（Cow Endometritis）

主要研究机构。 中国农业科学院兰州畜牧与兽药研究所、东北农业大学、黑龙江省八一农垦大学、河北农业大学、南京农业大学、吉林大学、华南农业大学、西北农林科技大学、内蒙古农业大学、中国农业大学和华中农业大学等单位。

流行病学。 流行病学调查表明，我国奶牛子宫内膜炎的发病率一般在 10％～30％，最高可达 50％，70％左右的奶牛不孕症是由奶牛子宫内膜炎引起。温度和季节对奶牛子宫内膜炎发病率有很大的影响，夏季发病率高于冬季。随着奶牛胎次的增加，子宫内膜炎的发病率呈明显上升趋势。

病原学。 子宫内膜炎主要由病原微生物感染造成，病原包括细菌、真菌、支原体、病毒、寄生虫等，其中细菌是主要病原微生物，各地区的常见致病菌差异大，如甘肃省部分地区奶牛子宫内膜炎的主要病原菌为化脓隐秘杆菌、大肠杆菌、屎肠球菌和无乳链球菌，而不是有些地区流行的葡萄球菌。近年来，抗生素的滥用导致主要病原菌产生了严重的耐药性，流调结果显示，化脓隐秘杆菌、金黄色葡萄球菌、大肠杆菌等对青霉素、氨苄、四环素、卡那霉素、复方新诺明等多种常见抗生素均产生了严重耐药性，耐药率高达 40％～100％。

致病机理。 奶牛产房卫生条件差、免疫力低下、子宫弛缓及血液循环障碍等都是引发奶牛子宫内膜炎的主要原因。对大肠杆菌引发子宫内膜炎的致病机制的研究表明，大肠杆菌能增加奶牛机体 TLR-4 的表达，从而引起 TNF-α、IL-1β 和 IL-6 等炎性细胞因子分泌的增多，使患牛表现出子宫内膜炎的临床症状。

诊断技术。 采用 B 超辅助诊断的方法，总结并分析了不同子宫疾病的 B 超典型声像图谱，初步建立了子宫充盈 B 超检查诊断与回流液检查确诊隐性子宫内膜炎的新方法。

疫苗研发。 由于致病菌复杂多样，不易开发有效的疫苗，国内关于奶牛子宫内膜炎的疫苗研发报道较少，使用从奶牛子宫病料中分离的化脓隐秘杆菌制备的子宫内膜炎灭活疫苗，小鼠免疫后对人工感染有一定的抗感染效果，奶牛免疫后具有一定的保护效果。

7. 奶牛乳房炎（Cow Mastitis）

主要研究机构。 中国农业科学院兰州畜牧与兽药研究所、新疆石河子大学、新疆畜牧科学院兽医研究所、中国农业大学、黑龙江八一农垦大学、宁夏大学、东北农业大学、内蒙古农业大学、沈阳农业大学、吉林大学和黑龙江省科学院微生物研究所等单位。

流行病学。流行病学调查表明，新疆石河子地区奶牛临床型乳房炎发病率为 6.99%～11.5%；宁夏临床型乳房炎发病率为 13.8%，隐性型乳房炎发病率为 36.49%；天津临床型乳房炎发病率为 7.02%～11.34%，隐性型乳房炎发病率为 46%～62.7%；内蒙古临床型乳房炎发病率为 7.16%，隐性型乳房炎发病率为 22.99；江苏镇江隐性型乳房炎发病率为 44.9%～64.5%；贵州隐性型乳房炎发病率为 53.8%；山东部分地区隐性型乳房炎发病率为 64.92%。

病原学。对我国西部地区乳房炎病原菌的区系调查表明，引起奶牛乳房炎病原菌主要为无乳链球菌、金黄色葡萄球菌、大肠杆菌、停乳链球菌、乳房链球菌等，检出率在 90% 以上。我国奶牛乳房炎无乳链球菌优势血清型主要为 Ⅰa 型和 Ⅱ 型。北京、河南、天津及广西等地区分离出的奶牛乳房炎大肠杆菌优势血清型主要为 O13、O17 和 O91。从北京、山西、内蒙古、山东、浙江和新疆等地奶牛乳房炎病例中分离的金黄色葡萄球菌优势血清型为荚膜多糖 336 型。

诊断技术。建立了基于金黄色葡萄球菌的 nuc 基因和大肠杆菌 16S-23S rRNA 基因的二重 PCR 检测方法；建立了基于金黄色葡萄球菌的 nuc 基因、大肠杆菌的 16S-23S rRNA 基因和蜡样芽孢杆菌的 hblA 基因的三重 PCR 快速检测方法。建立了一种无乳链球菌快速分离鉴定试剂盒，并于 2014 年获得了发明专利（201310161818.7）。

疫苗研发。制备了一种由金黄色葡萄球菌类毒素和菌体蛋白、大肠杆菌灭活菌苗及无乳链球菌灭活菌苗组成的多联苗，在金黄色葡萄球菌性乳腺炎小鼠模型中测试显示可使小鼠金黄色葡萄球菌性乳腺炎发病率降低 83.3%。将金黄色葡萄球菌 5 型荚膜多糖（CP5）与鞭毛蛋白载体结合，制备了蛋白结合疫苗，以小鼠模型开展乳腺保护实验，结果表明该疫苗对小鼠乳腺具有显著的保护效果。构建了核酸疫苗 pVAX1-pFnbA，免疫小鼠后，ELISA 抗体水平提高，Th1/Th2 类细胞因子含量提升，T 细胞增殖能力增强。已开展了不同佐剂的乳房炎多联苗对小鼠免疫功能的影响研究，研究了不同佐剂组分对金黄色葡萄球菌 CP8-FnBPB-ClfA 多价毒力因子疫苗免疫效果的影响。

8. 牛泰勒虫病（Bovine Theileriosis）

主要研究机构。中国农业科学院兰州兽医研究所、南京农业大学、新疆农业大学、河南农业大学、青海大学和延边大学等单位。

流行病学。在北方 10 个省份开展的流行病学调查结果显示，抗体阳性率在 23.1%～67.3% 之间，说明牛泰勒虫在我国普遍存在，并且感染率较高。如，吉林省珲春地区高达 62.4%，青海省天峻县阳性率达到 29.86%，新疆托克逊县和吐鲁番地区牛环形泰勒虫阳性率分别为 40% 和 51.6%。经调查，牛泰勒虫病在南方各省包括广西、贵州、云南、湖南和广东也普遍存在，其感染率为 14.8%～38.2%。

病原学。牛泰勒虫病在我国主要由环形泰勒虫、瑟氏泰勒虫和中华泰勒虫引起。昆明白小鼠摘除脾脏后，人工感染环形泰勒虫的染虫率达 15%～20%，证明环形泰勒虫可在除脾昆明白小鼠体内增殖。

诊断技术。表达纯化了环形泰勒虫微线体-棒状体蛋白，证明该蛋白能被环形泰勒虫阳性血清识别，具有良好的反应原性。间接免疫荧光实验证明微线体-棒状体蛋白主要定位于环形泰勒虫裂殖体表面。重组表达的泰勒虫抗原重组蛋白 Tasp-Tams1-SPAG1 作为 ELISA 包被抗原，建立了间接 ELISA 检测方法；筛选表达了环形泰勒虫缺失 N 端疏水区 Tams1 基因重组蛋白，以此蛋白为包被抗原，建立了间接 ELISA 方法；重组表达了 MPSP 蛋白，建立了检测三种泰勒虫的 ELISA 方法。根据牛瑟氏泰勒虫 ITS 基因和牛卵形巴贝斯虫 CCTη 基因建立了检测两种梨形虫病病原的多重 PCR 方法；基于牛瑟氏泰勒虫 P23 蛋白基因序列设计特异性引物，建立了快速检测瑟氏泰勒虫的二温式 PCR 方法；分别根据牛环形泰勒虫 18s RNA 和 Tams1 基因序列，建立了诊断环形泰勒虫的荧光定量 PCR 检测方法；基于 ITS 基因序列，建立了检测瑟氏泰勒虫和中华泰勒虫的 LAMP 方法。

防控技术。现阶段用于牛泰勒虫病预防的疫苗只有针对环形泰勒虫的牛环形泰勒虫病活虫苗，疫苗注射后 21 日产生免疫力，免疫持续期可达 1 年时间。将瑟氏泰勒虫 p33 基因亚克隆到大肠杆菌-分歧杆菌穿梭载体 pMV361 中，电穿孔转化卡介苗，热诱导后，检测 p33 基因在重组卡介苗中成功获得表达，表达产物可被瑟氏泰勒虫阳性血清识别，为制备重组卡介苗预防瑟氏泰勒虫病奠定了基础。重组表达了瑟氏泰勒虫 MPSP p23 和 p33 蛋白，动物接种重组表达的蛋白后产生较好的体液免疫和细胞免疫，并可维持 5 周以上，证明该联合蛋白具有牛瑟氏泰勒虫的免疫预防作用。目前，此病的防控主要以有计划地组织有效的灭蜱及注射抗牛泰勒虫药物进行预防。

9. 牛蜱虫病（Bovine Tick Disease）

主要研究机构。中国农业科学院兰州兽医研究所、上海兽医研究所，河北师范大学和新疆石河子大学等单位。

流行病学。通过标本互换及野外采集等方式收集并鉴定内蒙古、甘肃、新疆、河北等近 20 个省份的 4 000 多份标本。此外，还在广东、黑龙江、新疆等省份进行了蜱类调查。

病原学。揭示我国特有种-西藏革蜱的分类及系统进化地位，在形态鉴定的基础上结合部分分子生物学特征对西藏革蜱及其他相关革蜱进行了分析，证实西藏革蜱与其他古北界革蜱聚为一支，新北界及新热带界的蜱聚为一支。对青海血蜱和日本血蜱分别进行了电子扫描电镜和高景深电子照相观察，形态学特征的比较发现青海血蜱和日本血蜱为两个独立种。

致病机理。miRNA 在亚洲璃眼蜱不同发育阶段及不同组织的表达明显不同，表明其表达具有选择性；依据 miRNA 表达的差异性及已报道 miRNA 涉及的生物学功能，推测 miRNA 在亚洲璃眼蜱的细胞增殖、发育及吸血方面有潜在重要作用。

研究表明镰形扇头蜱二个丝氨酸蛋白酶抑制分子（Serpin）是具有多重功能的先天性免疫相关分子。其 Subolesin 蛋白对巨噬细胞很好的抑制作用。此外，镰形扇头蜱的免疫球蛋白结合蛋白（IGBPs）在吸血雄蜱中大量表达，其唾液腺中最丰富。与不同宿主 IgG 结合能力不同。通过基因沉默表明 IGBPs 对蜱吸血和繁殖过程的直接影响不显著，或者存在其他代偿机制。

长角血蜱 MESK 基因能够在一定程度上抑制哺乳动物细胞 MAPK 信号通路中 ERK 的磷酸化。该基因还能大幅度促进锌指蛋白 36（tristetraprolin，TTP）在 mRNA 和蛋白质水平的表达。实验表明，非蜱传播病原禽流感病毒在宿主细胞表达长角血蜱 MESK 蛋白影响细胞 ERK 活性时，其增殖受到抑制，为 MESK 基因的其他作用提供参考。

疫苗研发。通过克隆获得不同蜱种的 4D8 基因，评估其作为抗蜱及蜱传病疫苗和新型医药制剂的潜在价值。研究表明，长角血蜱饱血因子 reHLEFa 具有明显的刺激雌蜱饱血和卵巢发育的作用，免疫试验表明，HLEFa 有作为抗蜱疫苗备选抗原的潜在价值，但其作用特点及制备方式有待于进一步研究。

防控技术。研究了真菌对蜱的生物防控作用。显示其筛选的白僵菌菌株 B. bAT01 对蜱的杀伤力最强，菌株 B. bAT05 和 B. bAT07 次之，这三株菌在孢子浓度为 10^8 个/mL 时侵染青海血蜱 14d 后对其致死率达到 100%。

10. 牛巴贝斯虫病（Bovine Babesis）

主要研究机构。中国农业科学院兰州兽医研究所、华中农业大学、新疆农业大学、延边大学、石河子大学和中南大学等单位。

流行病学。2013—2014 年间，我国广东、云南、黑龙江、贵州、新疆、河南等省份有牛的巴贝斯虫病报道，病原主要为牛巴贝斯虫卵形巴贝斯虫和双芽巴贝斯虫。尚未开展全国性牛巴贝斯虫病流行病学普查，目前流调数据较为零散。部分省份流调结果显示，各地阳性率不尽相同，如新疆部分地区牛阳性率为 7.12%～19.33%，浙江金华部分奶牛巴贝斯虫病阳性率为 3.96%。另外，通过对我国新疆、甘肃、重庆、云南、贵州、河南、西藏、河北、湖南、四川、广西、广东、青海 13 个省份牛巴贝斯虫感染情况的血清流行病学调查，发现这些省份都存在感染情况，阳性率在 6.40%～68.49% 之间。上述数据证明牛巴贝斯虫病在我国普遍存在，严重危害养牛产业的持续发展。由于该病为蜱传性血液原虫病，其发生发展与蜱的活动密不可分。

病原学。我国报道病原主要包括牛巴贝斯虫（*Babesia bovis*）、双芽巴贝斯虫（*B. bigemina*）、东方巴贝斯虫（*B. orientalis*）、大巴贝斯虫（*B. major*）、卵形巴贝斯虫（*B. ovata*）和牛巴贝斯虫未定种喀什株（*Babesia* sp. Kashi）。我国 2013 年在蜱体内分离到了分歧巴贝斯虫（*B. divergens*），但未见牛感染报道。测定了东方巴贝斯虫的全基因组数据，并对其线粒体基因进行了研究。另外，通过构建和筛选 cDNA 文库，已获得一些参与病原入侵、致病、生长发育和免疫相关的基因。

致病机理。 已鉴定出多个参与牛巴贝斯虫入侵宿主细胞、代谢及其繁殖相关的蛋白分子，包括 RAP-1、AMA-1、DXS 和 HSP 等，截至目前尚未开展这些蛋白分子功能的研究工作。

诊断技术。 利用原核表达的牛巴贝斯虫和双芽巴贝斯虫 RAP-1 蛋白 C 端，建立了可区分牛巴贝斯虫和双芽巴贝斯虫感染的 ELISA 方法，该方法具有良好的特异性和灵敏度。以 18S rRNA 为靶基因，建立了区分牛巴贝斯虫和双芽巴贝斯虫的 TaqMan 实时荧光 PCR 检测方法；考虑到实际操作简单性，基于 ITS 基因，建立了一种可同时检测牛巴贝斯虫和双芽巴贝斯虫的二重 PCR 方法，可在一个反应管中同时检测这两种巴贝斯虫。田间巴贝斯虫和泰勒虫常混合感染，所以基于牛瑟氏泰勒虫 ITS 基因和牛卵形巴贝斯虫 CCTη 基因已建立了可同时检测这两种病原的二重 PCR 检测技术。

11. 牛无浆体病（Bovine Anaplasmosis）

主要研究机构。 中国农业科学院兰州兽医研究所、中国疾病预防控制中心传染病预防控制所、苏州大学、黑龙江八一农垦大学、石河子大学等单位对本病开展了持续监测与研究。

流行病学。 对我国 11 个省份的 680 份牛边缘无浆体（*A. marginale*）血清样品进行血清抗体检测，血清平均阳性率为 42.35%（288/680），不同省份的血清阳性率在 15.22%～95.83% 之间，山东最低（15.22%、14/92）、贵州最高（95.83%、23/24）。对采自四川、重庆、云南、贵州、广西、湖南、广东 7 省份共 491 份牛无浆体（*A. bovis*）血液样品进行 PCR 检测，样品阳性率为 26.3%（129/491）。对采自甘肃省甘南藏族自治州的牦牛和犏牛嗜吞噬细胞无形体（*A. phagocytophilum*）血液样品进行检测，阳性率分别为 32.3%（51/158）和 35.0%（7/20）。安徽省怀远广德县和明光市牛的感染率为 25.0%。

病原学。 感染牛的无浆体病原主要包括边缘无浆体（*A. marginale*）、中央无浆体（*A. centrale*）、牛无浆体（*A. bovis*）以及嗜吞噬细胞无形体（*A. phagocytophilum*）。近期全基因组序列测定和分析结果表明，*A. centrale* 属于 *A. marginale* 的亚种。*A. phagocytophilum* 是一种人畜共患病原，宿主谱较广。

致病机理。 通过对边缘无浆体重组 MSP1α 和 MSP1β 蛋白的功能研究，发现 MSP1α 和 MSP1β 蛋白对牛红细胞具有明显的黏附作用，吸附率可达 56.4% 和 52.7%。

通过研究我国人源嗜吞噬细胞无形体分离株 LZ-HGA-Agent 表面膜蛋白 MSP2、

分泌蛋白 Ats-1 与人 THP-1 细胞的相互作用，发现嗜吞噬细胞无形体分离株表面蛋白 MSP2 与组织蛋白 G（CTSG）、锌指蛋白 36，C3H 样 2（ZFP36L2）蛋白发生相互作用；分泌蛋白 Ats-1 与半乳糖凝集素 1（LGALS1）、金属蛋白酶抑制子 1（TIMP1）蛋白发生相互作用。

诊断技术。选取了嗜吞噬细胞无形体 msp2 及 msp4 两个主要表面蛋白作为研究对象，对 E-msp2、N-msp4、Z-msp4 三个主要表面蛋白的全长基因在去除信号肽的前提基础上，进行 PCR 扩增和原核表达，建立了嗜吞噬细胞无形体的 ELISA 检测方法。基于牛无浆体 16S rRNA 基因序列设计引物和探针，建立了一种检测牛无浆体实时荧光定量 PCR 方法。基于嗜吞噬细胞无形体 AnkA 和查菲埃立克体 TRP120 基因，建立了同时检测嗜吞噬细胞无形体和查菲埃立克体的多重实时荧光定量 PCR 方法。

疫苗研发。分析了 3 株（Webster 株，斯洛文尼亚 1 567 株，美国 96HE58 株）嗜吞噬细胞无形体 AnkA 蛋白的免疫原性，检测了 3 株菌 AnkA 重组蛋白与我国无形体病人血清抗体反应性。结果表明重组表达的 AnkA 主要以可溶性形式存在，小鼠免疫获得高效价抗 AnkAIgG 抗体，3 株菌重组蛋白免疫抗体间存在交叉反应，3 株菌重组蛋白与我国无形体病人血清抗体存在免疫反应。

12. 牛支原体病（Mycoplasma Bovis）

研究机构。华中农业大学、中国农业科学院哈尔滨兽医研究所、兰州兽医研究所、中国农业大学、吉林农业大学、东北农业大学、西南大学、内蒙古农业大学、宁夏大学和石河子大学等单位。

流行病学。2013 和 2014 年，全国不同地区均有牛支原体病发生，表明该病在持续危害养牛业，发病率为 50%～100%，病死率高达 10%～50%。"北牛南运""西牛东运"是肉牛发病的主要环境因素，与运输应激密切相关。

病原学。完成了 HB0801 的致弱菌株（P150 和 P180）以及 30 余株临床分离株的全基因组测序，利用多位点测序定型方法进行基因型分析，证实我国流行菌株变异性不大，70% 菌株属于同一个型（ST1）。建立了人工感染试验和毒力评价指标体系。牛支原体临床分离株的耐药性严重。

致病机理。证明牛支原体表面脂蛋白 VpmaX 和 P33 可以与胎牛肺细胞 EBL 细胞黏附，构建了牛支原体随机突变体库，构建了一个能在牛支原体复制表达的新的重组质粒，为牛支原体致病机理研究建立了技术平台。

诊断技术。PDHB 为丙酮酸脱氢酶 E1 复合体的一个亚基，利用该蛋白建立的间接 ELISA 方法检测血清抗体，其结果与商业化试剂盒的符合率为 78.3%。基于血清抗体亲和力指数的 ELISA 检测，可用于区别牛支原体自然感染和疫苗免疫产生的血清抗体，抗体相对亲和力指数阈值为 69.88%，自然感染产生的抗体具有高亲和力，而疫苗免疫产生的抗体具有低亲和力。与商品化试剂盒相比，该方法敏感性为

97.3%，特异性为 94.4%。2013—2014 年国内有关牛支原体发布的专利有 8 个，涉及单抗的制备应用以及抗体检测、检测试纸条等方面。发布了一个地方标准（牛支原体肺炎诊断技术规程，DB42/T 1024—2014）。

疫苗研发。牛支原体 HB0801 株体外连续传代致弱，成功获得疫苗株，完成了疫苗株的全基因组测序和临床前研究。

13. 羊痘（Sheep Pox and Goat Pox，SGP）

研究机构。中国农业科学院兰州兽医研究所、西南大学、内蒙古农业大学、塔里木大学和石河子大学等单位。

流行病学。我国羊痘流行有上升趋势，内蒙古、甘肃、宁夏、青海、重庆、陕西、安徽等省份是羊痘流行的高发区。

病原学。利用 Vero、HeLa 和 BHK21 传代细胞和羊睾丸原代细胞从甘肃、新疆、青海、宁夏、湖北、福建等地分离到多株羊痘病毒。对 GTPV-FZ 株进行全基因组测序，其基因组大小为 150 194bp，包含有 151 个基因，以及两个大小均为 2 301bp 的反向末端重复序列，与 GenBank 收录的 8 株山羊痘病毒属基因组序列一致性达 97%～99%，说明山羊痘病毒属成员在基因组水平上相对保守。

致病机理。在痘病毒科中，痘病毒科的部分成员编码的 E3L 蛋白可抑制 PKR 活性从而逃避 PKR 的抗病毒作用。但 2013 年对绵羊痘病毒编码的 E3L 蛋白的研究显示，该蛋白并不能有效抑制 PKR 的活化。

诊断技术。建立了 PCR 和 LAMP 技术。利用原核表达的 P32 重组蛋白建立了 iELISA 方法，该方法与琼脂扩散试验的阳性符合率为 83.44%，并且具有很好的特异性、重复性和敏感性。基于重组蛋白 ORF095 和 ORF103 建立的 iELISA 方法，具有很强的特异性，可特异性鉴别诊断自然感染和弱毒疫苗免疫羊。

14. 羊支原体肺炎（Mycoplasmal Pneumonia of Sheep and Goats，MPSG）

研究机构。中国农业科学院兰州兽医研究所、哈尔滨兽医研究所，中国兽医药品监察所、石河子大学、中国农业大学、西南大学、西南民族大学、内蒙古农业大学和宁夏大学等单位。

流行病学。2013 年和 2014 年，除北京、上海、天津三个直辖市以外的全国 28 个省份均有羊支原体肺炎发生的报道，但只有甘肃、内蒙古、新疆和西藏等地进行了病原分离鉴定，其中山羊支原体山羊肺炎亚种曾在 2012 年导致藏羚羊大量死亡，为国内外首次报道。

致病机理。检测绵羊肺炎支原体感染绵羊后细胞因子的变化，证实 IFN-γ、IL-12 和 ISG15 在肺炎支原体感染过程中起重要作用。利用绵羊呼吸道上皮细胞共培养实验表明，绵羊肺炎支原体可通过骨髓分化因子 88（MyD88）依赖的 TLR 信号通路诱导炎症反应。

诊断技术。利用山羊支原体山羊肺炎亚种分泌的胞外多糖分别建立起了两种间接血凝、免疫胶体金和间接 ELISA 血清学检测等方法，均已申请专利，其中山羊传染性胸膜肺炎间接血凝诊断试剂已注册新兽药证书。筛选获得了 5 株山羊支原体山羊肺炎亚种单克隆抗体，鉴定到 3 个与抗体结合的抗原表位。p113 基因建立了检测绵羊肺炎支原体的实时定量 PCR 检测方法。

防控技术。以分离纯化的山羊支原体山羊肺炎亚种菌株辅以新型纳米佐剂制备了灭活疫苗并已获新兽药证书。绵羊肺炎支原体和丝状支原体山羊亚种的二联灭活疫苗完成了临床前研究。在分子疫苗的研究上，几种候选蛋白如 DnaK、丙酮酸脱氢酶、延长因子 EF-Tu 等可望作为后续研究的疫苗靶标。

2013—2014 年，国内有关羊支原体发布的专利有 8 个，涉及疫苗制备（2 个）、治疗药物或药物组合（4 个）、抗体检测试纸条（1 个）、等温 PCR 检测试剂（1 个）等方面。

15. 羊梨形虫病（Sheep Piroplasmosis）

主要研究机构。中国农业科学院兰州兽医研究所、华中农业大学、延边大学、河南农业大学、东北农业大学等单位。

流行病学。甘肃、山东、新疆、内蒙古、黑龙江、辽宁、山西、云南、青海等地区发生羊的梨形虫病，致病病原主要包括尤氏泰勒虫、吕氏泰勒虫和莫氏巴贝斯虫。我国部分省份羊梨形虫病流行病学调查结果显示，各地阳性率不尽相同，范围在 6.1%～100%，表明该病在我国普遍存在，严重危害养羊业发展。

病原学。世界范围内对羊梨形虫病病原学的研究较少，我国对羊吕氏泰勒虫、莫氏巴贝斯虫和羊巴贝斯虫未定种进行了全基因组序列测定，部分结果尚在分析中；同时构建了莫氏巴贝斯虫和羊巴贝斯虫未定种的基因组 BAC 文库，确定其都具有 4 条染色体，基因组大小在 7～11.1Mbp。现已鉴定出一批与羊梨形虫入侵宿主细胞相关的蛋白分子，如 RAP、TRAP、GAP45、GAP50、Aldolase 等，但尚未开展相应的蛋白分子功能验证工作。

诊断技术。羊梨形虫病的诊断技术在近年来有了快速的发展，先后建立了 PCR、LAMP、RLB 等分子检测技术以及以 ELISA 为代表的血清学检测技术，这些诊断技术现正在实验室进行熟化。

16. 羊梭菌病（Sheep Clostridial Disease）

研究机构。中国农业科学院兰州兽医研究所、吉林农业大学、宁夏大学和山东农业大学等单位。

流行病学。该病在我国呈零星散发。对甘肃永靖县 17 个乡镇羊梭菌病进行流行病学调查，共调查羊只 13 294 只，发现疫点 27 个，死亡 961 只，死亡率 8.7%。内蒙古阿拉善左旗某农户养殖的 540 只羊有 21 只发生急促死亡，经病原分离鉴定确定为梭菌引起。青海门源县羊梭菌病一直呈零星散发，平均免疫率达 76.16% 时，有效地控制了羊梭菌病的流行。

防控技术。利用共表达载体对 α、ββ、ββ、ε 毒素同时进行了表达，对获得的毒素蛋白进行了小鼠实验，获得了理想的结果。2013—2014 年，国内有关魏氏梭菌发布的专利有 1 个，即牛羊肠毒血症的 D 型产气荚膜梭菌类毒素疫苗的制备方法。

（四）马属动物病

中国农业科学院哈尔滨兽医研究所、兰州兽医研究所、中国动物卫生流行病学中心、新疆农业大学、华南农业大学、内蒙古农业大学和广州市动物卫生监督所等单位开展了马传染性贫血、马流感等 7 种主要马病的监测与研究。研究发现：马传染性贫血疫苗株 EIAVFDDV13 的 gp45 存在高比例截短突变，与病毒致病性相关。马流感病毒仍在我国马群中循环，马流感 A（H3N8）毒株可在马和猫之间跨种传播，PB1-F2 基因变异可影响马流感病毒的进化；研制了 H3N8 亚型马流感灭活疫苗，进行了临床前实验室研究和中间试验。马腺疫抗体阳性率随马匹年龄的增长不断提高；马在 3 月份驱虫前感染率最高。首次在我国分离到马疱疹病毒 8 型。建立了马动脉炎病毒抗原捕获 ELISA 检测方法和荧光定量检测方法。

1. 马传染性贫血（Equine Infectious Anemia，EIA）

流行病学。农业部组织实施了年度主动监测。

病原学。疫苗株 EIAVFDDV$_{13}$ 的 gp45 存在高比例截短突变，该截短突变毒株具有在体内和体外进行复制的能力；完成了 EIAV 穿膜蛋白 gp45 的结构解析，进一步研究发现 EIAV 疫苗株的 V/I505T 突变会明显降低 gp45 的稳定性，并使病毒对温度变化的敏感性增强，提示 gp45 V/I505T 突变可能与 EIAV 疫苗株毒力致弱相关；通过慢病毒 gp45 蛋白的高分辨率晶体结构，展示了 gp45/gp41 结构的保守性，发现如果将 EIAV 疫苗毒株的疏水基团变为亲水基团，会改变其温度敏感性和稳定性；对 EIAV 野毒株在体内进化规律研究发现，附属蛋白 S2 基因在体内高度变异，并受阳性选择压力不断进化，并且 S2 的变异伴随不同的发病状态，表明 S2 在体内进化与病毒致病性相关。

致病机理。首次构建了表达 EIAV 受体 ELR1 及转录辅助蛋白 eCyclinT1 的转基因小鼠，通过 EIAV 感染小鼠及相关检测试验，证明 EIAV 可感染该转基因小鼠，并造成类似 EIA 的病理变化，证实 ELR1 和 eCyclinT1 是 EIAV 体内感染和复制所必需的蛋白；通过感染蛋白质组学发现，EIAV 感染马单核巨噬细胞（eMDM）后，可造成靶细胞差异表达蛋白 210 个，主要参与氧化磷酸化、蛋白质折叠、RNA 剪切及泛素化等生物学功能，为研究 EIAV 与靶细胞的相互作用奠定了基础；开展了 EIAV 与宿主天然免疫相互作用研究，发现了 EIAV 囊膜蛋白拮抗天然免疫限制因子

eTetherin 的分子机制；发现了马抗病毒因子 eViperin 的抗 EIAV 分子机制；发现了马 SLFN11 可以限制 EIAV 的复制，这种限制主要体现在蛋白翻译阶段，而对 EIAV 的进入、转录及出芽并无影响；使用接头介导的聚合酶链式反应（LM-PCR）扩增 EIAV 皮肤细胞适应性弱毒疫苗（EIAVFDDV$_{13}$）前病毒整合位点接头序列，成功获得 477 个 EIAVFDDV$_{13}$ 在马皮肤细胞基因组整合位点；对整合信息分析表明，EIAV 在马基因组整合是非随机的，主要对基因组转录单位区域，特别是内含子区具有明显的偏向性，整合主要倾向发生在 AT 富含区，长散在核元素（LINEs），其中 LINE1 尤其支持 EIAV 的整合。

诊断技术。 利用两株 EIA 核心蛋白（P26）的特异性的单克隆抗体建立了抗原捕获 ELISA 方法，可对 EIAV 病毒进行定量，该方法敏感性强，特异性高，重复性好。与 Western blotting 和逆转录酶（RT）方法相关性良好，可以作为有效的 EIAV 定量方法进行应用。

疫苗免疫机理研究。 开展了马传染性贫血弱毒疫苗免疫保护机理的研究，发现疫苗弱毒株体外感染宿主细胞时，可诱导宿主细胞产生对强毒株超感染的明显抵制，而 TLR3 受体的激活和 I 型干扰素的产生，是形成抵制作用的主要原因。同时发现，以疫苗株为骨架构建的感染性克隆尽管具有疫苗株相似的复制特性，但并不能为受体提供有效的免疫保护，提出免疫原的多样性可能是 EIA 弱毒疫苗提供免疫保护的主要因素。

2. 马流感（Equine Influenza，EI）

流行病学。 对全国不同地区马进行了血清学调查分析，发现我国中部和北方省份存在一定比例的 H3N8 亚型血清学阳性，提示马流感病毒仍在马群中循环。

病原学。 2013 年分离到 H3N8 亚型马流感病毒，毒株名为：A/equine/Heilongjiang/1/2010，属于佛罗里达亚系 2 型；证实了马流感 A（H3N8）毒株可感染猫体，且感染的猫只全部表现出流感的临床症状，实现了马和猫之间的跨种传播。对马流感病毒 PB1 基因中的 PB1-F2 部分进行了基因进化分析，发现 PB1-F2 基因变异可影响马流感病毒的进化。

诊断技术。 研制了马流感病毒 H3 亚型血凝抑制试验抗原与阴、阳性血清，组装了试剂盒，完成了临床前实验室研究。

疫苗研发。 研制了 H3N8 亚型马流感灭活疫苗，进行了临床前实验室研究和中间试验，研究结果显示对目前我国流行的 H3N8 亚型毒株具有良好保护。

3. 马鼻肺炎（Equine Rhinopneumonitis，ER）

流行病学。 在全国范围内进行了马鼻肺炎血清学调查。首次在中国分离到马疱疹病毒 8 型，并分析了基因组序列。

诊断技术。 利用新型的荧光染料建立了可以同时检测马疱疹病毒 1 型和 4 型（统称马鼻肺炎病毒）的荧光定量 PCR 方法，能够快速，敏感，特异地检测马鼻拭子中的病毒，其敏感性可以与昂贵的探针检测方法相媲美，大大节约了实验成本。

4. 马腺疫（Equine Strangles）

在新疆进行了血清学调查，显示新疆不同地区马腺疫链球菌血清抗体阳性率差异显著，抗体阳性率随马匹年龄的增长不断提高；已开始进行疫苗研究。

5. 马鼻疽（Glanders）

在全国使用点眼法持续开展了马鼻疽血清学监测。

6. 马动脉炎（Equine Viral Arthritis，EVA）

建立了马动脉炎病毒抗原捕获 ELISA 检测方法和荧光定量检测方法，可对马动脉炎病毒感染细胞后病毒表达情况进行检测，可用于致病机制研究。

7. 马寄生虫病

流行病学。利用 ELISA 方法对部分地区马焦虫病的流行情况进行初步研究。以新疆马寄生虫病的防控为研究目标，对新疆蜱传马梨形虫病及马常见消化道寄生虫病进行了流行病学调查，查明了其地方流行特点及其感染率等，发现马体内有圆线虫、马副蛔虫、侏儒副裸头绦虫、球虫，大多为混合感染。经 EPG 调查，发现马在 3 月份驱虫前感染率最高。研发了分子免疫学检测诊断技术，获得了新疆马地方流行虫株和流行参数；对中国西安五个地区的 262 份牧马排泄物进行了检测，发现隐孢子虫（*Cryptosporidium* spp.）和肠梨形鞭毛虫（*Giardia duodenalis*）的感染率分别为 2.7% 和 1.5%；通过 Modified Agglutination Test（MAT）检测血清，发现中国东北部，辽宁省的马和驴的弓形虫（*Toxoplasma gondii*）病感染率略高于其他地区，食用该地区的马和驴的肉制品有一定感染风险。

诊断技术。已成功建立了马梨形虫二温式 PCR 检测方法、马泰勒虫 RT-PCR 检测技术、马泰勒虫和马努巴贝斯虫双重 PCR 检测方法等；通过 LAMPLAMP 技术建立了一种敏感性高，重复性好的马泰勒虫检测方法。

防控技术。应用所建立的方法对疫区马梨形虫病及媒介蜱进行了监控，从而切断患马和蜱虫携带病原、马匹之间交互感染的途径；根据新建马消化道寄生虫种类及感染状况进行了针对性的驱虫，从而降低了马寄生虫病造成的经济损失，促进了新疆特色现代马产业的健康发展。

（五）经济动物病

本节系统回顾了近两年来最受关注的 5 种水貂病、6 种兔病和 4 种蜜蜂病的研究进展。从流行病学方面来看，5 种水貂病、6 种兔病和 4 种蜜蜂病较为常见，分布广、危害大，且难以消灭，往往与引种不慎有关，配送饲料、收购毛皮的人员、车辆也是潜在的感染源。在诊断方面，均已研发出快速高效的诊断方法，可满足早期诊断需要。在防控技术方面，强调防重于治，多有针对性疫苗和药物；提高防疫意识，改善饲养场所生物安全条件才能切实降低动物的感染风险。

1. 毛皮动物犬瘟热（Canine Distemper，CD）

主要研究机构。中国农业科学院特产研究所、青岛农业大学、中国农业科学院长春兽医研究所、东北林业大学等单位。

流行病学。本病在毛皮动物（水貂、狐、貉）养殖区域呈地方性流行；基于 H 基因的 CDV 分子流行病学研究表明，我国的流行毒株主要为亚洲 1 型（Asia 1），进化分支上均属于野毒株。

病原学。采用表达 SLAM 受体的 Vero 细胞系分离了不同来源的 CDV。自 2012 年以来，源于水貂、狐、貉的 CDV 出现了变异株，在 CDV H 基因的 542 和 549 位点分别发生了 I542N 和 Y549H 的氨基酸突变，并增加了 1 个潜在的 N-糖基化位点；CDV 突变株全基因氨基酸序列与经典野毒株同源性在 98.1%，与经典疫苗株同源性为 91.9%～92.2%；尽管目前疫苗株可以对流行的野毒株提供完全的保护，但野毒株与疫苗株的保护性蛋白 H 基因的氨基酸序列却存在较大差异。应用噬菌体展示和肽扫描技术分析了，由水貂 CDV 单抗 1N8 株筛选到的在 N 基因 351～359 氨基酸位点的抗原表位。

致病机理。CDV 感染动物机体后有嗜向性侵蚀免疫细胞的特点。研究发现，免疫细胞的表面蛋白分子 SLAM 和 Nectin-4 是 CDV 侵入免疫细胞的主要受体。研究了水貂不同组织中 SLAM 受体的分布，并进行了细胞定位；目前已经建立了 CDV 人工感染动物模型；借助于反向遗传技术平台，探索了 CDV 关键结构蛋白对病毒毒力和对动物致病性的作用。

诊断技术。建立了鉴别 CDV 野毒株和疫苗株的复合、联合 RT-PCR 及 RT-PCR-RFLP 检测方法，CDV 荧光定量 PCR 检测方法，以及基于单克隆抗体的夹心 ELISA 检测方法和基于杆状病毒表达的重组 CDV N 蛋白的间接 ELISA 检测方法。此外，开发了 CDV 胶体金免疫层析试纸条。

疫苗研发。正在研发水貂犬瘟热、细小病毒二联活疫苗，即将进入临床阶段；基于病毒感染性克隆开展了犬瘟热病毒自身载体疫苗的研究。目前，CD 的防控目前主要依赖于疫苗接种，我国自主研制的水貂、狐狸用犬瘟热病毒活疫苗很大程度降低了 CD 发病率和死亡率。近几年推广使用了水貂病毒性肠炎灭活疫苗作为稀释剂，稀释犬瘟热活疫苗联合免疫技术，取得了较好效果。

2. 水貂阿留申病（Aleutian Disease，AD）

主要研究机构。中国农业科学院特产研究所、吉林农业大学、东北林业大学等单位。

流行病学。研究表明，水貂阿留申病毒（ADV）除感染鼬科外，其感染宿主范围不断扩大，我国首次证实狐、貉感染该病毒。ADV 在国内毛皮动物养殖地区流行广泛，呈现多样化趋势；基于 ADV 的 VP2 基因的分子流行病学研究表明，ADV 形成五个明显的群落（Ⅰ～Ⅴ），国内的毒株分布在Ⅰ～Ⅳ群落中，显示出很大的基因多样性；国内流行毒株与非致病毒株 ADV-G 株之间的核苷酸同源性为 93.9%～96.7%，与强毒株 ADV-Utah 之间的核苷酸相似性为 93.9%～98.1%。

病原学。采用 CRFK 细胞分离获得了貉源 ADV 病毒，并研究了该病毒的生物学特性。来源于吉林地区的一株 ADV 的 VP2 基因高变区片段氨基酸序列分析表明，第 235 位存在与参考毒株不同的氨基酸位点，进化树分析表明，该毒株与丹麦高致病毒株 ADV-K 亲缘关系较近，ADV 第 235 位氨基酸位点可能与病毒感染能力相关。

诊断技术。利用杆状病毒表达系统，建立对流免疫电泳（CIEP）抗原制备的新方法。建立了以合成肽为基础的 ADV 的 ELISA 检测方法；开发了 ADV 胶体金试纸条，用于 ADV 感染水貂抗体的检测。建立了检测 ADV 的荧光定量 PCR 和 LAMP 检测技术。

防控技术。目前 AD 的防控主要采用水貂种群检疫净化的方式，每年对留种水貂进行全群检疫并淘汰捕杀 AD 阳性水貂。

3. 水貂病毒性肠炎（Mink Viral Enteritis）

主要研究机构。中国农业科学院特产研究所、青岛农业大学、中国农业大学、中国农业科学院长春兽医研究所等单位。

流行病学。基于水貂细小病毒（MEV）VP2 基因的分子流行病学研究表明，我国水貂细小病毒具有明显的空间分布特点，目前主要存在 2 个分支：一个分支为 MEV 1 型，主要分布在东北三省；另一分支为我国独特的分支，主要分布在山东省。流行病学研究还表明，MEV 和犬细小病毒（CPV）均可引起狐狸病毒性肠炎的发生，而貉病毒性肠炎主要由 2 型 CPV 引起。

病原学。MEV 对猪红细胞具有凝集性，分离到了无猪红细胞凝集性的 MEV 株；开展了 MEV 感染猫肾传代细胞 micro RNA 表达谱分析研究。成功拯救出完整的水貂细小病毒，为水貂细小病毒致病机制研究奠定了基础。应用噬菌体展示技术分析了 MEV 单克隆抗体表位，通过比较分析，推测筛选的单抗针对的抗原表位在 VP2 基因 285～302 氨基酸之间。水貂细小病毒疫苗株 MEVB 通过 CRFK 连续传代 61 代，成功培育出了水貂细小病毒 MEVB-61 株弱毒株，同时保持了毒株良好的免疫原性。

诊断技术。建立了荧光定量 PCR、LAMP 和免疫胶体金检测 MEV 的方法；建立了水貂细小病毒-犬瘟热联合 PCR 检测方法及水貂犬瘟热、细小病毒和阿留申病毒多重 PCR 检测方法。

防控技术。采用水貂细小病毒 MEVB-61 株弱毒株和水貂犬瘟热 CDV3-CL 株研制了水貂犬瘟热-细小病毒二联活疫苗；开展了水貂病毒性肠炎-出血性肺炎二联灭活疫苗以及水貂病毒性肠炎-出血性肺炎-肉毒梭菌毒素三联灭活疫苗的研制。开展了MEV病毒样颗粒疫苗的研究。水貂病毒性肠炎的防控目前主要依赖于疫苗接种，我国自主研制的水貂细小病毒灭活疫苗很大程度降低了细小病毒发病率和死亡率。

4. 水貂出血性肺炎（Mink Hemorrhagic Pneumonia）

主要研究机构。 中国农业科学院特产研究所、吉林大学、青岛农业大学等单位。

流行病学。 本病近几年在辽宁省大连地区、山东半岛等水貂养殖密集地区呈地方流行性。对水貂出血性肺炎病原菌—绿脓杆菌的血清学调查表明，我国流行的貂源绿脓杆菌菌株O抗原血清型主要为G型（占70％以上），其次为B型，相继又发现了少数C型、I型、E型和M型感染。

病原学。 开展了貂源绿脓杆菌鞭毛蛋白基因克隆、表达及其对小鼠免疫效力的研究，小鼠的免疫存活率为90％以上，证明表达的鞭毛蛋白具有很好的免疫保护性；临床中所分离的貂源绿脓杆菌菌株以多重耐药菌为主，多重耐药大多为强力霉素、氟苯尼考、头孢他啶、卡那霉素、妥布霉素、哌拉西林6种药物。对氟喹诺酮类、多黏菌素类、头孢菌素类抗生素仍保存良好的敏感性。开展了绿脓杆菌对喹诺酮药物抗药性和耐药性机制的研究，表明在喹诺酮类抗生素选择压力下，绿脓杆菌能发展多种可能的机制以消除抗生素对细菌代谢的损伤。

诊断技术。 建立了检测绿脓杆菌16S rRNA结合外毒素A基因的PCR鉴定的方法。建立的实时荧光定量PCR方法检测目的基因gyrB、ecfX、16S-23S rDNA ITS、oprL、algD GDP mannose，能够提高检测的敏感性并能对菌体感染量进行定量。此外，LAMPLAMP技术可直接从组织中提取细菌核酸而不用分离培养细菌，可用于迅速检测绿脓杆菌。

防控技术。 目前研发的水貂出血性肺炎二价灭活疫苗（G型＋B型）已进入临床推广阶段。研究了水貂出血性肺炎三价灭活疫苗（G型＋B型＋C型或G型＋C型＋I型）。此外，研发的水貂出血性肺炎-细小病毒二联灭活疫苗、水貂出血性肺炎-细小病毒-肉毒梭菌三联灭活疫苗，即将进入临床阶段。由于水貂出血性肺炎病原菌极易产生耐药性，目前主要依靠疫苗预防。

5. 水貂肉毒梭菌毒素中毒（Mink Botulinum Toxin）

主要研究机构。 中国农业科学院特产研究所、中国兽医药品监察所等单位。

流行病学。 本病是由水貂食入被肉毒梭菌毒素污染的饲料发生急性中毒所致，主要由C型肉毒梭菌毒素引起。近些年我国水貂鲜食饲料的广泛应用，导致该病发生明显升高。

病原学。 肉毒梭菌毒素保护性抗原片段为重链（HC），目前开展了肉毒梭菌毒素HC重组毒素的免疫原性研究。系统地开展了肉毒梭菌毒素对水貂毒力测定，以及不同途径接种小鼠、家兔等实验动物毒力相关性研究。

防控技术。水貂 C 型肉毒梭菌毒素中毒的防控目前主要依赖于疫苗接种，应用 C 型肉毒梭菌毒素灭活疫苗对水貂肉毒毒素中毒具有较好的保护作用。目前正在开展水貂病毒性肠炎-出血性肺炎-肉毒梭菌毒素三联灭活疫苗的研制。

6. 兔病毒性出血症（Rabbit Haemorrhagic Disease，RHD)

主要研究机构。江苏省农业科学院、中国农业科学院哈尔滨兽医研究所、上海兽医研究所，浙江农业科学院等单位。

流行病学。HI 试验、琼脂扩散试验、ELISA 和中和试验证实，全国范围内的 RHDV 为同一血清型。分子流行病学研究发现，国内毒株序列同源性在 90.9%～99.8% 以上，病毒进化具有高度同源性，流行毒株的基因型均为 RHDVa 型。

病原学。获得了衣壳蛋白 S 结构域和 P 结构域的晶体结构，并通过动力学模拟的方法得到了 RHDV 衣壳蛋白的准原子模型，研究报道 VP60 蛋白主要分为三个区域，即 NTA（N 端 1～65aa）、S 区（66～229aa）和 P 区（238～579aa）。此外，构建了该病毒的反向遗传操作系统，构建含有 FLUC 活性基因缺失 5'NCR 和 VPg 基因的复制子，发现 VPg 和 5'NCR 均与 RHDV 翻译有关。

致病机理。通过冷冻电子显微镜和晶体学等方法解析了 RHDV VP60 的结构，推测由 5 个 LOOP 区及凹陷结构所形成的区域 C1、C2、C3 可能是受体 HBGAs 的结合区域，并已证实其中的一个 LOOP 环状结构（300～318aa）能够与兔肝脏和脾脏组织细胞相结合，同时发现该区域合成的多肽能够诱导机体产生针对 RHDV 的特异性中和抗体。发现了一个 VP60 蛋白与 HBGAs 受体结合的结合域 330～350aa；构建了稳定表达兔岩藻糖基转移酶的 RK13 细胞系；利用酵母双杂交、免疫共沉淀以及 iTRAQ 技术研究了 RHDV 与宿主之间的相互作用。

诊断技术。利用 LAMP 技术检测 RHDV，灵敏性较常规反转录聚合酶链式反应（RT-PCR）高 100 倍，可作为临床检测 RHDV 的新方法；建立了检测 RHDV 的荧光定量方法和巢氏 RT-PCR 检测方法，可以准确快速检测出极低含量的 RHDV；建立了兔出血症重组 VP60 蛋白间接 ELISA 抗体检测方法。

防控技术。正在研发的兔出血症病毒杆状病毒载体灭活疫苗已经通过新兽药证书申报初审；采用反向遗传操作系统构建 RHDV 感染性克隆，对新型疫苗的开发具有重要意义。目前，本病控制以疫苗接种为主，我国自主研发的兔病毒性出血症灭活疫苗，兔病毒性出血症、多杀性巴氏杆菌病二联灭活疫苗以及兔病毒性出血症、多杀性巴氏杆菌病、产气荚膜梭菌病（A 型）三联灭活疫苗均能够有效地保护家兔免受病毒的攻击，降低了 RHD 的发病率和死亡率。

7. 兔球虫病（Rabbit Coccidiosis)

主要研究机构。中国农业大学、江苏省农业科学院、浙江省农业科学院、河北农业大学、黑龙江八一农垦大学、山西农业大学、华南农业大学、塔里木大学等单位。

流行病学。目前，国内兔球虫感染十分普遍，多数为混合感染。福建省9县市的兔球虫病平均感染率为44.0%，共检出12种艾美耳球虫。河南省兔球虫病平均感染率为76.4%，混合感染的球虫种类多为4~6种，共检出11种艾美耳球虫。浙江省温州地区兔球虫病平均感染率为77.1%，幼兔感染率高达97.7%，混合感染的球虫种类多在3~5种，共检出10种艾美耳球虫。陕西省榆林地区兔球虫病平均感染率为70.8%，共检出8种艾美耳球虫。通过6种艾美耳球虫线粒体基因的进化分析显示，兔球虫位于同一分支，与鸡球虫的进化关系较近，而与梨形虫目亲缘关系最远。

病原学。兔艾美耳球虫顶质体rpoB基因可作为兔艾美耳球虫种间的遗传标记。斯氏艾美耳球虫感染的兔脏器中球虫抗原在肝脏窦状隙、胆管上皮细胞、肝门淋巴结和脾脏内为阳性反应区。

致病机理。用免疫组化SABC法对斯氏艾美耳球虫感染的兔脏器中球虫抗原分布情况的研究发现，肝脏窦状隙抗原数量最多，其次为脾脏，肝门淋巴结最少，同时伴随着大量坏死的肝细胞、淋巴细胞及朗罕氏巨细胞。斯氏艾美耳球虫孢子对体外分离培养的肝脏细胞具有侵害作用，对正常机体有毒性作用。

诊断技术。建立了改进饱和盐水漂浮法，可进行快速大量检测兔球虫。建立了兔肠艾美耳球虫实时荧光定量PCR检测方法，用于检测肠艾美耳球虫，且与同属的黄艾美耳球虫、中型艾美耳球虫、大型艾美耳球虫均不发生交叉反应。

防控技术。本病防控目前主要依赖于抗球虫药物预防。经多种常用抗球虫药物比较试验表明，所有药物对预防兔球虫病均有效果，托曲珠利复方制剂及球净的效果较好，而阶段性使用地克珠利也有较好的效果。部分单味中药对兔球虫卵囊孢子化具有抑制效果。正在研发的兔艾美耳球虫疫苗，取得了突破进展，即将进入临床阶段。

8. 兔巴氏杆菌病（Rabbit Pasteurellosis）

主要研究机构。江苏省农业科学院、浙江省农业科学院、中国农科院哈尔滨兽医研究所、吉林农业大学、山东华宏生物有限公司等单位。

流行病学。兔巴氏杆菌病是由多杀性巴氏杆菌引起的一种急性传染病，目前在家兔中多杀性巴氏杆菌主要流行血清型为A型。

病原学。用大肠杆菌克隆和表达兔多杀性巴氏杆菌外膜蛋白OMPH1、OMPH2基因，证实该基因以融合蛋白的形式得到表达，2个重组表达蛋白均具有反应原性，可被兔多杀性巴氏杆菌阳性血清识别，能用于兔多杀性巴氏杆菌基因重组疫苗及新型诊断试剂的研究。

致病机理。多杀性巴氏杆菌purF是与营养代谢有关的基因，是嘌呤合成过程中的关键酶。以purF为目标基因，利用正向同源重组技术成功构建ΔpurF突变株，明确该基因是多杀性巴氏杆菌的毒力基因，敲除该基因后菌株生长特性、生化特性没有变化，利用PCR扩增多杀性巴氏杆菌C51-17株prfA基因的上、下游同源臂，成功构建了多杀性巴氏杆菌 ΔprfA 突变株，构建的突变株具有良好的遗传稳定性，生化特性未发生改变，对小鼠的致病性降低，对 RK13 的黏附效率增强，对 Hpt、PM209 和 RpoH 表达基因的调控作发生了改变。利用 PCR 扩增多杀性巴氏杆菌 C51-17 株 lon 基因的上、下游同源臂，成功构建了多杀性巴氏杆菌 Δlon 突变株，构建的突变株具有良好的遗传稳定性，生化特性未发生改变，对小鼠有一定的致病性，对 RK13 有黏附能力。

诊断技术。建立了兔波氏杆菌和巴氏杆菌 LAMP 快速诊断技术，该方法灵敏度高、稳定性与重复性良好，易于在基层推广应用。

防控技术。本病防控主要依赖含有多杀性巴氏杆菌的单联、二联以及三联灭活疫苗。该病散发时，应分离病原，做药敏试验后，选用高敏药物进行防治。正在研发的兔病毒性出血症、多杀性巴氏杆菌病二联蜂胶灭活疫苗正在进行新兽药评审，可用于预防兔病毒性出血症和兔 A 型多杀性巴氏杆菌病，免疫期为 6 个月。

9. 兔波氏杆菌病（Rabbit Bordetellosis）

主要研究机构。浙江省农业科学院、江苏省农业科学院、中国农业大学、东北林业大学等单位。

流行病学。从浙江省多个兔场送检的鼻炎病死兔病料中分离出 12 株兔波氏杆菌，其 16S rRNA 基因序列与 GenBank 中已公布的波氏杆菌属相关菌株序列同源性均达到了 99% 以上，分离株之间基因序列相似度均在 99.7% 以上。

病原学。运用建立的 TaqMan 荧光定量 PCR 检测方法测定表明，波氏杆菌主要分布于气管和肺，在感染后波氏杆菌含量显著高于心、肝、脾、肾，且这 4 个脏器中细菌含量差异不显著。

致病机理。对 3 月龄的家兔进行滴鼻感染，家兔临床表现咳嗽、呼吸困难，窒息而死；死亡家兔剖检表现呼吸系统病变严重，主要为小叶性肺炎，气管黏膜充血和少量出血点；病理组织学表现为局部肺脏组织充血出血及水肿，肺泡巨噬细胞显著增生，肺泡腔内充满浆液纤维素性渗出物和大量的中性粒细胞，细支气管黏膜上皮脱落，周围可见淋巴细胞浸润。通过验证表明，波氏杆菌主要引起肺脏病变，最终导致窒息死亡。

诊断技术。建立了波氏杆菌荧光定量 PCR 检测方法和波氏杆菌 fimN 蛋白间接 ELISA 抗体检测方法。

防控技术。预防波氏杆菌感染，需早期诊断及有效治疗。目前尚未有批文的疫苗，这可能与动物感染模型不确定有关。目前多家单位开展了全菌疫苗的研发工作，但尚未有单位获得临床试验批文。

10. 兔产气荚膜梭菌病（Clostridium Perfringens Disease）

主要研究机构。山东农业大学、江苏省农业科学院、东北农业大学、中国农业科学院兰州兽医研究所、大连大学等单位。

流行病学。产气荚膜梭菌分为 A、B、C、D、E 五个毒素型，五个毒素型均能产生 α 毒素。兔产气荚膜梭菌病病原一般认为是 A 型产气荚膜梭菌。近年，兔产气荚膜梭菌病在全国各地散发，在国内首次分离到 1 株兔源 C 型产气荚膜梭菌。

致病机理。A 型产气荚膜梭菌主要致病因子是 α 毒素。在体外试验中，α 毒素对 Hela 细胞有毒性作用；通过腹腔注射 A 型产气荚膜梭菌及其 α 毒素的方式建立了小鼠模型。α 毒素第 56 位天冬氨酸突变体蛋白失去了 α 毒素的毒性和致死性。

诊断技术。研制了选择性显色培养基用于快速检测产气荚膜梭菌，建立了产气荚膜梭菌 α 毒素双抗体夹心 ELISA 检测方法，建立了鉴别产气荚膜梭菌毒素型的多重 PCR 方法，建立的 ERIC-PCR 方法能有效对菌株分型，确定主要流行型。

防控技术。一些磺胺类及抗生素药物通常被用于治疗该病，但近几年产气荚膜梭菌对部分抗生素的耐药性明显提高，所以目前防控主要还是依赖于传统的灭活苗。产气荚膜梭菌 α 毒素重组蛋白、α 毒素第 56 位天冬氨酸突变体蛋白和 α、β1、β2、ε 毒素共表达蛋白等免疫小鼠均获得较好的攻毒保护效果。

11. 野兔热（Tularaemia）

主要研究机构。吉林农业大学和黑龙江野生动物研究所等单位。

流行病学。野兔热是由土拉弗朗西斯菌（*Francisella tullarensis*）引起的人畜共患细菌病。我国黑龙江、青海、西藏、新疆等有野兔热病例发生和流行。通过对东北三省及内蒙古地区的病原进行检测，发现吉林省和内蒙古检测出土拉弗郎西斯菌阳性血清，黑龙江省和辽宁省均为阴性。研究分析了国内 10 个菌株，发现 4 个不同的亚型。

诊断技术。建立了检测土拉弗朗西斯菌外膜蛋白基因的 PCR 方法，具有较高的特异性和敏感性。建立了用于检测土拉弗朗西斯菌的荧光 PCR 方法，具有较高的重复性、特异性和敏感性。

防控技术。主要防治策略为切断传染源和传播途径，可用链霉素、金霉素等药物治疗。

12. 蜜蜂白垩病（Chalkbrood Disease）

主要研究机构。中国农业科学院蜜蜂研究所、浙江大学、山东农业大学、福建农林大学等单位

流行病学。蜜蜂白垩病是我国主要蜂病之一，多在早春发生，对养蜂业影响较大。从新疆伊犁河谷病蜂中分离的蜜蜂球囊为蜜蜂白垩病病原。

病原学。利用限制性内切酶介导的基因整合技术构建了蜜蜂球囊菌遗传转化体系，获得了球囊菌致病性降低突变体。蜜蜂球囊菌以菌丝断裂方式释放原生质体，原生质体再生时表现为原生质体先是突出，其后延长，并最终发育成为正常菌丝。蜜蜂

球囊菌对人工饲养条件下的意蜂幼虫的半数致死浓度为5.6×10^4个/mL。

致病机理。 中蜂和意大利蜂的人工接种感染实验发现，中蜂蜂群的抗白垩病能力强，接种后没有感染白垩病。意蜂蜂群在接种前后患病个数差异显著；自然情况下发病率差异显著不同组的蜂群之间在接种感染前后患病个数差异均显著，证实了不同蜂群抗白垩病能力确实存在显著差异。采用封盖子脾冷冻法检测蜂群的清理能力，发现中蜂和意蜂蜂群的清理能力无显著差异，中蜂蜂群的抗白垩病能力可能由其他因素决定。用白垩病死尸粉末拌入花粉饲喂的方法可以有效诱发蜂群发生白垩病。

防控技术。 防治蜜蜂疾病应以预防为主、治疗为辅，采取防与治结合的方针，创造适宜的蜂场小气候、做好预防工作、选择抗病力强的蜂群、及时换王、合并弱群，提高蜂群清巢能力、增强蜜蜂体质、提高抗病能力、及时杀螨、药物防治等均可以有效防治蜜蜂白垩病。用大蒜汁和中草药可以防治白垩病，经^{60}Co对添加半数致死浓度的蜜蜂球囊菌孢子饲料花粉进行辐照后饲喂幼虫，在7.0kGy剂量辐照条件下，幼虫患病率与未辐照组有显著差异。

13. 大蜂螨（Varroa Mite）

主要研究机构。 中国农业科学院蜜蜂研究所、浙江大学、贵州大学、安徽农业大学、扬州大学、辽东学院、延边大学、金华市农业科学研究院等单位。

流行病学。 瓦螨具有寄主偏好性，即对哺育蜂的偏好性明显高于采集蜂，原因可能与哺育蜂体内营养更利于瓦螨繁殖有关，也有报道指出与采集蜂体内含有较高的香叶醇有关。蜂螨繁殖力的影响因素包括：①幼虫种类；②寄主种类；③巢房大小；④湿度；⑤寄主日龄、利他激素、性激素、信息素和基因。

病原学。 狄斯瓦螨的生命周期主要包括两部分，成蜂体外寄生和蜂巢内繁殖阶段。前者一般持续$5 \sim 11$d，期间瓦螨以成年蜜蜂血淋巴为食，并可进行蜂群内外水平传播；在蜂巢内繁殖时期，母螨通常在蜜蜂幼虫封盖后70h后产第一粒卵，并且该卵发育为雄螨，再经过30h后，产一粒能发育为雌螨的卵；在同一个封盖蜂房内共产$5 \sim 6$个卵。

致病机理。 大蜂螨除吸食蜜蜂血淋巴外，还是其他多种病原体的携带和传播者，严重影响蜂群的健康。

防控技术。 截至目前，大蜂螨的防治主要以药物防治为主，使用最广的药物为氟胺氰菊酯和氟氯苯氰菊酯。一些学者针对中蜂具有较强的抗螨能力，探索性地开展一些嗅觉相关的基因与蛋白的研究。也有一些有机酸和植物精油抗螨活性方面的报道。

14. 蜜蜂微孢子虫病（Nosema Disease）

主要研究机构。 中国农业科学院蜜蜂研究所、福建农林大学等单位。

流行病学。 蜜蜂孢子虫病是由微孢子虫（*Nosema* spp.）侵入蜜蜂中肠上皮细胞而引起的，是成年蜂流行较为广泛的消化道寄生虫病，除感染成年工蜂外，还会感染蜂王、雄蜂。在我国所有养蜂地区均有发生。微孢子虫可感染包括西方蜜蜂、东方蜜蜂、熊蜂等在内的所有可人工饲养的蜂种。目前已知可侵染蜜蜂的微孢子虫的种类主要包括有蜜蜂微孢子虫和东方蜜蜂微孢子虫。

病原学。两个不同种微孢子虫在孢子大小、极丝在体内盘旋的圈数、16S rRNA 特征序列方面等均存在一定差异。自 2009 年以来国内外陆续研究发现东方蜜蜂微孢子虫已取代蜜蜂微孢子虫成为我国乃至世界范围内西方蜜蜂群微孢子虫病的主要病原种。东方蜜蜂微孢子虫致病性较蜜蜂微孢子虫更强，主要表现在其不但侵染中肠上皮细胞，而且会继续感染基底细胞，之后孢子会遍布整个营养系统，包括咽下腺和唾液腺等，临床表现为发病快，病程短，死亡率高。

致病机理。微孢子虫的主要侵染靶标为蜜蜂中肠上皮细胞。微孢子虫感染蜜蜂机体后有抑制蜜蜂免疫应激反应及阻碍蜜蜂上皮细胞组织重建等特点。研究发现，蜜蜂上皮组织细胞的整合素蛋白 β 是影响微孢子虫致病力的关键受体蛋白，白细胞跨内皮层迁移通路及致病性大肠杆菌感染通路是微孢子虫侵染前后蜜蜂中肠表达差异蛋白主要富集的生物学通路。

诊断技术。主要依据微孢子虫 16S 基因的特异性，建立了采用多重 PCR 法一步同时鉴定 2 种微孢子虫的检测技术。

防控技术。蜜蜂微孢子虫的防控目前尚无药物可以使用，已有的方法是通过饲喂酸性饲料抑制微孢子虫在中肠的萌发。目前正在进行的防治技术研究包括尝试研究利用免疫相关调节制剂以提高蜜蜂免疫功能。

15. 小蜂螨（Tropilaelaps）

主要研究机构。中国农业科学院蜜蜂研究所、辽东学院、延边大学等单位。

流行病学。春季蜂群繁殖期时，很难看到小蜂螨，随着蜂群的发展，小蜂螨的寄生率逐渐增高。到 8、9 月份小蜂螨繁殖达到高峰，后期随着蜂群群势的下降，子圈缩小，小蜂螨危害加重。然而，随着气温的降低，蜂群断子，小蜂螨的生存环境也发生了变化（温度降低），所以小蜂螨也逐渐减少，到越冬期在蜂群内几乎看不到小螨。小蜂螨多发生在弱群、病群、无王群内。小蜂螨依靠成蜂扩散和传播。成年工蜂的错投、盗蜂和分蜂为小蜂螨在蜂群间的自然扩散提供了方便。但小蜂螨在不同蜂群或不同蜂场间的主要传播途径则由于蜂农不规范的蜂群管理措施，如巢脾、蜂具的混用、蜂群的合并、使用没有经过严格检疫的蜂王等，而蜂农长距离的转地养蜂更是为小蜂螨的快速、大面积传播提供了可能。

病原学。热厉螨属（Varroa）的蜂螨，俗称"小蜂螨"，主要包括亮热厉螨（T. clareae）、柯氏热厉螨（T. Koenigerum）、梅氏热厉螨（T. mercedesae）和泰氏热厉螨（T. thaii），而危害西方蜜蜂的主要是梅氏热厉螨和亮热厉螨两个种，危害我国西方蜜蜂的小蜂螨全部属于梅氏热厉螨。

致病机理。小蜂螨以吸食封盖的幼明和蛹的血淋巴为生，常导致大量封盖幼虫和蛹变形或死亡，勉强出房的工蜂也出现体型畸形，致使蜂群的生产力严重下降。

防控技术。扣王断子法是一种最有效的防治方法；插入雄蜂幼虫脾诱杀；化学防治一般采用升华硫来防治小蜂螨。

（六）鱼类及其他水生脊椎动物病

近两年来，我国各地报告发病的养殖水生动物 75 种，监测到 80 种疾病，经济损失约过 140 亿元，其中发病的鱼类和其他水生脊椎动物 53 种，疾病 56 种，占总经济损失的 37%。鲤春病毒血症、草鱼出血病、锦鲤疱疹病毒病、淡水鱼细菌性败血症等的致病机理与免疫防控技术研究不断深入，肿大细胞虹彩病毒病、鲫造血器官坏死症、大鲵虹彩病毒病、爱德华氏菌病、链球菌病等成为研究热点，草鱼出血病防治的灭活疫苗、活疫苗和爱德华氏菌病弱毒疫苗取得新兽药证书，为我国鱼类疫病的防控提供了重要保障。

1. 鲤春病毒血症（Spring Viremia of Carp，SVC）

主要研究机构。深圳出入境检验检疫局、中国科学院水生生物研究所、中国农业大学、华中农业大学、东北农业大学、广东省农业科学院，烟台出入境检验检疫局、东莞出入境检验检疫局等单位。

流行病学。2013—2014 年监测结果显示鲤春病毒血症病毒（Spring viremia of carp virus，SVCV）在我国鲤科鱼类主产区分布广泛，但未见大规模发病。国内分离株主要属于 Ⅰa 基因亚型。

病原学。SVCV 隶属于弹状病毒科水疱性口炎病毒属，单负链 RNA 病毒，基因组大小约为 11knt，编码 5 种蛋白，分别为核蛋白、磷蛋白、糖蛋白、依赖 RNA 的聚合酶与基质蛋白。磷蛋白基因密码子偏好具有地域特异性。

致病机理。SVCV 感染鲤上皮瘤细胞系（EPC）后可以诱导细胞自噬，自噬对 SVCV 的复制及病毒粒子的释放具有促进作用，且该作用是通过及时清除受损的线粒体延长细胞存活时间实现的。SVCV 感染 EPC 和未感染细胞间的蛋白组学研究鉴定了 54 个差异表达的蛋白，其中 33 个上调，21 个下调。这些蛋白主要为细胞骨架类蛋白、生物合成相关的蛋白、应激反应蛋白、信号转导相关蛋白质及泛素蛋白酶体途径相关的蛋白质等。SVCV 感染 EPC 细胞转录组表达分析表明，有 623 个基因感染前后表达有差异。SVCV 感染 EPC 细胞能激活机体核因子 E2 相关因子 2（Nuclear factor-E2 related factor 2，Nrf2），增加其基因转录和蛋白表达，导致 Nrf2 在细胞核内的累积，启动细胞防御体系。CyHV-3 体外不诱导细胞凋亡或凋亡相关的表达，而 SVCV 能刺激细胞凋亡。SVCV 感染 EPC 后可导致血红素氧化酶-1 表达的下调。

诊断技术。已建立间接 ELISA 法、双抗体夹心 ELISA 法、RT-PCR 法、IFTA

法等国家和行业标准；建立了液相核酸芯片检测 SVCV 的方法及以 ESE-Quant tube scanner 为检测平台的 LAMP 快速检测方法。

防控技术。 鲤口服能重组表达 SVCV 的糖蛋白联合 KHV 的 ORF81 蛋白重组的乳酸菌能诱导产生保护性免疫，保护率 71%。

2. 草鱼出血病（Grass Carp Hemorrhage Disease，GCHD）

主要研究机构。 中国水产科学研究院珠江水产研究所、长江水产研究所，浙江省淡水水产研究所和中国科学院武汉病毒所等单位。

流行病学。 草鱼出血病在全国草鱼养殖区流行，主要危害 2.5～15cm 大小的草鱼，草鱼呼肠孤病毒（Grass carp reovirus，GCRV）主要感染草鱼和青鱼，可水平传播；水体是 GCRV 在其敏感宿主之间传播的主要媒介，最适流行水温为 27～30℃；自然条件下，健康草鱼通过接触发病草鱼释放到水体中的 GCRV 而被感染。病原监测表明，疑似草鱼出血病草鱼 GCRV 的阳性率约为 34%，其中基因 II 型（代表株为 GCRV-HZ08）占 86%，I 型（代表株为 GCRV-873）为 9%，I 型和 II 型混合感染为 4%，III 型（代表株为 GCRV-104）为 1%；健康草鱼 GCRV 阳性率约为 2.7%，其中 99% 以上均为 II 型。

病原学。 完成了多株 GCRV 新分离株的全基因组序列测定和分析，基于全基因组序列信息和遗传进化树分析结果，首次提出了 GCRV 总体上分为 3 个基因型的概念；开展了不同基因型 GCRV 感染草鱼后的转录组学研究及其强毒株、弱毒株感染草鱼肾细胞系和草鱼吻端成纤维细胞系后的蛋白组学研究。

致病机理。 GCRV 主要是通过破坏草鱼循环系统，减弱草鱼血管凝血作用，导致草鱼体内血清乳酸脱氢酶相对活性的紊乱和生理功能失调，免疫功能下降，最终导致疾病的发生。

诊断技术。 发布了《草鱼出血病检疫技术规范》行业标准。研制了能同时检测和鉴别 GCRV 三个基因型的三重 RT-PCR 检测试剂盒；研制并建立了可用于临床的同时检测三种基因型 GCRV 的等温扩增可视化快速检测试剂盒；建立了针对 I、II 和 III 型 GCRV 的 RT-LAMP、RT-LAMP-LFD 检测方法和 real-time PCR 检测方法；建立了 II 型 GCRV 的 NASBA-ELISA 检测方法，并建立了基于检测 GCRV 抗体和抗原的 ELISA 检测方法。

防控技术。 针对流行株型的变化情况，开展了针对 II 型 GCRV 细胞弱毒活疫苗、强毒株灭活疫苗以及 I 型和 II 型联合灭活疫苗的研究；开展了 I 型和 II 型 GCRV 主要结构蛋白 DNA 疫苗和亚单位疫苗研究。这些疫苗均能有效抵抗草鱼呼肠孤病毒强毒株攻击，其中弱毒活疫苗保护期持续 18 个月以上，灭活疫苗保护期持续 12 个月以上；草鱼出血病灭活疫苗获得国家一类新兽药证书、草鱼出血病活疫苗（GDRV-892 株）获得国家一类新兽药证书和生产批准文号。

3. 肿大细胞虹彩病毒病（Diseases Caused by Infection with Megalocytivirus）

主要研究机构。中国水产科学研究院黄海水产研究所、珠江水产研究所，山东省出入境检验检疫局、大连海洋大学、深圳出入境检验检疫局、中国检验检疫科学研究院、中国海洋大学和中山大学等单位。

流行病学。该病可在多种海、淡水鱼类中流行，真鲷、鳜、大菱鲆、条石鲷、大黄鱼、褐篮子鱼、斑鳜、云斑尖塘鳢、黄鳍鲷、美国红鱼、尖吻鲈、斜带髭鲷和大口黑鲈等均可感染。各地流行株有所差异，辽宁沿海地区主要流行 RSIV，山东半岛沿海地区以 TRBIV 为主，福建、广东等南方地区多流行 ISKNV 和 RSIV。该病主要暴发于 6～10 月份高温季节。

病原学。研究了 ISKNV 基因组中潜在的核心基因 ORF90.5L，通过多抗鉴定出该基因编码的蛋白为 ISKNV 的结构蛋白。克隆了 RSIV LN09 株跨膜蛋白 ORF049L 基因，分析了该基因编码蛋白的跨膜区及 B 细胞抗原位点等特征。感染条石鲷的 RSIV 粒子大量存在于病鱼的脾脏、肾脏、肝脏及肠组织细胞质内，呈六边形、具囊膜，直径 150～180nm，核衣壳 100～110nm。

致病机理。利用双向电泳技术（2-DE），研究了斑马鱼脾脏的差异蛋白质组。感染 ISKNV 5d 后，用质谱法鉴定出 15 个上调蛋白和 20 个下调蛋白。斑马鱼的 β-actin 与病毒的 MCP 蛋白存在相互作用。细胞松弛素 B、细胞松弛素 D 和微丝解聚素 A 能够抑制 ISKNV 对 MFF-1 细胞系的感染。细胞松弛素 B、细胞松弛素 D 和诺考达唑能显著抑制 ISKNV 晚期的复制。ISKNV 的 MCP 与 MFF-1 细胞系的肌动蛋白之间存在相互作用，纯化的 ISKNV 粒子内部存在肌动蛋白。ISKNV 的入侵和晚期复制过程中需要利用 MFF-1 细胞系的细胞骨架运输系统。

诊断技术。建立了肿大细胞虹彩病毒的多种、新型检测方法，如 LAMP、液相芯片、TaqMan 探针和 SYBR Green 的实时定量 PCR。建立了一种可以同时检测大口黑鲈蛙病毒属和肿大细胞病毒属虹彩病毒感染的双重 PCR 检测方法，最低 DNA 检测量分别为 6.5pg 和 14.5pg。

防控技术。建立了对 TRBIV 敏感的大菱鲆鳍条细胞系（TF），可以大量扩增 TRBIV，病毒滴度可达 $10^{5.6}$ $TCID_{50}$/mL。用 TF 细胞系制备了 TRBIV 的试验性灭活疫苗，皮下注射免疫的保护率 83.3%，浸浴免疫的保护率达 90.5%。

4. 锦鲤疱疹病毒病（Koi Herpesvirus Disease，KHVD）

主要研究机构。中山大学、华中农业大学、中国水产科学研究院长江水产研究所、吉林农业大学、南京农业大学、中国水产科学研究院珠江水产研究所、中国检验检疫科学研究院动物检疫研究所及多个省（直辖市、自治区）的水产科学研究所和出入境检验检疫局等单位。

流行病学。国内分离的 KHV 毒株基因型主要为亚洲型（CyHV-3-QY08、KHV-

CJ 和 KHV-GZ1301），与 KHV 基因型全球地理分布基本一致；KHV-CJ ORF25 蛋白的结构特征和进化关系与 KHV 美国株属同一分支。2012 年从广东分离到 KHV-GZ11 型病毒，这是首次在东亚和东南亚地区确认高致病性 CyHV-3/KHV 欧洲基因型。

病原学。完成了 KHV-GZ11 全基因组测序，其序列表明与欧洲型 KHV 具有更高相似性，从全基因组水平证实了亚洲地区欧洲型 KHV 的存在；应用液相色谱电离串联质谱技术（LC ESI-MS/MS）鉴定了 6 种新的病毒蛋白 ORF11、ORF27、ORF83、ORF91、ORF106、ORF116，其中 ORF83 为病毒囊膜蛋白。

致病机理。研究证实，鲤中枢神经系统可能是 CyHV-3 的一个主要靶标，病毒可以持续感染并且建立潜伏感染。利用原位杂交技术检测 CyHV-3 早期感染时鲤鳃、皮肤、脾脏、肾脏、肠、肝脏及脑等组织的病毒分布情况，证实鳃及肠是主要靶器官。

诊断技术。建立了多种 KHV 敏感细胞系，包括锦鲤尾鳍细胞系（Koi caudal fin，KCF-1）、锦鲤吻端细胞系（Koi snout，KS）、框镜鲤吻端、鲤鳍条组织细胞系和尾鳍组织细胞系；建立了 PCR、Nested-PCR、实时荧光定量 PCR 等分子生物学检测方法；建立了检测 KHV 的反转录 PCR 技术（mRNA-specific RT-RNA）；建立了液相芯片快速检测技术，最低检出量为 100pg，检测特异性高。建立了抗血清检测方法。获得了 KHV ORF1 基因的表达蛋白和多抗血清，为 KHV 的疫苗研制和免疫学检测方法的建立奠定了基础。

防控技术。研究表明 KHV ORF81 重组蛋白可作为抗 KHV 的亚单位或 DNA 疫苗。通过克隆 KHV ORF25 基因和 KHV ORF81 基因 DNA 疫苗表达载体，免疫鲤鱼获得较好的免疫保护效果，死亡率小于 20%。开展了银黄等几种天然植物药物在细胞培养模型（体外培养的锦鲤鳍条细胞）上抑制 KHV 的复制效果研究。

5. 鲫造血器官坏死症（Herpesviral Haema Topoietic Necrosis，HVHN）

主要研究机构。中国水产科学研究院长江水产研究所、淡水渔业研究中心，上海海洋大学、华中农业大学和深圳出入境检验检疫局等单位。

流行病学。江苏地区 HVHN 流行病学调查结果显示，疫病流行适合温度从 15℃ 到 30℃，24～28℃发病最为严重；感染致病鱼类主要为金鱼、银鲫及部分杂交品种（异育银鲫、江都银鲫、日本鲫等）。测定的我国 HVHN Ⅱ型分离株（SY-C1）全长基因组序列与日本株（ST-J1）同源性为 98.8%。

致病机理。鲫造血器官坏死症病原为鲤科疱疹病毒Ⅱ型（CyHV-2），也称为鲫造血器官坏死病毒。对 CyHV-2 感染鲫的组织病理和超微结构病理研究结果表明，鳃、肾脏和脾脏呈现红细胞炎症和损伤，头肾和体肾中造血细胞出现明显的核固缩和核裂解性坏死，脾脏内的脾髓和小动脉大面积的坏死。发现肾脏是病毒的主要复制场所。对患病鲫肾脏组织基因表达差异进行了分析。异育银鲫感染 CyHV-2 后血液生理生化指标变化进行了研究，感染鲫血细胞单核细胞和淋巴细胞百分比显著上升，中性粒细胞及血栓细胞显著下降，单核细胞的吞噬指数与吞噬百分比极显著升高。研究表明，CyHV-2 ORF104 kinase-like 蛋白在病毒感染中可激活 p38 MAPK 通路，表明该但不是一个候选制备疫苗的基因。研究发现感染后鲫髓系过氧化物酶（MPO）、角蛋白 8（KRT-8）、双重特异性磷酸酶（DUSP-1）在感染 CyHV-2 的鲫体内显著升高，表明三蛋白可能参与了鲫抗病毒先天性免疫应答；鱼体感染 CyHV-2 后体内白介素 11（IL-11），内凝集素（ITLN）和嘌呤核苷磷酸化酶 5a（PNP5a）的升高显著晚于感染细菌后，说明 CyHV-2 感染早期可能抑制了鱼体的先天免疫反应。研究发现 HVHN 死亡率与鱼体感染病毒量呈正相关；从患病鱼体头肾抑制消减杂交文库中分离出 363 个表达序列标签，从感染病毒后存活的鱼体头肾抑制消减杂交文库中分离出 599 个表达序列标签，并且采用实时荧光定量的方法证实了这些基因中免疫相关基因有 90.48％出现上调，显著上调的基因可以作为研究急性感染 CyHV-2 的候选标记基因。

诊断技术。建立了异育银鲫脑组织细胞系（GiCB），对 CyHV-2 高度敏感，可用于病毒的持续增殖与复制。针对 CyHV-2 DNA 解旋酶基因建立了荧光定量 PCR 检测方法、双重 PCR 和和 LAMP 快速检测方法。

防治技术。目前尚无公开报道的有效防治方法。在养殖生产实践中普遍认为，池塘清塘消毒、苗种检疫、控制好池塘水质，投喂优质饲料，科学用药，减少应激有一定防控效果。

6. 传染性造血器官坏死病（Infectious Haematopoietic Necrosis，IHN）

主要研究机构。中国水产科学研究院黑龙江水产研究所、深圳出入境检验检疫局、武汉大学和哈尔滨兽医研究所等单位。

流行病学。IHNV 分为 J、M、L、E 和 U 5 个基因型。监测表明，我国 IHNV 分离株主要属于 J 基因型，J Nagano 亚基因型，没有显著的地域性差异，且 IHNV 糖蛋白核苷酸及氨基酸同源性均高达 98％以上，推断 IHNV 中国株具有单一的遗传进化趋势。鱼龄越小，对 IHNV 敏感性越强，鱼苗死亡率最高可近 100％。国内偶发虹鳟成鱼感染 IHNV 后大规模死亡，分离所得 IHNV 可造成小鱼及成鱼的死亡，但成鱼死亡率相对较低，为 40％～60％，且伴随严重的继发感染。

病原学。我国 IHNV Ch20101008 毒株基因组全长 11 129bp，已被用于全国 IHN 能力测试的标准品；对中国分离株与其他国家分离株比较分析表明，G 蛋白共有 15 个核苷酸突变导致 7 个氨基酸突变；流式细胞仪和细菌展示技术鉴定出我国 IHNV Sn-1203 株 G 蛋白线性优势抗原区段为 271～450 氨基酸区段；我国 IHNV 敏感细胞系：EPC＞CHSE-214＞RTG-2；明确了 IHNV 对重组虹鳟干扰素-γ 的敏感性及时效性；利用流式细胞仪检测了 IHNV 诱导细胞凋亡的情况；开展了 IHNV 与 IPNV 毒力干扰机制的细胞及动物水平研究。

致病机理。IHNV 通过入侵鱼鳍基部肌肉细胞扩散至鱼体器官，造成虹鳟肝、脾、肾等造血器官广泛性点状坏死，最终导致鱼体严重贫血；通过量子点标记 IHNV 对其入侵细胞途径进行了分析，结果显示 IHNV 是利用网格蛋白介导的细胞内吞方式进入细胞，依赖细胞的骨架蛋白（激动蛋白纤维丝和微管等）及低 pH 环境。

诊断技术。分别建立了以 N 蛋白、G 蛋白及 L 蛋白为靶标基因的 RT-PCR、实时定量 PCR、数字 RT-PCR 方法及环介导等温扩增（LAMP）快速检测技术；制备了抗 J 基因型 IHNV 的多克隆抗体及单克隆抗体，利用噬菌体抗体技术筛选出 6 株高亲和力的抗 IHNV 鼠源重组抗体。

防控技术。针对 JRt 亚型 IHNV，开展了疫苗研究示范及抗病毒药物筛选工作。实验室系统验证并优化获得了 IHNV 核酸疫苗候选株 4 株，细胞因子佐剂 4 种。验证结果表明候选株疫苗免疫（2μg/尾）后在 60 度日即对 IHNV 感染提供免疫保护。田间示范结果显示：同一养殖场中免疫虹鳟存活率约为 92%，未免疫虹鳟存活率为 30%左右；结合酵母表面展示技术和抗原人工锚定技术构建了 IHNV 口服酵母活载体疫苗；从虹鳟肠道内分离了抗 IHNV 益生菌一株，为 IHNV 活载体疫苗候选载体提供参考。筛选出了安全高效的治疗 IHNV 免疫制剂，田间治疗试验结果表明：感染 IHNV 虹鳟投喂该药物 3d 后虹鳟死亡数量明显下降，7d 后再无明显的病理性死亡。

7. 病毒性神经坏死病（Viral Nervous Necrosis，VNN）

主要研究机构。中国水产科学研究院南海水产研究所、黄海水产研究所，中山大学、华中农业大学、福建省水产研究所、广西海洋研究所等单位。

流行病学。监测表明，鱼类神经坏死病毒的易感宿主范围广泛，多种石斑鱼、军曹鱼、半滑舌鳎、金鲳鱼、卵形鲳鲹等。2013—2014 年分子流行病学调查显示，NNV 在海南岛东南临海无症状海水养殖鱼的检出率为 64%，发病鱼的检出率则高达 96%，养殖鱼类的总体检出率为 76%，野生鱼类的总体检出率为 34%。用 RT-PCR 法从斜带石斑鱼亲鱼的粪便、卵、仔鱼、稚鱼以及饵料轮虫、桡足类中都检出了 NNV。中国目前存在的基因型主要为 RGNNV，仅在野生的二长棘犁齿鲷中检出 2 例 SJNNV 型病毒。

病原学。通过肌内注射、浸泡和共浴 3 种途径，RGNNV 均可感染军曹鱼仔鱼，累计死亡率分别达到 78%、44%和 34%。感染鱼出现厌食、体色发黑和螺旋游泳等典型的病毒性神经坏死症症状，脑、视网膜、脊髓等组织发生空泡化。肌内注射 18h 后，利用 RT-PCR 方法在鱼的脑、眼、脊髓中均可检测到 RGNNV。感染卵形鲳鲹的 NNV 外壳蛋白第 254～256 位氨基酸残基为 PDG，与 RGNNV 基因型相同，有可能是 NNV 一个主要的抗原中和表位。

致病机理。构建了靶向斜带石斑鱼神经坏死病毒 CP 基因的 shRNA 干扰载体，在 FHM 细胞中该载体对 pEGFP-CP 基因的沉默效率分别约为 60%、96% 和 55%，与对照组相比差异显著。还开展了针对 RGNNV MCP 基因序列的 siRNA 转染方法、转染剂量与转染效果的研究。构建了对 NNV 高度敏感的赤点石斑鱼脑细胞系，可用于病毒的增殖和致病性研究。采用地高辛原位杂交和免疫荧光检测技术分别检测了 RGNNV RNA2 和衣壳蛋白在患病赤点石斑鱼稚鱼中的分布，结果表明，脑、脊髓、视网膜和鳃是病毒靶器官，肠道可能不是病毒的靶器官。

诊断技术。建立了 RGNNV 的新型常规 RT-PCR 检测方法，其检测灵敏度可达 200 个病毒拷贝。研制了 RGNNV 重组 MCP 的多克隆抗体。

防控技术。研究了几种药物对 NNV 的消除效果。聚维酮碘 5～10mg/L 浸泡斜带石斑鱼卵 20min、浸泡轮虫和桡足类 30min，盐酸吗啉胍 3～5mg/L 浸泡卵 30min、浸泡轮虫和桡足类 40min，聚维酮碘 5mg/L＋盐酸吗啉胍 3mg/L 浸泡卵 20min、浸泡轮虫和桡足类 30min 可有效灭活这些样品所携带的 NNV。通过选用不带病毒的受精卵、对育苗池、用具以及生物饵料进行严格消毒，保持育苗池小生态相对稳定，加强鱼苗的营养水平等措施，可有效防控该病，提高鱼苗的成活率。

8. 鳜弹状病毒病（Manda Rinrhabdovirus Disease，MRD）

主要研究机构。中国水产科学研究院珠江水产研究所、中国科学院水生生物研究所、大连海洋大学、华中农业大学等单位。

流行病学。先后在鳜、斑鳢、乌鳢、杂交鳢、大口黑鲈、黄鳝等淡水鱼上分离到弹状病毒。

病原学。病原分离和测序结果表明，从鳜、斑鳢、杂交鳢、大口黑鲈分离到的弹状病毒的亲缘关系较近，但基因组结构不一样，基因组结构的差异被认为是当前鱼类弹状病毒分类和分析其遗传进化的依据；从乌鳢分离的弹状病毒可以感染鳜。构建了 5 株鳜弹状病毒的单抗，都能特异性识别鳜弹状病毒的糖蛋白（G 蛋白）。

致病机理。大口黑鲈患弹状病毒病的组织病理切片观察发现，肝脏、脾脏和肾脏均呈弥漫性坏死，除了组织病理方面的研究外，未见其他报道。

诊断技术。根据 G 蛋白基因保守序列设计引物和探针建立了杂交鳢弹状病毒的 TaqMan 实时荧光定量 PCR 检测方法，该方法特性强，灵敏度高。

防控技术。构建了含部分 G 蛋白基因或完整核蛋白（N）基因的两种鳜弹状病毒 DNA 疫苗，免疫保护试验证实，G 基因 DNA 疫苗有良好的抗病毒感染效果，但 N 基因 DNA 疫苗保护效果欠佳。研究了鳜弹状病毒 N 蛋白的 siRNA 对病毒在细胞中的复制影响，结果表明鳜弹状病毒 N 蛋白的 siRNA 对鳜弹状病毒的复制有抑制作用，为弹状病毒的防控提供了新的思路。

9. 流行性造血器官坏死症（Epizootic Haematopoietic Necrosis，EHN）

主要研究机构。 上海海洋大学、中国农业大学和中国检验检疫科学研究院动植物检疫研究所等单位。

诊断技术。 针对 3 种双链 DNA 病毒，包括斑点叉尾鲴病毒（CCV）、锦鲤疱疹病毒（KHV）、流行性造血器官坏死病毒（EHNV）的 DNA 聚合酶基因的保守序列设计 3 对特异性引物和 3 条 Taqman 探针，建立的三重荧光定量 PCR 体系特异性强，引物之间及引物和探针之间无相互干扰，对 3 种病毒的检测限均能达到 10^2 拷贝$/\mu L$。采用 RT-PCR 方法克隆流行性造血器官坏死病病毒 CH-1 株 MCP 蛋白基因编码区，并进行诱导表达，通过 Western-blot 试验证明表达产物具有良好的反应原性，为制备 EHNV ELISA 方法奠定了基础。建立了对蛙病毒属的成员的 LAMP 诊断技术，其检测限可达 DNA 的 10^2 拷贝量，是普通 PCR 反应的 10 倍。

10. 石斑鱼虹彩病毒病（Singapore Grouper Iridoviral Disease，SGIVD）

主要研究机构。 中国科学院南海海洋研究所、中国科学院大学、中山大学、广东海洋大学等单位。

病原学。 石斑鱼虹彩病毒（Singapore grouper iridovirus，SGIV）属于虹彩病毒科蛙病毒属，可导致石斑鱼死亡率达 90% 以上。近年来，研究人员陆续克隆出该病毒的 SGIV-ORF050、SGIV-ORF75R、IGF-like、SGIV-sema、VP19 等基因，并对其分子特征和功能进行了初步分析。

致病机理。 分离到 SGIV ORF008L 编码的 DNA 结合蛋白并进一步研究了其功能；研究证明青鳉单倍体胚胎干细胞和巨型石斑鱼心脏细胞是 SGIV 的敏感细胞系；鉴定和分析了 SGIV 编码的蛋白样肿瘤坏死因子受体；研究发现 SGIV 编码的 miR-homoHSV 通过靶向作用 SGIV LITAF 抑制病毒引起细胞凋亡。

防控技术。 以感染 SGIV 的石斑鱼细胞为模型，应用 SELEX 技术筛选得到高效特异的核酸适配体，可降低 SGIV 对石斑鱼养殖造成的损失。制备了 SGIV 细胞培养灭活疫苗，并对其免疫机理和保护效果进行了研究。

11. 大鲵虹彩病毒病（Giant Salamander Iridoviral Disease，GSIVD）

主要研究机构。 中国水产科学研究院长江水产研究所、中国科学院水生生物研究所、四川农业大学、西北农林科技大学和深圳出入境检验检疫局等单位。

流行病学。 GSIVD 在陕西、浙江、湖北、湖南、江西、贵州、四川、福建、广东等省养殖大鲵中广泛流行，发病率超过 50%，病死率可达 100%。对陕西、湖北、浙江、湖南等分离的 10 株 GSIV 主衣壳蛋白（MCP）基因序列进行比对分析，结果证明均属同一基因型。对 GSIV LY 株的 MCP 基因进行克隆和特征分析，发现该株型与国内不同毒株间差异很小。

致病机理。 研究揭示了 GSIV 感染 EPC 细胞的形态发生过程全基因组测序发现

GSIV 和其他蛙病毒高度保守，全基因组序列和结构变化研究发现多个病毒毒力基因和宿主感染性关键基因发生显著改变。GSIV 的 MCP 对病毒的复制有重要作用。发现 GSIV 对脾脏和肾脏有组织嗜性，感染引起的炎症反应可能有助于降低病毒在脾脏中的复制。

诊断技术。建立了 GSIVLAMP 检测方法，可快速检测 GSIV。

疫苗研发。建立了 β-丙内酯灭活 GSIV 的方法，为灭活疫苗的研究奠定了基础。GISV 细胞培养灭活疫苗可引起大鲵非特异性和特异性免疫应答，能有效保护大鲵不被 GSIV 感染。

12. 淡水鱼细菌性败血症（Freshwater Fish Bacterial Septicemia，FFBS）

主要研究机构。南京农业大学、中国水产科学研究院珠江水产研究所、浙江省淡水水产研究所、中国水产科学研究院黑龙江水产研究所、福建省淡水水产研究所和华中农业大学等单位。

流行病学。引起 FFBS 的致病性嗜水气单胞菌存在多种血清型和基因型，其中 O 抗血清型 O：9 和 O：97 在我国流行最为广泛，O：9 代表菌株为 TPS-30，O：97 代表菌株为 BSK-10 和 J-1。根据 6 个管家基因（gyrB、groL、gltA、metG、ppsA 和 recA）序列，对嗜水气单胞菌进行多位点基因序列分型（MLST），结果表明 ST251 是华东和华南地区 FFBS 流行的最主要基因型。在致病性嗜水气单胞菌传播过程中，耐药基因和耐药质粒的间接获得和携带传播日趋严重，其中耐喹诺酮类药物菌株占比接近 40%。

病原学。应用激光共聚焦显微镜和绿色荧光蛋白标记技术，证明嗜水气单胞菌体外形成生物被膜的能力与其致病性呈明显正相关。利用免疫蛋白质组学技术筛选出新的抗原相关蛋白，确定 Omp38 是嗜水气单胞菌的共同保护性抗原。20 世纪 90 年代初期分离株与 2010 年前后分离株的全菌蛋白质图谱上存在较多差异点，给疫苗株的选择提供了借鉴。

致病机理。构建相关基因缺失株，阐明 ahyR 和 luxS 基因与致病性密切相关。研究发现特定的致病嗜水气单胞菌含有Ⅱ型分泌系统、Ⅲ型分泌系统和Ⅵ型分泌系统，其中Ⅱ型分泌系统存在于我国大部分的嗜水气单胞菌分离株中，该分泌系统在转运包括气溶素、磷脂酶、蛋白酶和 DNA 酶的过程中是必需的，因此，Ⅱ型分泌系统可能是致病性嗜水气单胞菌所必需。

诊断技术。制定了《致病性嗜水气单胞菌检测方法》（GB/T 18652—2002）；基于毒力基因和保守基因建立的多重 PCR 诊断技术，在鉴别嗜水气单胞菌的同时，可以初步评估菌株的毒力；建立适用于基层实验室的 Dot-ELISA 检测技术，以及适用于现场检测的胶体金快速检测试纸条；基于等温扩增技术，研制了致病嗜水气单胞菌可视化诊断技术。

疫苗研发。成功研制嗜水气单胞菌败血症灭活疫苗（J-1株），并在全国范围进行示范和推广应用；构建了 GYK1 株、TPS-30 株等不同分子分型的单苗、联苗及外膜蛋白、脂多糖、胞外产物等亚单位疫苗；鱼嗜水气单胞菌败血症灭活疫苗获得生产批准文号。

13. 爱德华氏菌病（Edwardsiellosis）

主要研究机构。华东理工大学、中山大学、中国海洋大学、中国科学院海洋研究所、中国科学院水生生物研究所，中国水产科学研究院黄海水产研究所、珠江水产研究所，全国水产技术推广总站和江西农业大学等单位。

流行病学。监测表明，爱德华氏菌属的 3 种细菌均引起水产养殖动物的疾病。迟缓爱德华氏菌（*Edwardsiella tarda*）感染的养殖种类有大菱鲆、牙鲆、半滑舌鳎、鳗鲡、高体革鯻、斑点叉尾鮰、乌鳢、真鲷、牛蛙、中华鳖，鮰爱德华氏菌（*E. ictaluri*）感染的养殖种类有黄颡鱼、斑点叉尾鮰、似鮰高原鳅、南方大口鲇、鲤，保科爱德华氏菌（*E. hoshinae*）感染养殖斑点叉尾鮰。

病原学。开展了爱德华氏菌属的分型研究，将迟缓爱德华氏菌分为 EdwG1 型和 EdwG2 型，EdwG1 型具有强致病性，EdwG2 不具有致病性；EdwG1 与鮰爱德华氏菌的同源性高于 EdwG1 和 EdwG2 之间的同源性；根据 DNA 杂交和 MLST 分析，将感染鲆鲽类的迟缓爱德华氏菌重命名为杀鱼爱德华氏菌（*E. piscicida*），将感染鳗鲡的迟缓爱德华氏菌命名为鳗爱德华氏菌（*E. anguillarum*）。

致病机理。在迟缓爱德华氏菌发现多个致病相关因子，包括鞭毛蛋白 FliC、溶血素 EthA、双组分系统 EsrA-EsrB、QseB-QseC 和 CpxA-CpxR、双精氨酸转运系统、耐药质粒 pEIB202、溶菌酶抑制因子 MliC 和 Ivy、T3SS 和 T6SS 效应蛋白（EvpP、EseG、EseJ）及注射器蛋白 EseD、转录因子 RpoN、RNA 分子伴侣 Hfq、芳香族氨基酸合成酶 AroA 等，建立了该病原的易感细胞模型，包括牙鲆鳃上皮细胞系 FG-9307、鲤上皮瘤细胞系 EPC、斑马鱼胚胎成纤维细胞系 ZF4、小鼠骨髓来源巨噬细胞（BMDM）和骨髓来源中性粒细胞（PMN），分析了病原入侵细胞的过程。在鳗爱德华氏菌发现 2 套 T3SS 和 3 套 T6SS，在鮰爱德华氏菌研究了 EseH 和 EseI 在宿主细胞内的分布及功能。

诊断技术。建立了鉴别检测致病性和非致病性迟缓爱德华氏菌和鉴别检测迟缓爱德华氏菌和鮰爱德华氏菌的多重 PCR 方法；建立了迟缓爱德华氏菌荧光定量 PCR 检测方法，灵敏度为 4fg DNA，并建立了该菌环介导等温扩增检测技术，灵敏度为 10 拷贝，进一步建立了该菌胶体金快速检测试纸。建立了鮰爱德华氏菌二重 PCR 检测方法和 ELISA 快速检测方法。

疫苗研发。针对鱼类迟缓爱德华氏菌病开展了多种疫苗研制，通过基因工程手段构建的减毒株（EIB202WED、LSE40$^{\Delta aro A \Delta esr B}$、ET1101$^{\Delta evp C \Delta esr B \Delta pst B}$）、表达 Eta1 的

DNA 疫苗、菌蜕疫苗，利福平抗性株 TX5RM、无致病性的自然菌株 ATCC15947 和 EIBAV1、以黄芪多糖、葡聚糖为佐剂的灭活细胞，都具有预防迟缓爱德华氏菌病的免疫保护效果，其中 EIBAV1 于 2015 年获得了新兽药证书；建立了迟缓爱德华氏菌平衡致死疫苗载体，该细菌载体可以表达异源抗原，鉴定了 Esa1、EseD 和 DnaJ 等抗原蛋白。针对鲇爱德华氏菌病研制了一种灭活疫苗。

防控技术。研究发现，葡萄糖、丙酮酸可以有效降低迟缓爱德华菌对氨基糖苷类抗生素的耐药性。

14. 链球菌病（Streptococciosis）

主要研究机构。中山大学、南京农业大学、中国水产科学研究院珠江水产研究所、广东海洋大学、广西水产科学院、四川农业大学、和海南大学等单位。

流行病学。目前，我国感染链球菌的水生动物种类繁多，如牛蛙、大菱鲆、高体革鯻、卵形鲳鲹、齐口裂腹鱼、红尾皇冠鱼和罗非鱼等。其中，由于罗非鱼养殖规模最大、病害最为严重，致病病原主要是无乳链球菌和海豚链球菌，2009 年之后以无乳链球菌为主。迄今报道的罗非鱼源无乳链球菌的 3 个分子血清型，分别是Ⅰa、Ⅰb 和Ⅲ型，其中Ⅰa 型最流行，其次是Ⅰb 型。罗非鱼源无乳链球菌 MLST 分型结果显示，流行菌株主要是 ST7 型，同时也发现了 ST261 和 ST735 型菌株。

病原学。完成了 6 株罗非鱼无乳链球菌的全基因组测序，发现了 10kb 特异基因位点。开展了无乳链球菌 SIP、Hemolysin、FbsA、α-enolase 和 ScpB 等相关蛋白的原核表达与罗非鱼免疫保护试验。进行了无乳链球菌不同培养温度对罗非鱼致死率的相关研究。检测了无乳链球菌的多个毒力基因，并进行了菌株的毒力测定。

致病机理。研究表明无乳链球菌主要通过罗非鱼胃肠道入侵，入侵后，破坏鱼的肝、肾和脾等器官，而且能够进一步突破血脑屏障，导致脑膜炎，破坏鱼的脑神经。研究发现无乳链球菌蛋白 SfbA 与无乳链球菌引发的脑膜炎相关。研究表明透明质酸酶是无乳链球菌的重要毒力因子，能够提高无乳链球菌在细胞内存活能力以及抑制宿主促炎细胞因子的表达。

诊断技术。建立了针对 16S rRNA、cpsF 和 cfb 等基因的无乳链球菌 PCR 快速检测技术；根据 cfb 基因建立了无乳链球菌 LAMP 快速检测技术；建立了同时检测无乳链球菌和海豚链球菌的双重 PCR 方法；建立了罗非鱼组织样品中无乳链球菌丰度的实时荧光定量检测方法。

疫苗研发。研制了无乳链球菌全菌灭活疫苗、弱毒活疫苗，经过注射、口服、浸泡等多种免疫方式免疫罗非鱼，获得良好的免疫效果，其中注射免疫的保护效果最佳。基于无乳链球菌的 SIP、FbsA、ScpB 和 GAPDH 等蛋白，构建了多种无乳链球菌亚单位疫苗。研发一种表达无乳链球菌 SIP 蛋白的核酸疫苗，获得较好的保护效果。

防控技术。筛选了对链球菌有抑制作用多种中草药。推广了罗非鱼单一养殖模式、混合养殖模式和立体养殖模式，其中鱼虾混合养殖模式对预防链球菌病取得较好的效果。

15. 鱼类弧菌病（Fishvibriosis）

主要研究机构。中国水产科学研究院南海水产研究所、黄海水产研究所，广东海洋大学、华东理工大学、中国科学院南海海洋研究所和中国科学院海洋研究所等单位。

流行病学。养殖鲆鲽类、鲈、美国红鱼、大西洋鲑等发现鳗弧菌 O1 血清型为主要的致病型。南海区主要养殖鱼类的弧菌病病原出现优势种群替代现象，由以溶藻弧菌为主逐渐演替为哈维弧菌为主。建立了基于 recB-toxR 多位点序列分析技术（MSLA），对 200 多株哈维弧菌进行了分子分型，探讨不同分子型菌株的分布规律。

病原学。转运蛋白 TolB、Ⅲ型分泌系统注射装置蛋白 VscO、热修饰外膜蛋白 SR1 等是溶藻弧菌的重要保护性抗原。铁超氧化物歧化酶 SOD、外膜蛋白 OmpW、硫氧还蛋白还原酶 TrxR 等是哈维弧菌的保护性抗原。对哈维弧菌的耐药性试验结果显示，对检测的 12 种抗生素，84 个临床分离株中有 27.4% 只对 1 种抗生素产生耐药性，有 35.7% 只对 2 种抗生素产生耐药性，9.5% 对 3 种抗生素产生耐药性，对 3 种以上抗生素产生耐药性的菌株数只占 26.2%。相比而言，鳗弧菌菌株的耐药性研究表明，在我国海水养殖中发现的 O1、O2、O3、O5 血清型鳗弧分离菌中，83% 以上的菌株对 12 种以上的抗生素产生耐药。采用 Real-time PCR 技术研究不同保藏方法、不同保藏时间对溶藻弧菌毒力的影响，发现斜面低温保藏法效果尤为明显。

致病机理。质谱鉴定了溶藻弧菌强毒株的 68 个特有的蛋白质点，获得了 66 个 ORF，鉴定得到 278 种毒力株特有的蛋白，获得 175 种强毒株特有的蛋白。溶藻弧菌中有定位于之类的 TDH 溶血素基因，可能是独立起源和扩散的重要因素。溶藻弧菌的 QS 信号系统、小 RNA 相关调控蛋白、cdi-GMP 和其他因子一起组成复杂的调控网络，共同调控包括鞭毛合成、多糖合成与装配、毒力因子分泌等多种生理生化功能。溶藻弧菌的 T3SS 可以诱导宿主细胞产生细胞凋亡。溶藻弧菌运动性、生物被膜形成、细胞聚集以及外毒素 Asp 产生能力受 T6SS 突变的影响，T6SS 的表达受群体感应系统和可替换 sigma 因子调控。vah 基因是造成溶藻弧菌溶血的直接相关基因，但其溶血能力的差异并非由 vah 基因本身的差异决定，可能与启动子区第 188~190 碱基位点相关。鳗弧菌基因组存在的 2 套Ⅵ型分泌系统（T6SS）可提高鳗弧菌对环境的适应性。不同血清型的鳗弧菌的 T6SS 的表达和调控机制不同。Cpx 双组分调控系统参与鳗弧菌对环境压力的感应和调控过程。

诊断技术。针对溶藻弧菌、哈维氏弧菌、鳗弧菌等主要弧菌种类建立了检测多种弧菌的多重 PCR 技术，建立了哈维弧菌等单一菌的 LAMP 检测技术，同时建立了哈维氏弧菌、鳗弧菌和溶藻弧菌的三重 LAMP 检测方法。

疫苗研发。鳗弧菌减毒活疫苗已获得国家临床试验批件，正在进行临床试验。鳗弧菌灭活疫苗（O1 血清型单价苗、O2 血清型单价苗、O1/O2 血清型二价苗）对鲆鲽类弧菌病有预防作用。

16. 柱状黄杆菌病（Columnaris）

主要研究机构。中国科学院水生生物研究所、中国水产科学研究院珠江水产研究所和山东农业大学等单位。

流行病学。通过对我国分离的柱状黄杆菌（包括 G4 和 G18）和引用自 GenBank 的柱状黄杆菌的 16S rDNA 序列构建的系统发育树进行遗传多样性研究，结果发现柱状黄杆菌可分为 3 种基因型。第 Ⅰ 基因型包括 3 个菌株，分别是 G4 菌株、日本的香鱼和美国的斑点叉尾鮰的菌株。我国分离株 G18 是弱毒株，经证实致病力弱于 G4，属于第 Ⅱ 基因型，这一基因型的很多菌株都分离自冷水性鱼类。另外，从鳜、中华鲟等宿主上分离的柱状黄杆菌为第 Ⅲ 基因型。

病原学。柱状黄杆菌是细菌性烂鳃病的主要病原，通过基因缺失策略，对主要毒力因子缺失开展了柱状黄杆菌的毒力研究，构建了柱状黄杆菌 ΔclsAΔcslB 基因缺失株。完成了柱状黄杆菌 G4 和 G18，以及约氏黄杆菌 M170 的全基因组测序。

致病机理。通过对柱状黄杆菌的菌落形态分析发现，典型假根状菌落的柱状黄杆菌致病性较强，而非假根状的菌株为弱毒。经免疫印迹试验共发现了柱状黄杆菌的 5 个具有免疫原性的蛋白。

诊断技术。基于 16S-23S rRNA 间隔区的高变区的鉴定，建立了用于柱状黄杆菌基因组型的研究方法；建立了柱状黄杆菌 LAMP 快速检测技术以及柱状黄杆菌胶体金免疫层析快速检测方法。构建了柱状黄杆菌单克隆抗体杂交瘤细胞株并进行了免疫学特性鉴定。

疫苗研发。针对柱状黄杆菌以及约氏黄杆菌开展了疫苗更新研究工作。构建了柱状黄杆菌菌蜕疫苗、柱状黄杆菌 ΔclsAΔcslB 基因缺失减毒活疫苗以及柱状黄杆菌基因重组疫苗，证明这三种疫苗均可提供较好免疫保护；通过链霉素抗性筛选制备的约氏黄杆菌减毒活疫苗能有效降低细菌性烂鳃病的感染率。

（七）甲壳类动物病

2014 年，发病甲壳类 10 种，监测到的甲壳类疾病 13 种，占总经济损失的 52%。我国近年来深入研究并揭示了甲壳动物重要疫病白斑综合征、传染性皮下及造血组织坏死病、罗氏沼虾白尾病、青蟹呼肠孤病毒病、螺原体病和牙膏病的流行病学特征，研发了多种定性和定量检测技术；在国内确定多种新发疫病，主要包括黄头病、病毒性偷死病、传染性肌坏死病、急性肝胰腺坏死病、蟹螺原体病和虾肝肠胞虫病，明确或发现了上述疫病的病原，掌握了其流行病学和分子流行病学规律，开发了系列现场诊断技术；针对目前我国危害甲壳动物养殖的重大和新发疫病，初步探索了包含疫病监测、风险评估、综合养殖健康管理、可追溯体系等生物安保技术体系及应用。

1. 白斑综合征（White Spot Disease，WSD）

主要研究机构。 中国水产科学研究院黄海水产研究所、国家海洋局第三海洋研究所、中山大学、浙江大学、中国科学院海洋研究所和中国海洋大学等单位。

流行病学。 白斑综合征（俗称"红体病"）仍然是近年来引起对虾养殖严重损失的主要疫病之一，"红体病"主要是由白斑综合征病毒（White spot syndrome virus，WSSV）引起，在2013—2014年流行病学调查中WSSV的总体阳性率在30%左右；WSSV在各对虾养殖省份均有发生和流行，宿主覆盖了凡纳滨对虾、中国明对虾、日本明对虾、斑节对虾、克氏原螯虾、青虾、罗氏沼虾、梭子蟹、中华绒螯蟹等各种甲壳类经济品种，对对虾、克氏原螯虾和梭子蟹的养殖造成了显著危害。WSSV基因组存在一定程度的变异，不同毒株之间在ORF14/15可变区差异比较明显，与TH-96-Ⅱ比对共有四种缺失情况，即缺失6 540bp、6 530bp、5 908bp和5 138bp。而ORF23/24与台湾株（TW）比对有两种缺失情况，即缺失12 070bp和12 064bp。不同地区毒株ORF75的重复单元数目有4、10、11、12、13不等，ORF94的重复单元数目有4、6、8、9、13和14不等，而ORF125的重复单元数目有3、5、6、7不等。

病原学。 开展了WSSV不同毒力病毒株全基因测序，初步确定强弱毒株差异基因变异主要集中在基因组中的两个高变区。确定WSSV不同毒力病毒株感染螯虾后能引起血液中免疫相关酶活性的不同变化，表明不同病毒株可能诱导宿主免疫系统产生不同的应答反应，高、中毒株感染能够引起循环血细胞死亡率上升而导致血细胞总数的急剧下降，且细胞死亡途径主要为坏死，而非凋亡，而低毒株的感染对循环血细胞总数的影响较小。WSSV不同毒力病毒株感染凡纳滨对虾后引起肝胰腺miRNA表达的不同变化。明确了WSSV编码的WSSV-miR-24可以通过靶向作用于宿主caspase 8基因的3'非编码区抑制该基因的表达，从而抑制caspase的活性并降低宿主细胞的凋亡活性，促进WSSV在血淋巴细胞中的感染。同时发现病毒miRNA也可通过抑制病毒基因的表达，进而促进病毒的感染，表明病毒miRNA可作为正/负调节因子在病毒生命周期中保障病毒在宿主中的生存。

致病机理。 全面分析了WSSV极早期基因的启动子，鉴定了其中的功能结构域，并获得了WSSV利用宿主转录因子完成自身基因转录的直接证据。发现WSSV编码的极早期蛋白通过与宿主细胞周期调控蛋白的互作改变宿主的细胞周期，促进细胞从G1进入S期，以营造有利于病毒基因组复制的细胞内环境。明确了WSSV进入细胞的过程，发现WSSV可能借助不同的内吞途径进入不同的细胞，确定了病毒囊膜蛋白在入侵过程中的关键作用。开展 ATP 合酶 β 亚基（BP53）、造血激素（LvAST）和 VP37 相互作用的研究，WSSV 可能和造血激素或其类似物竞争共同受体蛋白 BP53，从而干扰细胞分化进而导致宿主病变。系统分析与 WSSV 作用的宿主分子四跨膜蛋白、凝集素、抑制素（prohibitin）、钙网织蛋白、核糖体蛋白 RPL7、精氨酸激酶、ATP 合酶、腺嘌呤核苷移位酶、整合素、网格蛋白、硫氧还蛋白、肿瘤蛋白在 WSSV 感染中的作用。系统研究了对虾与 WSSV 相互作用中的 Toll 信号通路和 MAPK 信号通路，发现 ERK 和 JNK 基因与 WSSV 在对虾体内的复制增殖密切相关。对虾 SUMO 化系统被 WSSV 利用以修饰自身的极早期基因的蛋白，这种修饰促进了病毒基因的转录和病毒的复制。对虾在 WSSV 感染后可以自发产生具有抗病毒功能的 vp28-siRNA。

诊断技术。 研发了 WSSV 的多种检测技术，包括 PCR、qPCR、原为 PCR、LAMP、CPA、核酸探针、基因芯片、单抗试纸条等，近年来，LAMP 技术被开发成试剂盒并得以广泛应用，检测灵敏度为 10^2 拷贝/μL。白斑综合征诊断规程的国家标准得以发布，包括了组织病理学、T-E 染色法、核酸探针斑点杂交、PCR 等技术，其中 T-E 染色法被 OIE 采纳为 WSSV 诊断的国际标准之一。

防控技术。 利用混养鱼类摄食发病对虾，以阻断池塘中的病原传播途径，实现白斑综合征的有效防控技术得到详细研究和广泛应用；从健康对虾肠道筛选到抗病微生物，包括坚强芽孢杆菌（*Bacillus firmus*）P024、蜡样芽孢杆菌（*B. cereus*）PC065 等 8 个菌株，通过投喂对虾，相对存活率（RPS）在30%～68%；对虾口服 WSSV 主要囊膜蛋白 VP28 的部分表达产物 VP28C 蛋白后进行人工感染的相对存活率能达到 47%；注射 vp28 的 miRNA 能有效阻断 WSSV 的感染，采用 β-1, 3-D-葡聚糖包被 vp28-siRNA 和大肠杆菌 HT115 表达 vp28-siRNA 两种有效的 vp28-siRNA 导入对虾体内技术，具有良好的抗病毒效果；利用 dsRNA 干扰技术对对虾的 STAT 基因进行干扰后，对虾感染 WSSV 的死亡率明显降低；建立包含疫病监测、风险评估、综合养殖健康管理、可追溯体系等技术的生物安保技术体系是实现疫病彻底防控的根本措施。

2. 传染性皮下及造血组织坏死病（Infectious Hypodermaland Haematopoietic Necrosis，IHHN）

主要研究机构。 中国水产科学研究院黄海水产研究所和国家海洋局第三海洋研究所等单位。

流行病学。 该病在我国发病率较高。凡纳滨对虾、斑节对虾、中国对虾、宽沟对虾和蟹类中均检测出了 IHHNV，采用 OIE 标准中不同的引物对我国的 IHHNV 感染进行了检测，结果表明存在 4 种 PCR 检出类型。国内分离株与夏威夷地理株（AF218266）的同源性为 99%。

病原学。IHHNV 属细小病毒科（Parvoviridae），短浓核病毒属（*Brevidensovirus*）细角滨对虾浓核病毒（PstDNV）的暂定种。病毒至少有三个基因型，基因 1 型和 2 型为感染类型，基因 3A 和 3B 型为非感染类型。

致病机理。IHHNV 主要感染起源于外胚层和中胚层的组织细胞，表皮、前肠和后肠的上皮、性腺、淋巴器官和结缔组织的细胞。靶组织细胞核内观察到典型的 Cowdry A 型、嗜酸性包涵体。凡纳滨对虾感染病毒后表现为慢性矮小残缺综合征（RDS），大小差异很大，且一般比正常的对虾短小。

诊断技术。建立了针对不同基因型的 PCR、LAMP、荧光定量 PCR（Real-time PCR，qPCR）、分子杂交（斑点杂交和原位杂交）、组织病理学方法。IHHNV 的 PCR 检测法形成了国家标准，研发了 IHHNV LAMP 检测试剂盒。

防控技术。原核表达了 IHHNV 的核衣壳蛋白 VP32，该蛋白能在体外形成假病毒颗粒，运用 SELEX 技术筛选了与 VP32 有特异性结合作用的 IHHNV 基因序列，促进了核酸的包装，该系统有望作为对虾防病基因的导入体系。有效的预防措施主要是加强对虾、特别是进口对虾的检疫，并销毁染疫对虾，对发病虾场及其设施进行彻底消毒。用 SPF 亲虾进行繁育。加强疫病监测与检疫、切断传染源，加强饲养管理等综合措施。

3. 黄头病（Yellow Head Disease，YHD）

主要研究机构。中国水产科学研究院黄海水产研究所等单位。

流行病学。2012 年 6 月我国首次报告发生 YHD，病死率在 80％以上。流行病学监测表明，YHDV 已经呈现全国性分布，先后在河北、海南、山东、天津、广西、浙江、江苏、新疆、广东、辽宁等地采集的样品中检出阳性，平均阳性率为 5％～15％。感染宿主包括中国明对虾、凡纳滨对虾、日本囊对虾、罗氏沼虾，其中中国明对虾和罗氏沼虾均为 YHV 新发现的自然宿主，中国对虾、日本囊对虾等感染率高于凡纳滨对虾感染率。在流行病学调查中检出 YHV 基因型 1 和一个新基因型，暂定为基因型 9。

病原学。采用 OIE《陆生动物诊断试验与疫苗手册》的 YHV 引物 Y1/Y4 和 Y2/Y3 获得的 YHV 新基因型的扩增产物的序列与 YHV 基因型 1 的相应序列的同源性在 76％～89％，对 6 份较强阳性样品 YHV 基因组 ORF1b 内 1 002bp 的分型片段进行序列分析显示与国外报道的 YHV 的 6 个基因型相似度为 81.0％～90.5％；YHV 核衣壳蛋白 P20 的氨基酸数为 144 或 146 个，YHV 新基因型的 P20 氨基酸序列与 YHV 基因型 1 的同源性为 86.3％，与 YHV 基因型 2（即鳃联病毒，Gill associated virus，GAV）的同源性为 84.0％，YHV 基因型 1 和基因型 2 的 P20 氨基酸序列的同源性为 83.7％。

致病机理。YHV 感染的中国明对虾和凡纳滨对虾在组织病理上，可以观察到淋巴器官的细胞质内嗜碱性包涵体、细胞核固缩和淋巴管断裂形成淋巴球的典型特征，中肠与肝胰腺链接处以及肝胰腺内的大量血淋巴细胞浸润、核固缩以及细胞质包涵体，肝胰腺盲管上皮的 B、R 和 F 细胞消失，部分细胞核肿大，并存在细胞核仁膨大形成包涵体样，这些新的病理现象与副溶血弧菌引起的急性肝胰腺坏死（AHPN）非常相似，此外，YHV 感染的中国明对虾肝胰腺还出现严重的细菌性继发感染，部分肝胰腺小管完全被血淋巴细胞包裹形成结节。

诊断技术。建立了 YHV 新基因型的 RT-PCR、qRT-PCR 检测方法，针对 YHV 的保守区建立了 RT-LAMP 和 qRT-LAMP 检测方法，并在保守区 RT-LAMP 方法的基础上研发了试剂盒，该试剂盒可检出 10^0 拷贝的 YHV 核酸，比 qRT-PCR 的灵敏度高 2 个数量级。

防控技术。没有专门针对 YHV 开展防治技术的研究，有研究发现鱼虾混养可能有利于 YHV 感染的防控。抗病微生物技术及提高对虾非特异性免疫的药物可能适用于 YHV 感染的防控。建立包含疫病监测、风险评估、综合养殖健康管理、可追溯体系等技术的生物安保技术体系是实现疫病彻底防控的根本措施。

4. 罗氏沼虾白尾病（White Tail Disease，WTD）

主要研究机构。浙江省淡水水产研究所、中国科学院武汉病毒研究所、中国水产科学研究院黄海研究所和广西水产研究所等单位。

流行病学。国内分离株 MrNV-chin（GenBank：AY231436，AY231437）与法国分离株 MrNV-ant（GenBank：34610124，34610121）在 RNA1 和 RNA2 核苷酸序列相似率分别为 95.7％和 92％，氨基酸序列的相似率分别为 99.7％和 93.2％，为同一病毒种的不同分离株。2010 年以来在印度、马来西亚等地相继发现 MrNV 的不同分离株，其中印度分离株与中国分离株的核苷酸（GenBank：AY231436）相似率为95％，氨基酸相似率为 99％；而马来西亚分离株（GenBank：GU476558）的核苷酸序列与中国分离株（AY231437.2）的相似率为 98％，与法国分离株（AY222840.1）的相似率为 94％。除罗氏沼外，在南美白对虾、克氏螯虾中也有检出到 MrNV。

病原学。罗氏沼虾白尾病由 MrNV 所引起，但在病样中有伴生的极小病毒（XSV），初步判定 XSV 为 MrNV 的卫星病毒。但样品中 MrNV 与 XSV 检出率有所差异，通常 XSV 能检测的情况下，MrNV 也能检测到，反之则不然。此外，通过病毒衣壳蛋白基因 RNA2 转录水平与表达水平分析，MrNV 在罗氏沼虾腹部肌肉组织中的水平高于血淋巴、肝胰腺、心、性腺、胃、鳃等其他组织。

致病机理。MrNV 对虾苗有较强的感染率，后期症状可逐步扩散到整个虾体，并导致死亡。

诊断技术。成功建立了 MrNV 的 TAS-ELISA、免疫胶体金检测方法；针对 MrNV 的保守序列，分别建立了套式 RT-PCR 检测技术、LAMP 快速检测技术、

NASBA 检测技术及诊断试剂盒。

防控技术。构建了 MrNV RNA 聚合酶相关基因 RNA1 的重组蛋白进行病毒免疫试验，结果表明有较好的免疫效果，MrNV 感染后的致死率明显下降；此外，针对MrNV，开展了抗病毒免疫增强剂的研究工作。

5. 青蟹呼肠孤病毒病（Mud Crab Reoviral Disease，MCRD）

主要研究机构。中国水产科学研究院南海水产研究所、中山大学、中国科学院武汉病毒研究所、华中农业大学、浙江万里学院和广西海洋研究所等单位。

流行病学。调查发现，广东、广西、浙江、海南等省（自治区）养殖的和野生拟穴青蟹中都有携带 MCRV，在每年 5、6 月份和 8、9 月份等季节交换时携带率较高，检出率可达 100%；而在高温的 7 月份和水温较低 10、11 月份携带率较低，甚至检不出。除了拟穴青蟹，在榄绿青蟹、三疣梭子蟹、脊尾白虾、口虾蛄、缢蛏、菲律宾蛤仔、沟螺、贻贝、泥蚶等组织中检测到该病毒。

病原学。获得了 MCRV 完整颗粒 4.5Å 和空颗粒 18Å 的三维结构，都显示其衣壳分无塔状突起（non-turreted）的 T＝13 外层衣壳和 T＝2 的内层衣壳。分离了MCRV 基因组的 12 段 dsRNA 并测定了全序列，证明了 MCRV 青蟹呼肠孤病毒和锯缘青蟹呼肠孤病毒（SsRV）是同一个种，鉴于中国沿海分布的青蟹主要为拟穴青蟹，并且该病毒也感染榄绿青蟹，建议统一命名为青蟹呼肠孤病毒（MCRV）。

致病机理。MCRV 感染可导致拟穴青蟹血细胞平均密度在 $36\sim72h$ 间迅速上升并达最高值，酚氧化酶活性大致呈下降的趋势。确定病毒 S9 编码的 p40 为 MCRV 的结构蛋白，研究提示 p40 和 p46 蛋白可能具有相同的抗原表位。发现 MCRV S11 节段分别与 spFAMeT 基因和 spCSTF 基因编码的蛋白存在相互作用；S12 分别与spVDAC 基因和 sp LDH 基因编码的蛋白存在相互作用。病毒感染对拟穴青蟹spFAMeT、spCSTF、spVDAC 和 spLDH 在不同组织中的表达量影响显著。

诊断技术。建立了 LAMP 快速检测技术，灵敏度可达 0.8fg dsRNA。

防控技术。加强苗种和饵料检疫，针对该病毒，开展能够提高拟穴青蟹抗病毒能力的中草药筛选工作。

6. 病毒性偷死病（Viral Covert Mortality Disease，VCMD）

主要研究机构。中国水产科学研究院黄海水产研究所等单位。

流行病学。监测表明，我国沿海 11 省份、内陆地区如新疆等地发病的凡纳滨对虾、中国对虾、日本对虾、斑节对虾、脊尾白虾、罗氏沼虾和梭子蟹中均可检测到CMNV 的 RT-PCR 和 RT-LAMP 阳性；2014 年 281 份对虾样品中 CMNV 的 RT-PCR 阳性检出率为 15.3%。

病原学。组织病理学、人工感染实验、疑似病原基因进化分析、病毒分离纯化和荧光原位杂交等研究结果证实虾类 VCMD 是由"偷死野田村病毒（Covert mortality nodavirus，CMNV）"引起的一种病毒性疾病。CMNV 属于野田村病毒科 α 野田村病毒属，是一种单链 RAN 病毒，病毒粒子为球形（二十面体），无囊膜，直径约 32nm。

致病机理。CMNV 可侵染凡纳滨对虾的肝胰腺、淋巴器官和肌肉组织，在肝胰腺小管和淋巴器官上皮细胞、肌肉细胞的细胞质内形成嗜酸性包涵体，导致肝胰腺小管萎缩、淋巴器官形成球状体及肌肉纤维的凝固状坏死。CMNV 可经摄食、腹部肌内注射途径感染传播。

诊断技术。在克隆 CMNV RNA 依赖的 RNA 聚合酶基因片段的基础上，建立了 CMNV 的逆转录巢式 PCR、逆转录 LAMP 和逆转录荧光定量 LAMP 检测技术；基于现场快速高灵敏检测技术平台，研制了 CMNV 的现场快速检测试剂盒，正在山东、江苏、上海、福建、广东、海南和广西 7 省份推广使用。

防控技术。研究表明利用生物絮团养殖技术、室内工厂化健康养殖技术可以有效防控 VCMD。

7. 传染性肌坏死病（Infectious Myonecrosis，IMN）

主要研究机构。中国水产科学研究院黄海水产研究所等单位。

流行病学。IMNV 在我国最早于 2014 年的调查中通过套式 RT-PCR 方法检出。2014 年开始在广西钦州、防城港及广东江门采集的凡纳滨对虾和沼虾中检出 IMNV 的阳性，总样品的阳性检出率 7.9%，属于我国的新发病，但目前检出的阳性均为极弱的阳性。

病原学。IMNV 属于整体病毒属（*Totivirus*），直径 40nm，无囊膜，基因组为 dsRNA。我国检出的 IMNV 阳性经对 RT-PCR 产物的测序，表明序列与巴西及印度尼西亚发现的 IMNV 株的序列同源性在 98% 以上。

致病机理。IMNV 在对虾横纹肌中复制和装配，在感染的肌纤维内常伴有明显的水肿，还会伴随血细胞浸润和炎症，使横纹肌的外观表现出白浊，但这种现象在偷死野田村病毒（CMNV）等其他病原感染以及应激的状况下也会表现出来。急性和慢性的 IMNV 感染伴随淋巴器官的淋巴管断裂和淋巴球形成，淋巴器官出现增生和肥大，淋巴球还在淋巴器官外的其他组织，如鳃、心脏、触角腺、腹部神经节等组织中出现。我国目前检出的 IMNV 阳性均为 2～3 轮套式 RT-PCR 的阳性样品，qRT-PCR 检不到扩增，提示 IMNV 尚未处于急性感染的状态，生产上看到的肌肉发白的情况仍然不是由于 IMNV 的急性感染所致。

诊断技术。实验室已经根据 OIE 标准建立了 IMNV 的 RT-PCR 和 qRT-PCR 检测技术，还研发了基于 RT-LAMP 的 IMNV 现场快速高灵敏度检测试剂盒。

防治技术。流行病学监测表明，IMNV 已经引入我国，但尚未引起急性发病，还是处于潜伏扩散阶段，因此生物安全综合防控特别重要，应该及时跟进疫病监测和风险评估，进口亲虾和种苗应该继续进行严格检疫，在疫病监测和风险评估的指导下，应考虑是否对原良种场、种苗场和养殖场的阳性虾采取扑灭措施或其他应急防控策略。

8. 急性肝胰腺坏死病（Acte Hepato Poietic Necrosis Disease，AHPND）

主要研究机构。中国水产科学研究院黄海水产研究所、中山大学、台湾成功大学和海南大学等单位。

流行病学。2010年以来，该病迅速扩散到我国南北，不清塘、高密度放苗、过量投喂、氨氮和亚硝氮高的养殖池发病更严重，海水养殖区比淡水养殖区发病更严重，对虾养殖产业遭受了比1993年对虾白斑综合征以来更严重的打击。

病原学。对2013—2014年分离的副溶血弧菌菌株进行的分析表明，副溶血弧菌的致病性存在显著差异，半数致死量从$10^{2.7}$至10^8以上，相差5个数量级以上，某些副溶血弧菌菌株不具致病性；这些致病菌株对对虾的半数致死时间相应出现从10～50h的差异。SDS-PAGE表明，致病菌株能表达一种约19kd的蛋白（VPP19，即PirA^{VP}）和约45kd蛋白（即PirB^{VP}），并利用质谱获得了vpp19的基因序列，证明该蛋白由336kb的基因编码，理论分子量为12kd，还分离到哈维氏弧菌（*V. harveyi*）和简氏发光杆菌（*Photobacterium jeanii*）少数菌株也具备类似致病性和上述特定毒力相关蛋白，其他的一些菌株，包括苏云金芽孢杆菌等，在该病的发生中可能也起到某些作用。

致病机理。解析了致急性肝胰腺坏死副溶血弧菌（VP$_{AHPND}$）的毒力蛋白Pir^{VP}的三维结构，证明该毒力蛋白由PirA^{VP}和PirB^{VP}两个亚基组成，其三维结构与苏云金杆菌伴胞晶体的杀虫蛋白相似，但蛋白的氨基酸序列没有同源性，单独的PirB^{VP}对对虾就有强烈的致病作用，能引起凡纳滨对虾典型的AHPND的病理特征。

诊断技术。采用TCBS平板培养观察绿色菌落的数量，被作为预测和诊断AHPND的手段，不过由于其他不能发酵蔗糖的弧菌以及无毒力的副溶血弧菌都能在TCBS上形成绿色菌落，这个方法只能粗略地推测可能的副溶血弧菌的数量，根据测定的vpp19序列，最早建立了有效检测VP$_{AHPND}$的PCR、qPCR、LAMP、qLAMP检测技术，并由此研发了AHPND的快速检测试剂盒，这一技术能准确区分有毒力和无毒力的副溶血弧菌。

防控技术。检测亲虾、卵、虾苗及其活饵料的病原，设立蓄水池，进行养殖池塘的清理、翻晒和消毒，合理安排放苗密度及投喂量，避免残饵，套养罗非鱼等鱼类，维护低氨氮、低亚硝酸盐的良好水质，施用有益微生物及进行有益微生物拌喂等是有效的控制AHPND的手段，在发病早期暂时停喂、底部消毒和适当换水能缓解和控制病情的发展。通过拮抗试验、动物试验等筛选到5株对VP$_{AHPND}$感染有保护作用的有益微生物。

9. 螺原体病（Spiroplasma Disease）

主要研究机构。 南京师范大学、中国水产科学研究院黄海研究所等单位。

流行病学。 螺原体类微生物可以引起的中华绒螯蟹产生颤抖症状，夏季当水温较高时发病率可达30%～70%，病死率可达70%～100%。该病原还侵染克氏原螯虾、凡纳滨对虾、罗氏沼虾、日本沼虾等其他淡水甲壳动物并引起病害。

病原学。 从患"颤抖病"的中华绒螯蟹体内分离鉴定的螺原体命名为 *Spiroplasma eriocheiris*（中华绒螯蟹螺原体）。螺原体类微生物无细胞壁、具有运动性，体积很小（球形体时100～200nm），可以滤过220nm孔径滤膜，由于其对数生长期时呈现典型的螺旋结构，螺原体名称由此而来。它属于细菌界，硬壁菌门，柔膜菌纲，虫原体目，螺原体科，螺原体属的微生物物种。

致病机理。 螺原体进入甲壳动物体内后，首先侵染血淋巴细胞并在其内增殖，然后随血淋巴液传到全身各器官的结缔组织中，形成系统性感染，引起宿主无力、不食等早期病症。感染后期，当病原侵染到神经和肌肉组织时就引起蟹的环爪及附肢的颤抖，这就是最初中华绒螯蟹"颤抖病"名称的来源。中华绒螯蟹螺原体的螺旋蛋白、黏附蛋白、磷脂酶、烯醇酶等蛋白在其侵染和致病过程中起到很重要的作用。

诊断技术。 建立检测病原的PCR方法，同时可以应用电子显微镜、ELISA、免疫胶体金试纸条、LAMP、螺原体培养等技术方法进行诊断。

防控技术。 药物治疗和预防是当前主要方法。

10. 虾肝肠胞虫病（Entercytozoon Hepato Paneai Disease，EHPD）

主要研究机构。 中国水产科学研究院黄海水产研究所、中国水产科学研究院东海水产研究所等单位。

流行病学。 2013年，采用泰国报道的PCR方法从凡纳滨对虾中检出虾肝肠胞虫（*Entercytozoon hepatopaneai*，EHP），2014年的流行病学调查表明，该病原阳性率高达50%，凡纳滨对虾的阳性略高于本地虾种，范围覆盖所有对虾养殖省份，生长缓慢的对虾中有更高的检出率和阳性强度。在梭子蟹、中华绒螯蟹、罗氏沼虾中也有检出。

病原学。 EHP属于真菌界、微孢子门、单倍期纲（Haplophasea）、壶突目（Chytridiopsida）、肠胞虫科（Enterocytozoonidae），与感染对虾肌肉引起"棉花病"的单极虫（Thelohania）、小胞虫（Nosema）和匹里虫（Plistophora）属于不同纲。该病原营细胞内寄生，可通过水平和垂直传播，但生活史尚不清楚。EHP的体外培养不成功，尝试采用卤虫幼体进行EHP的繁殖，也还只能得到非常低水平的疑似感染，采用染病对虾肝胰腺投喂健康对虾实现了成功感染。泰国的研究表明通过健康对虾和患病对虾的共居养殖能更容易实现感染。

致病机理。 EHP在对虾肝胰腺细胞质中繁殖，在感染细胞内成团聚集形成包囊，可达到很高的肝胰腺细胞感染率。经 qPCR 检测表明，对虾肝胰腺中的 EHP 载量可高达 10^7 拷贝 SSU rDNA/ng 肝胰腺 DNA 数量级，当 EHP 载量达到 10^3 拷贝/ng 肝胰腺 DNA 数量级时代表了较高的风险水平。由于对虾肝胰腺在对虾的消化吸收中起到重要作用，推测肝胰腺细胞的广泛感染干扰了对虾的正常消化吸收功能，从而使对虾生长受到了严重影响。生产上可以观察到感染 EHP 的对虾其存活率和摄食量几乎不受影响，但对虾生长迟滞。

诊断技术。EHP 的大小在 $1\sim4\mu m$，苏木精-伊红染色法着色不明显，组织病理学观察不容易分辨。建立了 EHP 的 qPCR 检测方法，该方法检测灵敏度下限为 8.3×10^1 拷贝，比已报道的套式 PCR 的检测灵敏度高约 4 倍。研发了基于 LAMP 的 EHP 快速高灵敏度检测试剂盒。

防控技术。亲虾、卵、虾苗及其鲜活饲料的检疫对于防控 EHP 的垂直传播十分重要，感染过 EHP 的池使用 $6\,000kg/hm^2$ 生石灰消毒，水泥池使用 0.25％的 NaOH 消毒可以起到病原的杀灭作用。已经筛选到两种对体内感染的 EHP 有抑制作用的药物，通过口服给药，经 EHP 的 qPCR 检测跟踪，可显著降低肝胰腺中的 EHP 载量。

11. 蟹牙膏病（Crab Toothpaste Disease）

主要研究机构。中国水产科学研究院东海水产研究所等单位。

流行病学。2012—2014 年蟹牙膏病在江苏赣榆、启东、盐城以及山东的部分三疣梭子蟹养殖地区发生，对蟹牙膏病病原微孢子虫的检测表明，其病原在流行地区养殖池梭子蟹中的检出率可达 70％以上，个别感染严重的池塘甚至高达 90％；东海区野生三疣梭子蟹中该病原的感染率也达 6.9％。

病原学。目前我国三疣梭子蟹牙膏病是由微孢子虫感染所致，属于真菌界、微孢子虫门（Microsporidia）、海孢虫纲（Marinosporidia）、杀甲壳目（Crustaceacida）的 *Ameson* 属，孢子近似卵圆形，在感染的细胞内呈单个游离状态，不形成包囊，固定后大小为（1.3±0.1）×（1.0±0.1）μm，在形态及 SSU rDNA 序列上与寄生于滨蟹的 *Ameson pluvis*（孢子大小 $1.3\times1.0\mu m$，成熟孢子具 8～9 圈极丝，其中 6～7 圈靠近孢壁单排线性排列，1～3 圈则靠近孢子中央排列）最为接近，而与 *Ameson* 属的其他三种差异较大。孢子位于细胞质内，无外膜结构。成熟孢子具有孢壁、质膜、极丝、极体、核、柄状体和固定盘等特征性结构。

致病机理。蟹牙膏病主要病灶在宿主肌肉组织，病原微孢子虫存在于肌细胞的胞质中，严重感染蟹的肌纤维断裂、溶解，被大量不同时期的孢子所替代，外观呈现"白化"症状，俗称"牙膏蟹"。

诊断技术。建立了病原微孢子虫普通 PCR 和套式 PCR 检测技术。

防控技术。针对微孢子虫细胞内寄生和孢子抗逆性强的特点，利用建立的分子检测技术加强对种蟹和环境微孢子虫及其孢子的监测，控制传染源；采用生石灰等对池塘消毒；对养殖蟹微孢子虫实施跟踪监测，加强预警；调节池塘生态，提高蟹免疫力。

（八）其他无脊椎水生动物病

2014 年，发病贝类、棘皮动物及水母等 12 种，监测到的贝类疾病 4 种，占总经济损失的 11%。疱疹病毒成为引起我国养殖贝类病害发生和大规模死亡的主要病原，目前感染贝类的疱疹病毒有两种，分别是感染双壳贝类的牡蛎疱疹病毒Ⅰ型和感染单壳贝类的鲍疱疹病毒。这两种病毒均隶属于疱疹病毒目，软体动物疱疹病毒科，但分属不同的属。近年来，我国在贝类疱疹病毒研究中取得了重要进展，揭示了牡蛎疱疹病毒Ⅰ型和鲍疱疹病毒的分子流行病学、发病特征及传播途径，建立了快速诊断技术，报道了牡蛎疱疹病毒Ⅰ型的全基因组序列，发现了新的分子变异证据，为贝类病害的防控奠定了基础。

1. 双壳贝类疱疹病毒病（Bivalvia Diseases Caused by Herpsvirus）

主要研究机构。中国水产科学研究院黄海水产研究所。

流行病学。双壳贝类疱疹病毒病包括牡蛎疱疹病毒Ⅰ型感染、扇贝急性病毒性坏死病等，分子流行病学研究和监测数据表明，中国目前存在多个双壳贝类疱疹病毒变异株，其中扇贝株和魁蚶株对我国双壳贝类养殖产业造成的危害较大。2010—2013 年间，每年双壳贝类疱疹病毒群体之间均呈现显著的分子变异。双壳贝类疱疹病毒在我国也存在显著的地域性差异（占分子总变异的 6.78%），但对分子总变异贡献小于时间特异性（82.02%）。

病原学。全基因组测序和比对分析结果显示，扇贝急性病毒性坏死病毒（AVNV）与牡蛎疱疹病毒（OsHV-1）为同一病毒种，根据疱疹病毒目病毒命名原则，后面统一称为牡蛎疱疹病毒。OsHV-1 是首个发现可以感染无脊椎动物的疱疹病毒，1997 年发现引起我国栉孔扇贝大规模死亡。对 OsHV-1 魁蚶株的组织病理学和透射电镜观察结果显示，核内病毒粒子直径为 109.92 ± 1.55nm，胞外病毒粒子直径 151.16 ± 1.24nm；受病毒感染的组织呈现结缔组织崩解、肝胰腺小管肿胀、染色质边集或浓缩等普通病变，同时还观察到疱疹病毒感染中经常出现的嗜酸性核内包涵体（Cowdry Type A intranuclear inclusion）。魁蚶株基因组全长 199 354bp，与 OsHV-1 参考基因组核苷酸序列相似度为 95.2%。对 2001—2013 年间采集和保存贝类样本感染 OsHV-1 的流行和株系分化情况研究后，发现我国分布的 OsHV-1 2010 年后发生了较强的株系分化。

诊断技术。基于环介导等温扩增技术，研制了 OsHV-1 的快速检测试剂盒。基于交叉引物等温扩增检测技术，研制了 OsHV-1 魁蚶株特异性的快速诊断方法。基于 OsHV-1 DNA 聚合酶基因关键功能结构域核苷酸序列，研制了适用于不同 OsHV-1 变异株的巢氏 PCR 检测方法。

防控技术。 贝类缺乏特异性免疫系统，同时又在开放式海区里养殖，这一特点极大地限制了疫苗和常规药物等病害防控手段，在双壳贝类各种病害防止过程中作用。目前对 OsHV-1 引起病害的主要防控主要依靠限制疫区与非疫区之间活体贝类的运输，切断病毒传播途径；控制养殖密度，改进养殖方式和开展贝藻混养等生态综合防控措施。

2. 鲍疱疹病毒病（Abalone Herpesviral Disease，AbHVD）

主要研究机构。 中国水产科学研究院南海水产研究所、厦门大学和厦门出入境检验检疫局等单位。

流行病学。 各种规格的鲍均可发病，死亡很快，病死率高。疾病与水温关系极为密切，当水温低于 23℃时，不同感染方式病毒感染时间不相同，低气温时节最早 11 月份，最晚出现在第二年的 2 月份，集中发生在水温较低的 1 月份前后（水温为 14～17℃），最严重的养殖场死亡率高达 100%，养殖成鲍和鲍苗全部同时死亡。病毒悬液注射感染组病程短，一般在 3～4d 内全部死亡；浸泡感染病程较长，一般在 10～15d 内全部死亡，说明病毒感染具有一定的潜伏期。2013—2014 年，对 AbHV 开展的流行病学调查研究显示，AbHV 流行开始于 9 月份或 10 月份，在 11 月份或 12 月份达到高峰期。病毒含量随季节温度变化有两个高峰期，分别在 17～19℃和 26～29℃。

病原学。 鲍疱疹病毒（AbHV）粒子大小为 100～130nm，一般存在于外套膜、肾、鳃及肠等组织间质细胞的细胞质中，为双层质膜所包裹，对紫外线较敏感。

致病机理。 AbHV 可感染杂色鲍体内各种组织，如腹足、外套膜、鳃、肾、消化道等，导致出现严重病变。侵染首先引起细胞器病变，如内质网扩张、线粒体变性、溶酶体分解，导致细胞出现自溶萎缩、坏死，细胞核核膜疏松、溶解、消失，核内染色质边缘化，进一步导致细胞及组织广泛受损，进而引起正常机能的丧失。组织病理切片可见患病的杂色鲍明显的组织病理变化，各种组织中出现空泡化，最后导致病鲍死亡。

诊断技术。 病料样品超薄切片，电镜下可见球状病毒。已建立 AbHV 荧光定量 PCR 技术和原位杂交技术。

防控技术。 优化养殖生态环境，强化养殖池管理等是当前主要预防办法。次氯酸钙、Buffodine 和非离子表面活性剂可以灭活 AbHV。

（九）宠物疫病

本节总结了弓形虫病、钩端螺旋体病和犬流感等 7 种犬、猫宠物传染病近两年的研究进展，明确了国内流行特点和优势基因型或血清型，建立起了免疫胶体金检测、ELISA 和荧光定量 PCR 技术等快速诊断技术，开展了反向遗传修饰活疫苗、核酸疫苗和基因工程亚单位疫苗等新型疫苗的研究。目前对于这些宠物疫病，多已开发出了对应的商品化疫苗以用于免疫预防。

1. 犬细小病毒性肠炎（Canine Parvovirus Enteritis）

主要研究机构。中国农业科学院长春兽医研究所、青岛农业大学、华中农业大学、中国农业科学院特产研究所、北京畜牧兽医研究所、东北农业大学、四川农业大学等单位。

流行病学。中国目前流行的犬细小病毒（Canine parvovirus，CPV）的流行毒株主要为 new CPV-2a/2b 型。

病原学。全国不同地区分离毒株的全基因组序列分析结果表明：不同病毒型间可发生基因重组，VP2 基因与 NS1 基因的遗传进化关系不完全相同；建立了 CPV 反向遗传操作系统；调查了犬细小病毒在自然感染犬体内的分布情况。

诊断技术。建立了免疫胶体金检测试纸、改良的血凝-血凝抑制试验（HA-HI）、通用/鉴别 PCR、荧光定量 PCR、乳胶凝集试验、直接免疫荧光检测技术和间接 ELISA 抗体检测技术等简单、快速、准确的检测平台。

防控技术。开展了基因重组活载体疫苗（CAV2-VP2）、病毒样颗粒疫苗、犬长效干扰素、治疗性单克隆抗体和高免血清等研究。

2. 犬瘟热（Canine Distemper）

主要研究机构。中国农业科学院长春兽医研究所、青岛农业大学、华中农业大学、中国农业科学院哈尔滨兽医研究所、特产研究所、北京畜牧兽医研究所、东北农业大学、四川农业大、东北林业大学等单位。

流行病学。国内流行的 CDV 野毒株主要属于 Asia 1 型，病毒的宿主范围已扩大至狐狸、水貂、貉子以及大熊猫科的大熊猫。

病原学。分离获得了狐狸、水貂、貉以及大熊猫源犬瘟热病毒强毒株；发现了大熊猫犬瘟热病毒强毒株 giant panda/SX/2014 H 蛋白与其他 Asia 1 型 CDV 强毒株的 6 个氨基酸变异，其中包括位于 CDV 受体 CD150/SLAM 结合区域的 Y549H；发现了犬瘟热感染引起 SLAM 受体表达上调；建立了犬瘟热病毒强毒株 TM-CC 反向遗传操作系统；建立了稳定表达犬、猴和人 SLAM 受体的 Vero 细胞系和 BHK-21 细胞系，调查了犬瘟热病毒在自然感染犬体内的分布情况。

诊断技术。建立了免疫胶体金检测、Taq Man 实时荧光定量 RT-PCR、区分疫苗株和野毒株的 RT-PCR-RFLP、间接 ELISA 等简单、快速、准确的检测方法。

防控技术。开展了反向遗传修饰活疫苗、人 5 型腺病毒重组活载体疫苗（rAd5-CDV-H）、基因工程亚单位疫苗、病毒样颗粒疫苗、犬长效干扰素、单克隆抗体和高免血清等研究。

3. 猫泛白细胞减少症（Feline Panleucopenia）

主要研究机构。中国农业科学院长春兽医研究所、青岛农业大学、东北林业大学、广东省农业科学院动物卫生研究所等单位。

流行病学。监测数据表明：我国家猫、虎、狮等猫科动物的 FPV 血凝抑制（HI）抗体效价普遍在 1∶8 以上。感染主要发生于 12 月龄以下的小猫，2～5 月龄的幼猫更易感。发现 FPV 变异株可以感染猴和大熊猫。

病原学。分离自家猫、虎、狮的近 30 株 FPV 的 VP2 基因序列比较分析表明，其关键位点氨基酸没有发生变异。但来自猴和大熊猫的 FPV VP2 的个别关键氨基酸位点发生突变，并与 CPV 非结构蛋白发生重组现象，可能是导致 FPV 跨种感染大熊猫和非人灵长类的重要原因。

诊断技术。建立了包括抗原/抗体免疫金标检测试纸、改良血凝-血凝抑制（HA-HI）试验、直接免疫荧光检测技术、通用/鉴别 PCR 诊断方法等简、快、准的细小病毒分析鉴定平台。其中，改良血凝-血凝抑制（HA-HI）试验方法，采用醛化-冻干方法制备猪红细胞，4℃条件下储存时间达 6 个月以上，彻底解决了鲜猪红细胞难以储存的问题。

防控技术。该病只有 1 个血清型，疫苗接种有良好的预防效果。开展了猫瘟热活载体疫苗（CAV2-VP2）、核酸疫苗和病毒样颗粒疫苗实验免疫研究、特异性治疗单克隆抗体和长效干扰素研究。

4. 弓形虫病（Toxoplasraosis）

主要研究机构。中国农业科学院长春兽医研究所、中国农业大学、中国农业科学院兰州兽医研究所、华中农业大学、浙江大学、南京农业大学、吉林大学等单位。

流行病学。抽样检测表明，我国宠物犬弓形虫血清抗体阳性率范围在 3%～20%，猫血液弓形虫 DNA 阳性率 25%，鹦鹉等观赏鸟类血清抗体阳性率在 8%～11%。

病原学。基因型分析表明，我国宠物猫弓形虫基因型多属于 ToxoDB♯9，观赏鸟基因型多属于传统的基因 II 型虫株。运用基因敲除技术构建基因缺失株，开展弓形虫 MAPK、CK1、CDPK 等基因功能研究。建立了弓形虫 CRISPR/Cas9 遗传操作技术。利用酵母双杂交技术鉴定了弓形虫 MIC2 宿主互作蛋白。进行了不同基因型虫株的蛋白质组分析。

诊断技术。建立了基于重组抗原 GRA7 的犬猫弓形虫抗体 ELISA、抗原/抗体胶体金免疫层析试纸条、LAMP 技术（LAMP）、半巢式 PCR 等新型检测方法。鉴定了小鼠感染弓形虫血浆特异性 microRNA，可作为弓形虫感染早期诊断标记物。

防控技术。构建了多种弓形虫 DNA 疫苗，以减毒沙门氏菌、卡介苗为载体，构建了弓形虫重组活载体疫苗，并进行了免疫保护试验。鉴定了 SAG1，GRA1，

GRA4 的 B 细胞表位。核酸疫苗佐剂 B7-2、α 半乳糖神经酰胺可作增强免疫保护效果。白介素 IL-21 和 IL-15 可协同增强 DNA 疫苗的保护作用。弓形虫重组抗原肌动蛋白、蛋白质二硫键异构酶、天冬氨酸蛋白酶 1 等在小鼠可诱导对弓形虫的免疫保护作用。

5. 钩端螺旋体病（Leptospirosis）

主要研究机构。吉林大学等单位。

病原学。对强毒力、中等毒力和无毒力株三种不同毒力的钩体进行转录组测序，发现了上百个差异表达的基因。探索了 sRNA 对钩体相关毒力因子及新陈代谢相关基因的转录后调控机制。发现了在耐受动物和易感动物感染钩体后，体内 TLR2 和 TLR4 的表达存在差异，表明钩体产生的免疫逃避与其引起不同宿主的差异免疫应答密切相关。

诊断技术。建立了犬钩端螺旋体病 PCR 和荧光定量 PCR 诊断方法，并组装成快速高效诊断的试剂盒，结果显示，其对钩体诊断的灵敏程度可达 1 条。

防控策略。开展了灭活疫苗以及弱毒疫苗研究。此外，构建了钩体的亚单位和 DNA 疫苗并通过模型动物实验得到了良好的免疫效果，对抵抗同型钩体感染能力较好。对不同剂量的头孢吡肟、尔他培南和诺氟沙星进行存活率，病原清除率以及组织损伤情况进行了比较与分析，发现头孢吡肟具有良好的疗效，可作为临床治疗钩体病的候选药物。

6. 腺病毒病（Adenoviruses Disease）

主要研究机构。中国农业科学院长春兽医研究所、华中农业大学、成都军区疾病预防控制中心等单位。

流行病学。抽样检测表明，农村流浪犬或家养犬腺病毒中和抗体阳性率较低，为 16%，而城市犬腺病毒中和抗体阳性率高达 69%，说明城乡犬只犬腺病毒中和抗体存在明显差异。证实了大熊猫可感染犬腺病毒。

病原学。犬腺病毒分两个血清型，犬腺病毒 1 型即犬传染性肝炎病毒，2 型为犬传染性喉气管炎病毒，全基因组研究得较为清楚。

诊断技术。目前犬腺病毒的诊断技术有病毒分离、微量补体结合试验、微量血凝和血凝抑制试验、琼脂扩散试验、中和试验、荧光抗体技术和分子生物学诊断，利用聚合酶链反应（PCR）扩增产物的大小不同，可以将 CAV-1 和 CAV-2 区别开来。还有核酸探针和荧光定量 PCR 技术也可用于 CAV 的感染诊断。还建立了同时扩增犬瘟热、犬副流感病毒和犬腺病毒 2 型的多重 PCR 方法及犬传染性肝炎的 LAMP 快速检测方法。

防控技术。致弱的犬 2 型腺病毒能够同时保护动物抵抗犬 1 型腺病毒和犬 2 型腺病毒的感染，因此目前世界上所用的犬腺病毒疫苗大都用犬 2 型腺病毒代替犬 1 型腺病毒，其免疫性和安全性都很好。将犬腺病毒与犬瘟热病毒等组合成联苗（二联、三联、五联苗等），各疫苗毒株间未发现存在明显的免疫干扰现象。由于现有的防控技术较为有效，因此本病发病率很低。

7. 犬流感（Canine Influenza）

主要研究机构。 中国农业科学院长春兽医研究所、华南农业大学、中国农业大学、北京中海生物科技有限公司等单位。

病原学。 目前我中国不同实验室收集获得的不同亚型的CIV超过40株。病原分离和研究表明：从我国犬群中分离的流感病毒有5个亚型，分别是H1N1、H3N2、H5N1、H5N2和H9N2，其中以H3N2亚型为主要流行毒株。

血清学。 宠物犬群中的H3N2的阳性率在5%～10%之间，而流浪犬和活禽交易市场中的犬群的血清阳性率相对比较复杂，除了H3N2阳性外，还存在个别的H9N2、H5N1和H10N8的阳性样本的发现，但并没有发现H7N9的阳性样本的血清。

致病性。 实验证明，H3N2亚型犬流感病毒能够在犬只之间通过接触传播。猫对CIVH3N2易感，接种的猫有较高滴度的排毒，并且能传播给同居阴性猫。H5N1亚型流感病毒人工感染犬实验发现，犬被接种感病毒后的2d内，表现出结膜炎和短暂的体温升高，但除此之外，观察期内未表现出其他临床症状；鼻腔中检测到少量病毒或者检测不到病毒；接种犬出现血清阳转；该病毒不能在犬只之间进行传播。H5N2亚型流感病毒人工感染犬实验发现，感染犬表现出轻微的临床症状，并能向外界分泌病毒，观察期内犬发生血清阳转，并且该病毒可在犬与犬之间接触传播。通过感染试验发现，2009年甲型H1N1流感病毒能够感染犬，并表现出轻微的临床症状，但不能在犬只之间有效传播。开展了H9N2亚型流感病毒家犬感染实验，证明家犬感染后，病毒能够感染家犬并在家犬体内有效复制，并引起中度肺炎。

诊断技术。 建立了直接快速免疫组化检测方法（dRIT，检测抗原）；建立了检测CIV核酸的RT-PCR和实时RT-PCR诊断方法；建立了检测CIV中和抗体的荧光抗体病毒中和试验（FAVN）、竞争ELISA方法和双抗夹心ELISA方法等。

防控技术。 目前正在研制CIV重组犬腺病毒载体和杆状病毒亚单位疫苗等新型疫苗。

（十）野生动物疫病

中国农业科学院长春兽医研究所、哈尔滨兽医研究所，中国农业大学、东北林业大学、中国科学院动物所和国家林业局野生动物疫源疫病监测总站等单位研究发现：野生动物狂犬病呈明显的遗传多样性，尚无有效的监测手段和口服诱饵疫苗；证据表明野鸟是流感病毒天然的贮存库和基因库，我国在2013年开展了野鸟禽流感监测并发布了预警信息；大熊猫感染的犬瘟热病毒为 Asia 1 型，已建立核酸和抗体检测方法，但缺乏熊猫专用疫苗；羊传染性胸膜肺炎 2012—2013 年在西藏那曲的藏羚羊中首次暴发，病原与家羊分离株相近；多种野生动物布鲁氏菌病阳性率较高，如川西北高原旱獭 11%，新疆塔里木马鹿 36.35%，巴州牦牛 14.59%，病原为牛种、羊种和犬种。

1. 野生动物狂犬病（Wild Animal Rabies）

流行病学。在我国已发现鼬獾、蝙蝠和狐狸感染狂犬病病毒的情况。这些动物狂犬病分布有地域特征，鼬獾狂犬病主要流行于浙江、江西和安徽三省，而且导致了人的发病死亡。吉林通化地区的蝙蝠携带相关病毒（伊尔库特病毒）。狐狸狂犬病目前只在内蒙古和新疆的边境地区流行，是当地家畜狂犬病流行的主要传播来源。

病原学。我国野生动物中流行的狂犬病病毒呈明显的遗传多样性，大多不同于犬源流行毒株。鼬獾狂犬病病毒与犬源毒株分属不同的遗传进化分支。吉林通化蝙蝠中发现的狂犬病病毒是伊尔库特病毒，与俄罗斯远东地区流行的同种病毒亲缘关系较近。内蒙古和新疆的边境地区流行的狂犬病病毒属于草原型毒株，与蒙古、俄罗斯和哈萨克斯坦流行的毒株亲缘关系较近。

防控技术。我国具备野生动物狂犬病的实验室诊断与检测能力，但野生动物狂犬病防治工作十分薄弱，一是监测工作很少开展，难以全面掌握流行与分布；二是用于免疫的口服诱饵疫苗尚未研制成功。

2. 野生动物禽流感（Wild Animal Avian Influenza）

流行病学。在我国，野鸟禽流感病毒（AIV）携带率约为 0.38%，秋季感染率高于春季。拭子和粪便（环境）样品中 AIV 分离率高于组织样品分离率。野生鸟中 H3、H4 亚型 AIV 为优势流行毒株，但野鸟携带高致病性 H5 亚型 AIV 的比例较高（17.5%）。近年来，还发现了野鸟携带家禽中尚未发现的 H13 亚型 AIV，并且经野鸟在全球范围内传播。发现 H5N6 亚型高致病性 AIV 已具备类似 H5N1 病毒一样在全球范围内传播的能力。此外，还发现了 H5N6 亚型高致病性 AIV 对猫的感染、H9N2 亚型在高原鼠兔中流行以及甲型 H1N1 亚型流感病毒对大熊猫的感染。

病原学。开展了病原基因组分析与致病性评价，发现野生动物源 AIV 存在禽/猪或禽/人或三者基因重组现象，证明野鸟是流感病毒天然的贮存库和基因库，为不同亚型或不同宿主的流感病毒提供基因片段；发现野生动物源 H5N1、H5N8、H4N6、H3N2、H7、H9N2 亚型病毒毒株对小鼠均有不同程度的致死性，其中 H5N8 的致死率达 100%，其余 H3 和 H6 亚型的病毒虽然能使小鼠感染，但并无特别的临床特征，提示源于野鸟的病毒已不需要适应就可能直接感染哺乳动物；受体结合能力分析发现 H3 亚型病毒具有人流感病毒受体结合特性，H7、H9 亚型也具有一定的人样流感病毒受体结合能力。

防控技术。重点监测与及时预警是野生动物禽流感防控工作的重点。2013以来国家林业局组织开展了大规模野鸟禽流感病毒监测，发现了 H5N8 和 H5N6 亚型高致病性禽流感病毒在野鸟中的传播规律，并及时发布了预警信息。如 2013 年秋季，首次在野鸟中监测到 H5N8 亚型高致病性禽流感病毒，2014 年春季韩国和日本相继发生了疫情，随后病毒传播到欧洲和北美，进一步证明及时监测是禽流感疫情预警的重要前提。

3. 大熊猫犬瘟热（Giant Panda Canine Distemper）

流行病学。与感染动物近距离接触是大熊猫感染犬瘟热病毒的主要原因，但传播来源不明。

病原学。感染大熊猫的犬瘟热病毒（CDV）为 Asia 1 型，与其他同型 CDV H 蛋白相比，共有 6 个氨基酸发生了突变，其中一个位于 CDV 受体 CD150/SLAM 结合区域。推测系列变异导致病毒对大熊猫等野生动物更具有感染性。

防控技术。建立了 CDV RT-PCR 检测方法和用表达绿色荧光蛋白的重组 CDV 建立了中和抗体检测方法。正在开展 CDV 反向遗传修饰活疫苗和病毒样颗粒疫苗等新型疫苗研究。目前缺乏熊猫专用的 CDV 疫苗，其他动物用 CDV 疫苗用于熊猫存在明显的安全性问题。

4. 藏羚羊山羊传染性胸膜肺炎（Tibetan Antelope Cotagious Caprine Pleuropneumonia）

流行病学。2012—2013 年，西藏那曲地区藏羚羊首次暴发由山羊支原体山羊肺炎亚种（Mccp）引起的大规模藏羚羊山羊传染性胸膜肺炎（CCPP）疫情，造成大批藏羚羊死亡，涉及藏羚羊等 2 亚科、4 属（种）、2 869 只野生小反刍兽死亡，涉及 4 个县、10 个乡（镇）的 26 处疫点。流行特点分析表明，藏羚羊的种群死亡率最高达 18.92%，其死亡数（2 648 只）占比为 91.54%。发现生态环境改变是导致该疫情流行的主要原因。

病原学。发现引起藏羚羊山羊传染性胸膜肺炎的 Mccp 与家羊分离株间的序列同源性较高（99.3%～99.7%），与非洲和亚洲的 Mccp 分离株属于同一进化分支。

防控技术。目前正在开展野生动物 CCPP 流行病学调查、风险评估、口服疫苗等科研攻关。

5. 野生动物布鲁氏菌病（Wild Animal Brucellosis）

流行病学。发现野生动物如野牛、野鹿、羚羊、野猪等对布鲁氏菌都易感。熊、狼、狐狸等以及野兔、小家鼠、黑线姬鼠、蝉、鳕、海豹、海豚等亦可感染。这些动物长期带菌或机械传播，可造成自然疫源地，成为地区间生物相互传染流行的因素。对川西北高原地区野生旱獭的阳性率可达 11%。新疆塔里木地区马鹿阳性率为 36.35%。新疆巴州地区的牦牛阳性率为 14.59%。北极狐、银黑狐、彩狐、貉、貂

0.28%～0.16%，上述流行病学资料表明我国野生动物的布鲁氏菌病广泛存在。

病原学。发现野生动物中存在牛种、羊种和犬种布鲁氏菌。

防控技术。开展了标记疫苗和菌壳疫苗研究。

6. 其他野生动物疫病

中国科学院动物所首次发现了脑心肌炎病毒对虎的致死性感染。中国农业科学院长春兽医研究所发现了猫疱疹病毒和猪伪狂犬病毒对华南虎的感染，以及弓形虫对大熊猫的感染。吉林农业大学发现犬新孢子虫在驯养梅花鹿中的抗体阳性率达13.6%以上。在野生动物疫病防控方面，主要是针对性的疫苗研究，哈尔滨兽医研究所研制出了无毒型狂犬病病毒活载体疫苗，有望用于研制野生动物口服诱饵疫苗。中国农业科学院长春兽医研究所正在开展基于病毒样颗粒系统的新型疫苗研究。

（十一）人畜共患病

本节总结了狂犬病、布鲁氏菌病、牛结核病、包虫病、血吸虫病等11种人畜共患病的研究进展，该11种人畜共患病多已明确了国内的地域分布、种间分布及流行规律。建立了狂犬病基因芯片分型诊断方法、胶体金试纸条和FAVN-eGFP等血清学新型检测方法，成功研制出狂犬病基因重组疫苗；建立了布鲁氏菌病荧光偏振试验、补体结合酶联免疫吸附试验等新型诊断技术，开发出bp26、VirB基因缺失的标记疫苗；开发的牛分支杆菌ELISA抗体检测试剂盒已获新兽药注册证书，制定了牛结核检测IFN-γ体外释放法国家标准，牛结核检测IFN-γ体外释放法试剂盒获临床试验批文；成功建立了猪链球菌PCR快速分型诊断方法，构建了针对猪链球菌2型和马链球菌兽疫亚种的重组猪痘病毒活载体疫苗；成功建立了rSjPGM-ELISA家畜血吸虫病诊断新技术；研制出包虫病Sandwich ELISA诊断试剂盒；对寄生虫类人畜共患病开展了药物治疗研究。

1. 狂犬病（Rabies）

主要研究机构。中国农业科学院长春兽医研究所、华中农业大学、华南农业大学、广西大学和中国疾病预防控制中心等单位。

流行病学。狂犬病主要分布在人口密集的南方地区，其次为东部和西部地区，东北省份较少发生狂犬病疫情。感染犬是我国人和动物狂犬病最主要的传播来源，其中95%的人狂犬病均是由患病犬咬伤、舔舐破损的皮肤所致。狂犬病易感动物包括犬、猫、牛、羊、猪、骆驼等家畜和狐狸、蝙蝠等野生动物。其中患病犬是我国内地家畜狂犬病的主要传播来源。近年来，野生动物狐狸群中狂犬病的流行，已经成为新疆和内蒙古等地区家畜狂犬病的重要传播来源。

病原学。我国流行毒株主要是经典狂犬病病毒（RABV）和近年来从东北分离的伊尔库特病毒（IRKV），其中我国所有的犬、猫等家养动物与鼬獾、狐狸等野生动物体内的流行毒株均为 RABV，IRKV 只在蝙蝠中传播，尚未对人和其他动物构成明显威胁。我国 RABV 可以分为 4 个进化群，即亚洲 1 群、亚洲 2 群、北极相关群和世界群。其中亚洲 1 群和亚洲 2 群 RABV 是我国狂犬病流行的主要进化群，北极相关群 2007 年首次在我国内蒙古貉体内分离，近年来该群病毒已在青海、西藏和黑龙江等省传播流行；世界群草原型 RABV 于 2013 年首次发现在我国内蒙古和新疆等省份传播流行，主要来源是狐狸等野生动物。现有狂犬病疫苗对狂犬病病毒属 RABV 和 IRKV 均能产生交叉保护作用。

致病机理。发现狂犬病病毒感染后可以通过诱导一系列细胞因子和趋化因子的产生，从而降低紧密连接蛋白的表达量，增加血脑屏障的通透性。此外，还进一步发现由于狂犬病病毒感染后引起 CXCL10 的表达上调，导致炎性细胞浸润，从而活化一系列细胞因子和趋化因子，增加血脑屏障通透性。

诊断技术。病原学诊断方面，建立了符合 OIE 标准的荧光抗体染色技术（FAT）、直接快速免疫组化检测方法（dRIT）、套式 RT-PCR 和实时 RT-PCR 诊断方法。血清学检测方面，建立了符合 OIE 标准的荧光抗体病毒中和实验（FAVN）、快速荧光灶抑制试验（RFFIT）和 ELISA 方法。目前 FAT、套式 RT-PCR、实时 RT-PCR、基因芯片方法和 FAVN 均已成功通过欧盟比对实验验证。这些诊断技术有的已经推广应用，有效地解决了狂犬病的实验室诊断。新技术研发方面，建立了用于狂犬病病毒属成员基因分型的基因芯片方法；分别用于狂犬病病毒病原和抗体检测的胶体金试纸条；比传统 FAVN 方法更加方便快捷、安全的 FAVN-eGFP 血清学检测方法等。

疫苗研发。目前我国已有 5 种国产兽用狂犬病灭活疫苗批准上市，基本能满足动物狂犬病防控工作需要。此外，还有 4 种进口兽用狂犬病灭活疫苗获批。在新型疫苗研发方面，利用反向遗传操作技术拯救获得点突变的 SAD 株和双 GHEL-FLARY 株，制备了重组疫苗，目前正在进行该疫苗产品的推广和产业化。在口服疫苗研发方面，利用反向遗传操作技术拯救获得可以表达 GM-CSF 的重组狂犬病病毒，该重组病毒可以通过激活树突状细胞和 B 细胞来刺激机体产生更高水平的病毒中和抗体，从而使免疫后的动物得到 100% 的保护。

2. 布鲁氏菌病（Brucellosis）

主要研究机构。中国兽医药品监察所、中国动物卫生与流行病学中心、哈尔滨兽医研究所、中国动物疫病预防控制中心、新疆畜牧科学院兽医研究所、中国农业大学、华南农业大学、石河子大学、军事医学科学院微生物流行病研究所、军事医学科学院疾病预防控制所、吉林大学、内蒙古农业大学、扬州大学等单位。

流行病学。流行病学调查表明，北方牛羊养殖主产区的家畜布鲁氏菌病严重流行，个体阳性率为 2%～11.05%，有些地区群阳性率高达 82.76%；南方地区，个体阳性率也在升高,个别群阳性率为27.03%,偏远地区出现较多的疫点。牛种布鲁氏菌病全国存在,北方比南方严重,羊种布鲁氏菌病以黄河以北为主,猪种布鲁氏菌病主要在西南地区。明确畜种间存在病原跨畜种交叉感染现象。以繁殖季节流行为主。

病原学。临床分离到几百株布鲁氏菌,流行菌株为羊种1、3型,牛种1、3、7型,猪种3型及犬种布鲁氏菌。其中从人体分离到的布鲁氏菌90%以上为羊种菌,表明羊种菌是人布鲁氏菌病的主要病原菌,感染布鲁氏菌的羊是造成布鲁氏菌病公共卫生问题的主要根源。在菌株的鉴定技术方面,分子生物学方法得到了广泛研究与应用。包括DNA-probes、PCR、Real-time PCR、16S rDNA鉴定、PCR-RFLP、单核苷酸多态性分析(SNP)、脉冲场凝胶电泳(PFGE)、多位点序列分型(MLST)、多位点串联重复序列分析(VNTR/MLVA)、LAMP等,大大丰富了布鲁氏菌鉴定技术。

致病机理。有关致病机理的研究,主要集中在分子水平和基因水平的研究上。研究了BP26、Omp22、VirB、OMP25、OMP31、Hfq等布鲁氏菌主要蛋白的致病性,初步揭示了它们在布鲁氏菌侵染靶细胞中的作用、对细胞的毒性作用、免疫作用、对靶细胞基因转录水平的影响、对细胞自噬功能的影响等。研究进一步揭示了布鲁氏菌蛋白和脂多糖等成分,在布鲁氏菌感染和免疫方面,各自既有其特征性作用,又有相互间的影响与协调。许多成分既表现出毒性作用,又表现出免疫原性。

诊断技术。布鲁氏菌病诊断技术是近年发展比较快的领域。从应用方面讲,iELISA、cELISA诊断试剂盒已获得国家的使用批准,荧光偏振(FPA)试剂盒、胶体金免疫层析试纸条等商品化诊断试剂也在一些地方进行了应用研究。此外,一种新型的布鲁氏菌病诊断技术——补体结合酶联免疫吸附试验(CF-ELISA)也完成试验研究。开发bp26、VirB基因缺失的标记疫苗,建立用相应的抗原进行免疫与感染抗体鉴别诊断的ELISA方法等。

在布鲁氏菌病的综合防控技术中,抗体和病原检测技术的合理应用也极其重要。近年对检测技术的应用效果有许多评价性研究。结果显示,传统的虎红平板凝集试验依然是最适宜的筛选试验,试管凝集试验作为确诊试验并不理想。补体结合试验比试管凝集试验更适合作为确诊试验,但其操作难度较大,不易推广应用。iELISA、cELISA虽然已获得产品生产许可,但试剂的临床价值还需进一步评价。研究显示,荧光偏振试验、胶体金试验、补体结合酶联免疫吸附试验等新诊断技术具有应用前景,需进一步研究与评价。

防控技术。主要集中在通过蛋白基因的缺失或脂多糖合成相关基因的缺失,以降低或缺失菌株的毒力、免疫力变化。涉及的缺失蛋白基因和LPS合成相关基因包括:BP26、OMP22、OMP25、OMP31、OMP10、VirB、Hfq、L7/L12、ery,对LPS合成相关基因wboA、wzm、wzt、B0107缺失后作为疫苗候选菌株的可能性进行了研究。此外，在 DNA 疫苗、重组表达组分疫苗等方面也有研究。对传统疫苗 M5 缺失 bp26 基因，A19 疫苗缺失 VirB12 基因的研究已进入临床评价阶段，一些 LPS 基因缺失菌株、半粗糙型菌株，也作为候选疫苗在尝试进行临床效果的研究。脂多糖相关基因的缺失所构建的粗糙型疫苗可在血清学上与野毒感染彻底区分，但至今还没有获得免疫效力与传统疫苗相当的疫苗候选菌株，虽然美国批准过药物压力下变异的粗糙型疫苗 RB51，但其免疫保护率有争议。由此来看，要获得理想的、可鉴别免疫与感染的疫苗还有待进行更深入的研究。

3. 牛结核病（Bovine Tuberculosis，TB）

主要研究机构。华中农业大学、中国农业科学院哈尔滨兽医研究所、宁夏大学、扬州大学、中国动物卫生与流行病学中心、中国农业科学院北京畜牧兽医研究所、华南农业大学、中国农业大学、中国动物疫病预防控制中心、中国兽医药品监察所等单位。

流行病学。研究表明，我国奶牛及梅花鹿中牛结核病的感染情况较为严重。据调查，在东北、华北、西北、西南及华中地区 14 个省份历史上疫情较重的县，牛结核病的个体阳性率为 6.4%，群阳性率（herd prevalence）为 42.6%；阳性牛群中个体阳性率（head prevalence）≥10% 的牛群占 81.8%。对东北等省具有代表性的 4 个地区的 8 个梅花鹿场进行血清学调查显示，鹿感染牛结核病的阳性率为 19.21%。

病原学。研究表明，结核分支杆菌和牛分支杆菌对牛体具有类似的致病作用，梅花鹿主要感染牛分支杆菌，但也感染结核分支杆菌。

致病机理。牛分支杆菌的致病机理目前仍不完全清楚。以树突状细胞为模式细胞的研究发现，牛分支杆菌减毒株（卡介苗）感染树突状细胞后能诱导更高水平的 IL-12，TNF-α，RANTES 和 MCP-1 等 Th1 型细胞因子和趋化因子，更倾向于诱导 Th1 型细胞的分化，有利于产生免疫保护反应；而毒力型牛分支杆菌诱导产生了更高水平的 IL-1β 和 IL-23 等炎性细胞因子，倾向于诱导更多 Th17 和 Treg 型细胞的分化，有利于产生过度炎性损失和免疫抑制。通过比较结核阳性和阴性牛巨噬细胞表达谱的差异，发现中性粒细胞受到牛分支杆菌刺激后，发挥吞噬功能并启动抗菌程序，但并不能完全清除感染，反而在牛分支杆菌的刺激下以坏死的形式走向死亡；此外，自噬也参与中性粒细胞的杀菌过程。巨噬细胞模型研究结果显示，结核分支杆菌感染中，肺泡上皮细胞和巨噬细胞中的一种微 RNA（miR-124）和 TLR 信号可形成一个负反馈调控环，且 Wnt/β-catenin 信号对巨噬细胞抗结核分支杆菌感染具有免疫调控作用。

诊断技术。牛分支杆菌 ELISA 抗体检测试剂盒已获新兽药注册证书。制定了牛结核检测 IFN-γ 体外释放法国家标准，牛结核检测 IFN-γ 体外释放法的试剂盒获临床试验批文（批件号 2014051）。2013—2014 年间，国内针对结核分支杆菌的检测申报了 52 项专利，其中相当部分可用于牛分支杆菌的检测。

防控技术。因多种原因，牛结核的疫苗研究进展很慢，有专家正在进行增强型卡介苗、基因缺失苗等研究。

4. 猪链球菌病（Swine Streptococcosis）

主要研究机构。主要由南京农业大学、中国动物卫生与流行病学中心、华中农业大学等单位。

流行病学。持续监控我国猪链球菌病主要流行的菌株血清型，从多种动物的口腔或鼻腔黏膜拭子中分离到猪链球菌。在病死仔猪脑部分离到一株可致仔猪脑膜炎的猪链球菌新血清型，经进化树分析及血清学检测，确定该细菌不属于已知的猪链球菌 35 个血清型，暂定为 35 型。完成了国内传统流行毒株 ZY05719 株，新血清型（35 型）毒株和猪链球菌 9 型 SC070731 株的全基因组测序并绘制了基因组精细图。通过比较基因组学研究，在 SC070731 菌株基因组上发现其特有的 105K 毒力岛。

病原学。阐明了猪链球菌溶血素 SLY 在穿透宿主血脑屏障过程中依赖胆固醇激活 RhoA 和 Rac1 来重塑脑微血管内皮细胞（hBMEC）的细胞骨架，帮助细菌侵袭；发现腺苷合成酶在猪链球菌逃逸中性粒细胞介导的天然免疫中发挥关键作用；成功构建了用于突变表型筛选的猪链球菌转座突变体文库；首次鉴定出猪链球菌 sRNAs 并证实其对猪链球菌毒力的调控作用。

诊断技术。成功建立了针对猪链球菌 3、4、5、8、10、19、23 和 25 型的 PCR 快速分型诊断方法，与传统血清学检测方法相比，结果更客观，准确度大大提高；针对新发现的 35 型猪链球菌建立了血凝鉴定方法及多重 PCR 鉴定方法。

防控技术。成功构建了针对猪链球菌 2 型和马链球菌兽疫亚种的重组猪痘病毒活载体疫苗，实验室攻毒试验中对小鼠具有较高的保护率，两种疫苗现在均已进入生物安全评价的申报阶段，具有很好的应用前景。猪链球菌 2 型和马链球菌兽疫亚种的重组猪痘病毒活载体疫苗为我国猪链球菌病的防控工作提供了扎实的理论基础和技术储备，部分成果完成技术转化后将会成为临床应用中的重要工具。

5. 旋毛虫病（Trichinosis）

主要研究机构。吉林大学、中国农业科学院兰州兽医研究所、郑州大学、首都医科大学、东北农业大学、南京农业大学、厦门大学等单位。

流行病学。目前中国人旋毛虫病在 20 多个省份呈点状散发，推测感染人数达到4 000 万，其中云南、河南、湖北、西藏、四川、黑龙江和吉林为高发地区，尤以农村和少数民族发病人数最多。主要由于生食或半生食含旋毛虫的猪肉感染，其次为犬肉和野猪等野生动物肉感染。河南省抽样调查显示，散养猪感染率可达 10%，小型养殖场感染率为 3.3%。

病原学。通过 PCR-SSCP 和 RAPD 方法对旋毛虫基因组 18S rRNA、5S RNA 转

录间隔区基因序列分析证明，中国目前流行的旋毛虫虫种为 *T. spiralis* 和 *T. native*。*T. spiralis* 以感染猪为主，河南旋毛虫感染株为 ISS534，哈尔滨感染株为 ISS533，云南感染株为 ISS535。*T. native* 以感染犬为主，哈尔滨感染株为 ISS529、ISS530 和 ISS532，长春感染株为 ISS531。目前，旋毛虫 *T. spiralis* 基因组和转录组测序都已经完成，相关研究发现旋毛虫在转录水平可通过反式剪接和可变剪接形式增加蛋白表达多样性；同时发现了旋毛虫期特异性抗原基因表达 DNA 甲基化调控机制，改写了长期以来认为线虫不存在 DNA 甲基化表观遗传学调控机制的历史。

诊断技术。利用旋毛虫 NBL SS2-1、ZH68、Clp 和 Serpin 基因，成功建立了旋毛虫病无诊断盲区的免疫学检验与诊断技术。

防控技术。构建了旋毛虫 T626-55 和 Nudix 水解酶基因的减毒沙门氏菌疫苗，具有明显的免疫保护效果。分别利用 HSP70、P49、P43、P53、WN10 和 ZH68 基因构建了基因重组疫苗，可有效减少小鼠的荷虫量。目前旋毛虫病的治疗药物为阿苯达唑和甲苯咪唑，有效率在 95% 以上。

6. 华支睾吸虫病（Clonorchiasis）

主要研究机构。吉林大学、中山大学、中南大学、广西医科大学、东北农业大学等单位。

流行病学。本病在我国呈逐年上升趋势，主要集中于广东、广西、黑龙江、吉林和辽宁等生食鱼片的地区，其中广东和广西地区感染率可达 10%；广东省现有病例 500 多万，常住人口的人群平均感染为 6.33%；吉林和黑龙江地区感染率约为 5%，是全国流行区的 2 倍，成为全国的重灾区，推测目前全国感染人数约 1 500 万。鱼作为华支睾吸虫第二中间宿主，调查显示在广东、广西等南方部分地区以麦穗鱼和银飘鱼感染为主，感染率在 50% 以上；黑龙江和吉林地区以麦穗鱼为主，感染率在 20% 以上。

病原学。华支睾吸虫基因组草图已经绘制完成，同时发现并鉴定了多个在基因调控中发挥重要作用的 microRNA。利用序列相关扩增多态性（SRAP）和 RAPD 等方法通过对华支睾吸虫 ITS1、COX2、NAD3 核糖体基因序列分析，建立了鉴定华支睾吸虫基因组遗传变异、种系发生关系方法。初步阐明己糖激酶、甘油醛-3-磷酸脱氢酶、肌红蛋白、组织蛋白酶 C 和半胱氨酸蛋白酶等分子可能在华支睾吸虫生长发育和入侵宿主过程中起重要作用。

诊断技术。建立了华支睾吸虫特异性 IgG4 生物素-亲和素复合酶联免疫吸附法，利用重组华支睾吸虫半胱氨酸蛋白酶建立了特异性 IgY-ELISA 检测方法。

防控技术。在华支睾吸虫的高发区，化学药物治疗是防控的重点。目前应用的药物主要是吡喹酮和三氯苯咪唑，可以有效杀灭华支睾吸虫。青蒿琥酯或蒿甲醚对大鼠的华支睾吸虫感染模型也具有很好的疗效。

7. 弓形虫病（Toxoplasmosis，TP）

主要研究机构。 中国农业大学、华南农业大学、中国农业科学院北京畜牧兽医研究所、兰州兽医研究所、吉林大学、浙江大学、山东大学、复旦大学、昆明医科大学等单位。

流行病学。 对我国部分地区的家畜和家禽（牛、羊、猪、鸡、鸭、兔）、野生动物（麋鹿、牦牛、树鼩、大熊猫、喜马拉雅旱獭等）、宠物（犬、猫，包括流浪犬和猫）和海生动物（海豚、海狮、白鲸）等的弓形虫感染情况进行流行病学调查，明确了上述动物均存在不同程度的弓形虫感染。对规模化猪场和奶牛场进行了流行病学动态分析。从猫、猪等动物体内分离和鉴定出多株弓形虫，发现我国弓形虫分离株存在不同基因型，但以非典型居多。由于流浪猫的大量存在，环境中（饲养场、公园、校园等）普遍存在弓形虫污染。

近几年由于动物源性食品带虫率的增高，导致人感染的机会增加，弓形虫感染率（比 20 世纪 90 年代）上升了 45.2%，推测感染人数已达到 1 亿，平均感染率在 12% 以上，其中女性感染率 14% 以上，显著高于男性居民（10% 左右）。对东北地区的孕妇弓形虫感染率的调查显示，10% 以上孕妇是弓形虫携带者。抽样检测表明，中国猪弓形虫病的血清抗体阳性率平均在 20% 左右，奶牛弓形虫病的血清抗体阳性率平均为 10%，而犬、猫、牦牛、骆驼、马、绵羊、山羊、鸡、鹅、鸭、鸽、大鼠等动物的弓形虫血清抗体阳性率范围为 0~32.0%。其中广州地区家养猫的血清阳性率高达 70% 以上，带虫率高达 50%；东北部分地区散养鸡血清样阳性率高达 61.04%；吉林省猪弓形虫 PCR 检测阳性率为 30.0%，牛阳性率为 13.7%。我国犬的感染率 0.66%~40%，其中北京、上海、广州、武汉等犬弓形虫感染率为 13%~35%。检测东北地区野生动物虎的血清样本 95 份，其中阳性样本 24 份，阳性率为 25.26%。

病原学。 根据弓形虫对鼠的致病力强弱将弓形虫分为强毒株和弱毒株。根据虫体对不同宿主的感染力和基因组组成不同（RFLP），弓形虫主要分为 3 个基因型（Ⅰ、Ⅱ和Ⅲ）。我国猪、猫、绵羊、人源弓形虫虫株的基因型，多属于传统的Ⅰ型、Ⅱ型虫株。Ⅲ型则主要感染动物，致病力也较Ⅰ型弱。人类感染的虫株大多数属于Ⅱ型，比较常见的有 ME49 株等。另有一种广泛流行于北美洲、南美洲及亚洲的基因型（ToxoDB 9♯）。

诊断技术。 病原学检查主要包括染色法和分离培养法。筛选获得了多个具有诊断价值的弓形虫抗原，建立了多种检测弓形虫感染的方法。包括用于检测多种动物血清抗体或抗原的血清学诊断方法，特别是 IHA、AG-ELISA、SPA-ELISA，检测不同动物血清抗体的胶体金试纸条等；检测弓形虫特异性基因片段的多种 PCR（半巢式 PCR、荧光定量 PCR 等）、LAMP（LAMP）、双向电泳及质谱分析、间接免疫荧光、基于 CLINPROT 技术鉴定弓形虫感染的血清分子标志物、干扰素-γ 释放试验（IGRA）等弓形虫病诊断技术。目前，仅限于实验室应用。另有实验室正尝试利用外周血标识性 miRNAs 检测弓形虫病。

防控技术。在集约化猪场和牛场开展弓形虫病的防控研究，进行综合性的防控和净化措施的示范应用。开展了单纯中药治疗、中药复方制剂治疗以及中西药结合治疗等多种药物筛选和治疗方法的尝试，取得了一定进展。目前发现磺胺氯吡嗪钠疗效确实，将磺胺氯吡嗪钠与其他抗虫效果好的中药黄芩、甘草有机组合成复方制剂，既有抗弓形虫作用，又有提高宿主抗感染能力和提升免疫力的作用。

疫苗研发。建立了动物感染模型，从表面蛋白、分泌蛋白和其他功能蛋白中，筛选到多个具有疫苗应用潜力的功能蛋白。并进一步对其重组蛋白或核酸疫苗的免疫保护作用进行研究。构建了以减毒沙门氏菌疫苗和重组杆状病毒疫苗。制备了弓形虫代谢分泌抗原（E/SA）疫苗，在实验室水平上可有效保护免疫羊群。SAG2、SAG3 基因缺失疫苗株有可能成为疫苗候选虫株。

8. 包虫病（Echinococcosis）

主要研究机构。中国农业科学院兰州兽医研究所、北京畜牧兽医研究所，新疆医科大学、新疆畜牧科学院、石河子大学、兰州大学、内蒙古大学、甘肃农业大学、青海大学等单位。

流行病学。包虫病在中国的 23 个省、直辖市、自治区均有报道，发病面积占全国总面积的 86.9%，特别是西部的内蒙古、四川、西藏、甘肃、宁夏、青海、新疆、云南等西部地区的牧区和半农区，感染率均超过 20%，人的包虫病累计手术病例数超过感染居民的 0.2%，犬细粒棘球绦虫感染率超过 10%。目前，包虫病由于向农业区和城区扩散加快，并呈由西部和北部向东部和南部蔓延的趋势，因此江苏、河南、山西、陕西也是感染区。家畜平均感染率约 50%，其中牛为 55%、家犬、牧犬的成虫感染率在 15% 以上，绵羊感染率约为 50%，猪感染率约为 13%。宁夏家畜包虫病感染现况调查中，检查牛 2 851 头，患病率为 0.32%（9/2 851）；羊 10 512 只，患病率为 1.31%（138/10 512）。新疆塔城地区包虫病调查发现，包虫病患者 992 例，年均发病率 16.46/10 万，其中 2014 年发病率最低（12.77/10 万）。四川省甘孜州是包虫病高发区，受威胁人口高达 78.8 万，以牧业为主的县人包虫感染率达到 13.55%，患病率达到 9.54%。

病原学。建立了原头蚴体外培养模型，可人工调控原头蚴向成虫成囊方向的不同发育阶段发育。通过对细粒棘球绦虫 4 个发育阶段转录组基因测序，确定了不同发育阶段的相关基因，建立了细粒棘球绦虫转录基因组数据库。目前，已完成了猪带绦虫（美洲株）、细粒棘球绦虫、多房棘球绦虫和微口膜壳绦虫全基因组测序和比较分析，揭示了绦虫的适应性机理。

诊断技术。目前，通常以影像学和免疫学诊断技术相结合进行包虫病的确诊。已建立了细粒棘球绦虫粪抗原抗体夹心酶联免疫吸附试验（Sandwich ELISA）的诊断方法和 DNA Real-Time PCR 检测方法，研制出 Sandwich ELISA 诊断试剂盒。

防控技术。 预防干预方面，包虫病治疗的首选药物为苯并咪唑类药物。另外有奥苯达唑、吡喹酮或者联合应用依维菌素和阿苯达唑。疫苗方面，建立了人工感染细粒棘球绦虫实验犬模型，可提供足量病原体（虫卵）；建立了人工感染实验羊模型，确定了虫卵攻击剂量、发育时间、包囊判定等规范方法；羊棘球蚴（包虫）病基因工程亚单位疫苗已取得国家批准文号，适于未感染包虫阶段的羔羊。另外六钩蚴抗原疫苗保护率达到 99％、虫体粗抗原疫苗、重组蛋白疫苗（EG95、EgM、EgA31 和 Eg14-3-3）都有很好的免疫保护效果。另外，将 EgTrp 和 EgA31 两种重组蛋白联合使用，构成一种口服疫苗，用于抵抗犬细粒棘球蚴病，结果发现免疫犬产生了抗 Eg 成虫的免疫保护效果，其荷虫量减少 70％～80％，并减缓了虫体发育的速度。

9. 血吸虫病（Schistosomiasis）

主要研究机构。 中国农业科学院上海兽医研究所、中国疾病预防控制中心寄生虫病预防控制所、武汉大学、南京医科大学、华中农业大学、吉林大学等单位对本病开展了持续监测与研究。

流行病学。 截至 2013 年年底，全国共有血吸虫病流行县（市、区）454 个，流行县（市、区）总人口 2.49 亿人；共有血吸虫病流行村 30 352 个，流行村总人口6 905.09 万人。截至 2013 年年底，全国推算血吸虫病人 184 943 例，主要分布在江西、湖北、湖南、安徽 4 个湖区省份，占全国血吸虫病人总数的 96.34％（178 180/184 943）。2013 年全国报告急性血吸虫感染病例 9 例，较 2012 年减少 4 例；现存晚期血吸虫病病例 29 796 例，当年发现 911 例，死亡 1 700 例。2013 年，全国共有钉螺面积 365 468.00hm^2，其中新发现钉螺面积 287.28hm^2，感染性钉螺面积 9.25hm^2。全国血吸虫病流行区现有存栏耕牛 962 065 头，检查发现血吸虫感染病牛 633 头。调查表明湖沼型流行区主要感染与传播季节为每年的 3～12 月份，云南大山区为每年5～9 月份的耕作季节。洞庭湖和鄱阳湖地区是家畜血吸虫病防控的重点。

病原学。 在我国流行的主要为日本血吸虫，用序列相关扩增多态性（SRAP）等技术对日本血吸虫进行基因组遗传变异、种系发生关系进行研究，建立了日本血吸虫溯源检测方法。利用高通量蛋白质组学发现幼虫和成虫体被表膜上差异表达的蛋白，对血吸虫存活、生长和繁殖的研究具有重要意义。利用 miRNA 芯片获得了多个与血吸虫感染和寄生相关的宿主循环性 miRNAs 分子。通过测序获得在正常发育雌虫与发育阻碍雌虫中差异表达的多个 miRNAs 分子，并对其功能进行了初步研究。鉴定了日本血吸虫 5 个 Wnt 配体和 4 个 Frizzled 受体。实验证实血吸虫体内存在 Wnt 信号通路，分析了 Wnt 信号通路对血吸虫生长发育的调节作用。实验证实日本血吸虫存在类似哺乳动物线粒体通路等凋亡通路。不同宿主和不同宿主来源血吸虫细胞凋亡相关基因的差异表达是影响血吸虫生长发育的重要因素。

诊断技术。建立了以日本血吸虫二价表位重组抗原 pGEX-Sj23-SjGCP 为诊断抗原的 ELISA 诊断技术。采用免疫蛋白组学技术筛选获得多个有应用潜力的家畜血吸虫病诊断抗原分子，建立了敏感、特异的 rSjPGM-ELISA 家畜血吸虫病诊断新技术。

防控技术。利用免疫学方法筛选出多种候选诊断抗原，并从 ES 抗原或被膜蛋白中筛选到多个疫苗候选分子。克隆和表达了十多个日本血吸虫抗原基因并对这些重组抗原以及相应核酸疫苗的免疫预防效果进行了评估，比如针对日本血吸虫磷酸丙糖异构酶这一疫苗候选分子，构建了一种新型的日本血吸虫病疫苗-重组腺病毒疫苗，建立了一种新型的、具有较高免疫保护效果的日本血吸虫病的重组腺病毒疫苗免疫策略。研制了具有缓释作用的高浓度吡喹酮注射剂和透皮剂；在血吸虫病疫区设立多个防控示范点，开展了家畜血吸虫病综合防控技术的示范与推广。强化查治，特别是增加重点畜群的普治频次可能是今后进一步降低疫情、实现国家中长期防治规划目标的最有效的措施。

10. 新孢子虫病（Neosporosis）

主要研究机构。中国农业大学、吉林大学、新疆农业大学、延边大学等单位。

流行病学。应用地方虫株重组蛋白 NcSRS2t 作为包被抗原建立了 rELISA 方法，对新疆 16 个地区 41 个牛场所采集的 1 613 份牛（牦牛）血清进行了血清学检测，共检出新孢子虫病阳性血清 212 份；其中具有流产史的奶牛新孢子虫病感染率为 20.4%；不同地区的感染率为 4.0%～41.0%，平均感染率为 13.1%。我国新孢子虫的感染率在 5.7%～43.4% 之间，此外，新孢子虫还可对牦牛造成感染，我国的牦牛感染率为 2.2%。

我国奶牛新孢子虫的感染情况较为普遍，有流产史的母牛与新孢子虫血清抗体阳性密切相关，说明奶牛群中垂直传播是新孢子虫主要感染途径，确认了新孢子虫感染是奶牛流产的重要原因，为新孢子虫病的防控提供了重要的参考依据。对不同地区的家畜（奶牛、肉牛、水牛、绵羊、山羊）、野生动物（麋鹿、牦牛、狐狸）、宠物（犬、猫）和海生动物（海狮、海豚及白鲸）进行新孢子虫血清抗体检测，结果显示，多种动物均存在不同程度的新孢子虫感染。确认我国流产胎牛和流产胎羊体内存在新孢子虫。

病原学。成功从新孢子虫抗体阳性牛体内分离获得两株牛源新孢子虫北京株和吉林株，与国外报道的多个虫株差异不显著。比较研究了两个分离株与标准株 Nc-1 的生物学特性。完善了新孢子虫的体外细胞培养系统。建立了新孢子虫感染小鼠、沙鼠和犬的动物模型，对在其体内的发育过程进行了研究。

垂直传播是我国奶牛场新孢子虫病流行的主要途径，目前国内尚未成功地从其他动物体内分离到虫株。

开展了新孢子虫功能蛋白的筛选、鉴定及其作用机制的研究。筛选出新型犬新孢子虫抗原蛋白；初步建立了新孢子虫基因调控平台，先后对新孢子虫表面蛋白、微线蛋白、致密颗粒蛋白、棒状体蛋白以及脂肪酸代谢关键酶、核糖体磷蛋白 P0 等开展了表达、定位和功能研究。发现 MIC3 是新孢子虫与弓形虫的交叉抗原；对 MICs 蛋白及其作用方式进行初步解析；对 ROPs 蛋白在虫体发育中的功能及其在致病性中的重要作用进行系统研究，预测 ROPs 和 GRAs 蛋白是影响新孢子虫致病性的重要毒力因子。

诊断技术。建立了新孢子虫分离、培养、传代方法，建立了间接 ELISA、IFAT 等血清学检测技术，达到与国际同类产品类似的检测效力。还有检测多种动物新孢子虫抗体的 SPA-ELISA 检测试方法、NAT 法和抗体乳胶凝集试验。多重 PCR 技术、LAMP 技术（LAMP）、高通量的牛新孢子虫基因芯片检测技术已显示出极高的诊断效率和准确性，有望成为牛新孢子虫病的免疫预防及诊断技术的方法储备和技术支撑。

防控技术。目前尚无特效药，暂无疫苗可用。采取的主要防控措施有：①淘汰病牛和血清抗体呈阳性的牛；②切断传播途径，尽可能杜绝牛与犬类动物的接触。针对患病动物可选用的药物包括：复方新诺明、羟基乙磺胺戊烷脒、四环素、磷酸克林霉素、球虫类离子载体抗生素，均具有一定效果；其次乙胺嘧啶等疗效也不错。

11. 异尖线虫（Anisakis）

主要研究机构。浙江大学、中国海洋大学、中国疾病预防控制中心、西北农林科技大学、四川农业大学、福建农林大学、河北师范大学等单位。

流行病学。我国已报道多种海鱼寄生异尖线虫，尚未见人体病例报道。在过去的25 年中，国内共进行了 18 次调查，在我国东海、南海、黄海和渤海海域及主要内地沿海地区 10 个省份地区（辽宁、河北、山东、江苏、上海、浙江、福建、广东、广西和海南等）的海鱼中均发现了异尖线虫的感染，其中检测的 239 个海鱼品种中发现有 194 个品种感染异尖线虫，感染率达 81.17%；检测 6 969 尾海鱼中 2 722 尾发现有异尖线虫，感染率达 39.06%。2013 年对汕头市售海鱼简单异尖线虫幼虫感染现况进行调查发现，鱼种的简单异尖线虫幼虫感染率为 80.8%（42/52），海鱼总感染率为47.4%（181/382），平均感染度为 5.5 条/尾（995/181），简单异尖线虫幼虫活虫率为 100%（995/995）。

病原学。根据寄生虫形态学特征，将其分为四个属，异尖属（*Anisakis*）、宫脂线虫属（*Hysterothylacium*）、对盲囊线虫属（*Contracaecinea*）和伪地新线虫属（*Pseudoterranova*），相对于宫脂线虫和对盲囊线虫而言，简单异尖线虫和伪地新线虫对人类健康危害较大。对寄生宿主具有一定的侵袭力并引起感染。病原主要是异尖线虫Ⅰ型和Ⅱ型幼虫，拟地新线虫 A、B 型和对盲囊线虫Ⅴ型幼虫。

诊断技术。建立了多种异尖线虫病新型检测方法，包括：①病原学诊断方法，如纤维内窥镜检查、病理组织学检查等；②影像学检查，如 X 线检查、CT 检查等；③分子生物学诊断方法，如 PCR-RFLP、荧光定量 PCR、LAMP、PCR-SSCP、PCR-SRAP、ELISA 等。

防控技术。 预防异尖线虫病的最好办法是改变不良的饮食习惯，不生吃或半生吃海鱼和淡水鱼，采取消除幼虫感染力的方法去减少异尖线虫的感染。异尖线虫幼虫在 50～55℃ 10s 内可以死亡。在—20℃冷冻 24h 后异尖线虫便可全部死亡。另外，对海产品进行盐、醋等腌泡或烟熏等加工均会减少感染的机会。在 22% 的食盐水中浸泡 10d 幼虫便可被杀死；15% 的食盐水与 7% 的醋酸浸泡 30d 内 97% 的幼虫会死亡。微波炉加热亦可有效杀死幼虫。

（十二）外来动物疫病

外来动物疫病研究涵盖了国家动物疫病防治规划中所涉及的 13 个病种，主要聚焦于非洲猪瘟、小反刍兽疫、疯牛病和外来人兽共患病的流行病学、诊断和疫苗研究等。研究证实，当前小反刍兽疫国内流行株属于基因Ⅳ系，与 2007 年西藏流行株属于不同分支；评估结果显示我国面临的非洲猪瘟传入风险不断加大。诊断试剂研究获得较大进展，13 个病种均储备了多种 PCR、ELISA 诊断和鉴别诊断方法，小反刍兽疫检测试剂盒得到广泛应用。开展了非洲猪瘟、小反刍兽疫、施马伦贝格病毒病的核酸疫苗、山羊痘病毒活载体疫苗以及病毒样颗粒等新型疫苗研究。

中国动物卫生与流行病学中心以及哈尔滨、兰州、上海、北京分中心，中国农业科学院长春兽医研究所、云南省畜牧兽医科学研究院、中国检验检疫科学研究院、中国农业大学、扬州大学、华中农业大学等单位持续开展了外来动物疫病监测与防控技术研究储备。

1. 小反刍兽疫（Peste-des-petits Ruminants，PPR）

流行病学。 2013 年年底小反刍兽疫再次跨境传入我国新疆维吾尔自治区，随即传至 22 个省份，对我国养羊业健康发展构成了严重威胁。2014 年累计报告发病 251 起次，其中 1～6 月份累计报告 239 起次，占全年发病总起次 95.22%，通过应用病原快速诊断、抗体检测和疫苗免疫等技术，配合扑杀、限制调运等政策措施，下半年小反刍兽疫疫情得到有效控制，7～12 月份累计报告发病 12 起次，仅占全年发病总起次的 4.78%。对当前国内流行株进行测序分析后证实属于基因Ⅳ系，与中亚地区流行毒株的遗传关系较为接近，而与 2007 年西藏流行毒株差异较大，属于两个不同的进化小分支。基因组测序后发现其长度为 15 954nt，这是国际上首次发现该长度的小反刍兽疫病毒基因组。

病原学。 开展了病毒与宿主受体的相互作用研究，鉴定了主要结构蛋白如 N 蛋白、H 蛋白、F 蛋白、M 蛋白的主要抗原表位区，开展了结构蛋白（如 P 蛋白）和非结构蛋白（C蛋白和V蛋白）功能的预测研究。

诊断技术。开展了多种诊断技术研究和应用。建立了检测病毒抗原的胶体金免疫层析试剂条快速检测方法。国产小反刍兽疫阻断ELISA检测试剂盒在国内广泛应用，已替代国外进口试剂盒；竞争ELISA检测试剂盒也已经进入临床试验阶段。

疫苗研发。小反刍兽疫重组疫苗研究较多。构建了犬腺病毒为载体的小反刍兽疫重组疫苗，为小反刍兽疫重组疫苗的研制提供了新的方向。开展了表达小反刍兽疫病毒H基因或F基因重组山羊痘病毒活载体疫苗以及DNA疫苗的研究。探索了小反刍兽疫病毒的病毒样颗粒（VLP）装配情况和新型疫苗的可行性。开展了小反刍兽疫活疫苗最小免疫剂量、疫苗免疫期和疫苗保存期的研究。利用反向遗传技术开展了小反刍兽疫病毒的拯救工作。

2014年5月，世界动物卫生组织（OIE）第82届国际代表大会通过决议，认定中国动物卫生与流行病学中心国家外来动物疫病诊断中心为OIE小反刍兽疫参考实验室。

2. 动物海绵状脑病（Transmissble Spongiform Encephalopathy，TSE）

流行病学。我国于2014年5月获得世界动物卫生组织疯牛病可忽略风险等级认可，表明我国疯牛病发生风险已达到国际最低水平；已重新起草《牛海绵状脑病监测方案》，指导今后一段时期全国疯牛病监测工作，以维持我国疯牛病可忽略风险等级状态。

病原学。研究发现，朊病毒通过诱导线粒体的失衡而使神经元细胞凋亡的过程中，c-Abl酪氨酸激酶作为MST1和BIM蛋白的上游调节子在该疾病发病过程中起重要作用，该发现表明c-Abl酪氨酸激酶是治疗朊病毒病的潜在靶点。已完成部分痒病毒株的动物模型建立，感染动物脑内PAKs、ADAM10、GLUT3、晶状体球蛋白的表达量研究；痒病感染动物的巨自噬系统激活研究；感染动物的朊病毒靶器官中miRNA表达量研究。

诊断技术。优化了疯牛病、痒病免疫组织化学、免疫印迹、蛋白质错误折叠循环扩增检测技术，为我国疯牛病诊断和监测提供了更好的技术保障。

防控技术。基于酵母表达平台，建立了高灵敏度抗朊病毒药物筛选模型；进行了阿魏酸抑制朊病毒复制机制的探索研究；中草药对酵母朊病毒治疗作用的探索性研究。

3. 非洲猪瘟（African Swine Fever，ASF）

流行病学。2007年，非洲猪瘟疫情相继传入格鲁吉亚、亚美尼亚、阿塞拜疆等高加索地区国家，并在俄罗斯南部及东欧国家持续流行，乌克兰（2012年）、白俄罗斯（2013年）相继报告发生疫情，2014年又进一步扩散到立陶宛、波兰和拉脱维亚。迄今，虽然非洲猪瘟尚未传入我国，但面临日益加大的传入风险。

病原学。以巨细胞病毒极早期启动子（CMV-IE）和经水泡性口炎病毒 G 蛋白（VSV/G）修饰过的 pFastBac 杆状病毒为载体，在 BHK-21 哺乳动物细胞表达了 VP73，为 ASF 新型疫苗与诊断方法的探索研究提供了新的思路。

诊断技术。建立了检测 ASFV、PPRV、HeV、NiV 和 WNV 等 5 种病毒的 Taqman 荧光定量 PCR 检测方法。研发了非洲猪瘟多抗原间接 ELISA 抗体检测试剂盒；建立了基于 ASFV VP73 蛋白的非洲猪瘟抗体间接 ELISA 检测方法；建立了基于 ASFV P54 蛋白的非洲猪瘟抗体间接 ELISA 检测方法；开发了非洲猪瘟抗体快速检测试纸条。

4. 尼帕病（Nipha Disease）

流行病学。对广东从化无规定马属动物疫病区的核心区、监控区（从化市）和缓冲区（白云区、花都区、萝岗区、清城区、增城市、龙门县、佛冈县、新丰县）进行调查，未发现尼帕病毒的自然宿主——狐蝠；对采集的 241 只蝙蝠进行尼帕病毒检测，结果均为阴性。

诊断技术。建立了巢式 RT-PCR 方法，该方法最低能检测出的标准模板 RNA 浓度为 39fg/μL。应用该方法检测 100 份临床样品，检测结果全部为阴性。

5. 西尼罗河热（West Nile Fever，WNF）

流行病学。对广东从化无规定马属动物疫病区内野鸟和蚊子感染西尼罗河热病毒的情况进行了调查，结果全部为阴性。对广东省潜在蚊媒"致乏库蚊"构成比及密度消长情况进行了调查。对上海市马匹、鸭、动物园珍禽进行西尼罗河热的血清学调查，结果显示上述动物均存在不同程度的西尼罗河热抗体。对新疆 2004 年暴发人脑炎病例的血清进行西尼罗河热 IgM 抗体检测，结果发现西尼罗河热抗体阳性。在新疆蚊子中也检测到西尼罗河热病毒阳性样品。

诊断技术。建立了同时检测西尼罗河热病毒、小反刍兽疫病毒、亨德拉病毒、尼帕病毒和非洲猪瘟病毒的多重 RT-PCR 方法和并联荧光定量 PCR 方法。利用哺乳动物细胞 293T 细胞表达 WNV PrM-E 蛋白，建立了 ELISA 诊断方法。对 WNV E 蛋白结构域Ⅲ进行了原核表达，建立了间接 ELISA 方法。

防控技术。构建表达 WNV E 蛋白的重组腺病毒，构建串联表达 WNV NS1 和 E 基因的重组腺病毒，为重组腺病毒活载体疫苗的研制奠定了基础。

6. 非洲马瘟（African Horse Sickness，AHS）

流行病学。对贵州省 9 个市（州）及第九届民运会参赛马匹的 363 份血清进行了非洲马瘟病毒抗体检测，结果全部为阴性。

诊断技术。建立了非洲马瘟病毒 VP7 和 NS2 基因双重荧光 RT-PCR 检测方法、实时荧光定量 RT-PCR 方法以及分型 RT-PCR 检测方法。以 VP7 重组蛋白为抗原，初步建立了检测非洲马瘟抗体的间接 ELISA 和 IgM 捕获 ELISA（MAC-ELISA）

方法。

7. 水泡性口炎（Vesicular Stomatitis，VS）

病原学。对 VSV 及其突变体进行了致病性研究，结果证明突变体的毒力减弱是由于宿主细胞 I 型干扰素作用和病毒复制能力减低共同作用所致。

诊断技术。建立了同时检测水泡性口炎病毒、口蹄疫病毒和猪水泡病病毒的多重荧光 RT-PCR 检测方法，可实现多种病毒混合感染的同时检测。建立了以抗 VSV 单克隆抗体（MAb）为捕获抗体，兔抗 VSV 多克隆抗体为检测抗体的 VSV 双抗体夹心 ELISA 检测方法。将 VSV 印第安纳型（IND 型）和新泽西型（NJ 型）的重组 G 蛋白等量混合作为检测抗原包被酶标板，建立了可检测 IND 型和 NJ 型水泡性口炎病毒抗体的间接 ELISA 方法。以原核表达的 M 蛋白为抗原，建立了检测 M 蛋白抗体的间接 ELISA 方法。

防控技术。对基质蛋白第 51 位甲硫氨酸敲除后的重组 VSV 病毒进行的研究显示，该重组病毒可有效地激发体液免疫应答，有望成为疫苗候选毒株。

8. 施马伦贝格病毒病（Schmallenberg Virus）

流行病学。欧洲暴发 SBV 疫情后，我国随即启动边境省份 SBV 监测工作。商品化的血清学检测试剂盒无法区分阿卡斑病毒等与 SBV 亲缘关系相近的病毒，所以血清学监测结果无法证明 SBV 的存在。病原学样品没有检测到阳性。

病原学。完成 SBV 核衣壳 N 蛋白的原核和真核表达，糖蛋白 Gn 和 Gc 蛋白基因的克隆和表达。进行 N 蛋白单克隆抗体识别区域的分析研究，Western blot 试验证明该单抗能与沙门达病毒、道格拉斯病毒和阿卡斑病毒的 N 蛋白发生交叉反应。

诊断技术。储备了 RT-PCR、荧光定量 RT-PCR 和焦磷酸测序检测方法。建立了间接 ELISA 和竞争 ELISA 等血清学检测方法。

防控技术。构建了同时表达 SBV N 蛋白、Gn 蛋白和 Gc 蛋白的核酸疫苗；同时开展了病毒样颗粒疫苗的基础研究。

二、通用技术研究

近年来，动物疫病防控决策的科学化和措施规范化，推动了兽医流行病学技术、疫病净化技术、动物卫生信息技术、动物卫生风险分析技术、病死动物无害化处理技术以及通用检测和诊断技术的快速发展。在农业部兽医局的领导下，中国动物卫生与流行病学中心、中国动物疫病预防控制中心、中国农业科学院哈尔滨兽医研究所、兰州兽医研究所等单位以需求为导向，以服务行业为目标，联合养殖企业和生产企业，投入大量人力物力，在上述 6 个领域进行了理论探索、关键技术研发和实践应用，并在无害化处理、疫病净化等方面建立了国家或行业标准。

（一）兽医流行病学技术

农业部兽医局、中国动物卫生与流行病学中心、中国动物疫病预防控制中心等单位开展了相关研究。

近年来，我国兽医流行病学研究与应用取得长足发展。2014年5月，中国动物卫生与流行病学中心成为OIE兽医流行病学和公共卫生协作中心。近两年联合部分省市动物疫病预防控制中心、武汉大学、山西大学、广西大学等单位搭建了较为完整的兽医流行病学理论技术框架。

在动物卫生状况评价方面。探索形成了流行病学调查工作机制，基于动物养殖状况、调运情况和区域分布特征，按照代表性原则，在全国范围内开展动物卫生状况调查，明确了养殖结构、模式、区域分布、调运情况、免疫状况、生物安全管理水品、饲养管理水平、发病率、死亡率等综合调查指标体系，开展了肉鸡、蛋鸡动物卫生状况调查，为确定我国家禽动物卫生保护水平提供了支持。

在基本分析技术方面。完成《兽医统计学》一书的编写工作，从资料的统计描述、总体均数的估计及统计推断、t 检验、方差分析、卡方检验、非参数检验、相关与回归、判别分析与聚类分析、主成分分析与因子分析、抽样调查、研究设计及诊断试验评价等多个方面阐述了流行病学分析中常用的技术。

在综合分析技术方面。利用价值链分析技术，在长三角和珠三角地区开展了肉鸡价值链调查，掌握了当地从种鸡养殖、鸡苗调运、商品代养殖、调运模式、市场管理等多个环节所涉及的人、数量及其一般性的行为，为禽流感等家禽重大疫病形势判断、风险预测等提供了数据和技术支持。价值链分析技术在H7N9亚型流感流行病学调查、小反刍兽防控中发挥了巨大作用，为国家动物疫病决策提供了技术支持。

在动物疫病风险分析应用方面。从活牛、反刍动物源性肉骨粉、饲料、油渣等进口，中国牛群饲养实践、屠宰加工、肉骨粉生产加工、反刍动物饲料生产和使用等多个环节评估了疯牛病病原进入我国并在我国牛群中循环的风险，发布了中国疯牛病风险评估结果，并通过OIE专家评审，获得OIE疯牛病风险可忽略地位，为我国牛及牛源性产品出口提供了有力保护。在牛肉及牛源性产品国际贸易方面，根据疯牛病流行病学特征和风险评估技术，在与发生疯牛病的贸易国的谈判中取得了有利地位。

（二）种畜禽场疫病净化技术

中国动物疫病预防控制中心、各相关省疫控机构、山东农业大学、扬州大学等单位开展了相关研究。

实施了《规模化养殖场主要动物疫病净化和无害化排放技术集成与示范》项目。以规模化养殖场为基本单元，开展规模化养殖场动物疫病净化技术筛选、技术集成、技术推广及示范创建。

开展净化关键性技术筛选。开展了包括采样、疫苗筛选、免疫评价、检测、诊断等多项净化应用技术的筛选，建立技术配套。研发了高致病性猪蓝耳病单重和双重荧光 PCR 检测技术实验室鉴别诊断技术，建立疫苗中污染禽白血病病毒的检测方法、研发禽白血病 p27 抗原 ELISA 检测试剂盒。

开展净化技术集成。对于非免疫疫病种，在种禽场试验点开展禽白血病等疫病净化技术集成，在种羊场和种牛场试验点开展布鲁氏菌病净化技术集成；对于免疫病种，在种猪场开展猪伪狂犬病、猪瘟净化技术集成。初步形成规模化种畜禽场口蹄疫、猪瘟、猪繁殖与呼吸综合征、猪伪狂犬病、禽流感、新城疫、鸡白痢、禽白血病、布鲁氏菌病、牛结核病、羊痘等多种主要疫病净化技术指南。

开展净化效果评价体系研究。通过对养殖场周边环境、硬件设施、管理水平、运行模式、人员素质、疫病状况、净化意愿、财务状况等关键因素进行综合评价，对养殖场净化开展条件进行评估，判断其是否具备开展净化工作的先决条件；开展种畜禽场生物安全风险控制点研究，建立净化效果评价体系，通过实验室检测和现场综合审查标准判断养殖场是否达到特定动物疫病净化标准，是否具备维持净化效果的能力。起草净化效果评价标准，并在养殖场进行验证和评价，形成《规模化猪场主要疫病净化标准（试行）》《规模化鸡场主要疫病净化标准（试行）》《规模化奶牛场主要疫病净化标准（试行）》和《规模化羊场主要疫病净化标准（试行）》，对规模化养殖场开展净化的条件和效果进行评价。

开展规模化种畜禽场主要动物疫病净化示范创建活动。2014 年优先了启动猪伪狂犬病、禽白血病、牛羊布鲁氏菌病和牛结核病等 4 个病种的规模化种畜禽场净化示范场创建活动，初步建成 31 家"动物疫病净化创建场"和 6 家"动物疫病净化示范场"。通过该项目的实施在进一步为推广旨在改善养殖生态环境、消除病原、促进畜禽健康、提高生产效率的动物疫病净化模式，引导企业自觉自主地开展动物疫病净化工作，促进畜牧养殖产业升级，为动物产品安全和公共卫生安全提供保证。

（三）病死动物无害化处理技术

中国动物疫病预防控制中心、北京综合试验站、北京市农业机械试验鉴定推广站、北京家禽育种有限公司等单位。

2013 年 10 月农业部印发《病死动物无害化处理技术规范》，对焚烧、化制、掩埋和发酵等无害化处理技术进行了说明和规定。各机构对发酵和化制法无害化处理技术进一步优化，为畜牧业规模化、标准化发展提供有利条件。提出和研发了死鸡无害化处理发酵池、畜禽动物尸体高温生物降解无害化处理机械技术和畜禽动物尸体高温高压无害化处理机械技术等。国内也有多家生产企业开始生产高温高压病死动物无害化处理设备。上述技术已在北京、浙江、江苏等地得以推广应用，发挥了较好效果。

（四）动物卫生信息技术

农业部兽医局、中国动物疫病预防控制中心、中国兽医药品监察所、中国动物卫生与流行病学中心等单位开展了相关研究。

完善动物卫生信息化体系顶层设计。以《2006—2020年国家信息化发展战略》《国家中长期动物疫病防治规划（2012—2020年）》为指导，明确了以实现从养殖到屠宰全链条追溯监管为目标，以畜牧兽医核心业务信息化为重点，以信息资源整合共享和开发利用为突破口，以畜牧生产、动物疫病防控、饲料和兽药监管、动物卫生监督管理、禽畜屠宰行业监管、兽医医政管理等关键应用为建设内容，提高以强化投入、完善制度机制为保障的从养殖到屠宰全链条追溯监管信息化体系顶层设计思路。

制定了动物卫生信息化标准。为解决信息数据标准缺失问题，有效整合现有信息系统和信息资源，组织开展了兽医卫生信息化标准起草工作。先期起草的四个标准——《代码规范》《数据集模型规范》《数据字典规范》《数据交换格式规范》以行业规范的形式正式颁布实施；分两期建立并试行了包括总体标准、数据标准、技术标准、建设和管理标准四大类的27项信息化标准，初步形成了一套完整的动物疫病预防控制和动物卫生监督管理信息化标准体系；起草制定了多部兽药监管领域信息化建设标准，包括《国家兽药产品追溯系统追溯码及数据交换文件规范》和《国家兽药产品追溯系统数据采集设备接口标准》等。

建立了动物卫生信息平台。兽医行业各部门都在积极探索物联网、导航定位、GIS、移动互联等信息技术的应用，逐步将先进信息技术引入重大动物疫病防控、动物产品安全监管等工作中，"互联网＋"的模式已在兽医行业广泛应用，取得了显著的成绩和效益。国家层面，建立了重大动物疫病防控信息管理系统、国家动物疫情测报站和边境疫情监测站管理系统、全国兽医实验室管理系统、动物标识及动物产品追溯系统、中国动物监督信息统计报送系统畜禽屠宰统计监测系统、执业兽医考试及管理系统、全国屠宰行业管理信息系统、国家兽药追溯信息系统、国家兽药基础数据库系统、兽药GMP统计查询系统、动物源耐药性监测数据库、实验动物管理系统、实验室信息管理系统（LIMS）、兽药监督抽检结果上报系统等行业公益性应用系统。地方各级兽医部门也加强了相关信息系统建设，并与国家动物卫生信息平台实现互联互通。实现了从养殖到屠宰全链条追溯监管信息化，为有效加强我国重大动物疫病防控、提升农产品质量安全监管水平提供有力的技术支撑。

（五）动物卫生风险分析理论与关键技术

中国动物卫生与流行病学中心、中国动物疫病预防控制中心、中国兽医药品监察所，中国农业科学院哈尔滨兽医研究所、兰州兽医研究所等单位了开展了相关研究。

国内相关科研机构从理论和应用两个方面开展各项研究工作，通过集成创新、自主创新以及引进消化吸收再创新，积极研究构建我国动物卫生风险分析的原则、模式、程序和措施，建立我国动物卫生风险分析评估通用框架、模型、理论、技术、方法和指标体系，形成一批我国动物卫生安全风险评估核心技术标准、程序及模型，并运用这些技术对影响我国动物卫生和动物源性食品安全的主要风险因素开展了较为系统的风险评估工作。

理论技术研究。 开展了动物卫生风险分析关键技术与应用研究，内容涵盖国内外动物卫生风险评估理论、技术和模型研究，重大动物疫病风险评估，动物产品安全风险评估和动物卫生状况风险评估指标体系研究等多个研究方向。初步构建了我国动物卫生风险分析制度框架，建立了动物卫生风险分析理论体系、动物卫生风险分析与管理经济学评估理论技术和方法体系以及动物卫生状况风险评估的指标体系。

重大动物疫病风险评估技术及动物产品安全风险评估技术研究方面，研究建立了口蹄疫、禽流感、新城疫、猪瘟等重大动物疫病，布鲁氏菌病等人畜共患病，沙门氏菌、大肠杆菌 O157 等食源性致病微生物，有机肿、喹乙醇等兽药残留的风险评估指标、模型和程序，并开展了大量风险评估技术方法研究。

基于风险主体、风险客体、风险因素间的相互关系，对多指标综合风险评估法、层次分析法、总剩余理论法、成本收益法、线性规划法、投入产出法、传染病的 SIR 模型、多元回归法、动态优化模型、剂量反应模型和疫病传播动力学模型等理论进行深入研究。2013—2014 年间，先后建立了动物卫生风险评估模型 30 余个，申请相关专利 10 余项。

应用研究技术。 运用风险分析的理念不断完善动物疫病区域化管理的相关理论和技术措施，2013 年以来，农业部组织专家修订完善了《无规定动物疫病管理技术规范》和《无规定动物疫病区评估管理办法》，制定了免疫、监测、检疫监督、应急反应和风险评估等区域化管理措施的实施标准。

全国动物卫生风险评估专家委员会组织专家运用层次分析法、模糊综合评判法及情景树理论建立了畜禽屠宰企业及养殖企业生物安全风险分析的评估指标及评估模型，制订了《畜禽屠宰企业兽医卫生风险评估技术规范》《规模化商品猪场兽医卫生风险评估技术规范》等相关评估技术规范。

运用研究建立的动物卫生风险分析的理论和技术方法等阶段性成果，支持我国动物卫生风险评估标准制定、动物疫病区域化管理和无规定动物疫病区建设指导、动物卫生经济学评估、进出口贸易动物卫生风险分析评估、重大动物疫病状况及动物源性食品安全风险评估等工作，形成国家、行业及地方标准 100 余项，发布各类相关风险评估报告四十余份，为动物卫生管理、动物疫病防控和动物源性食品安全工作提供技术支持。

（六）颁布了通用检测和诊断技术标准

为提高我国重大动物疫病的检测和诊断技术，规范各级检测机构和实验室的检测和诊断方法，提升检测和诊断水平，我国陆续研究制定并颁布了一系列重大动物疫病的检测和诊断技术标准（附表3至附表5）。

第三章

动物产品安全评价与风险评估

中国兽医药品监察所等国家兽药残留基准实验室和农业部动物产品安全监测机构继续围绕兽药合理使用和动物性产品安全总体目标，在药物代谢动力学、兽药残留与食品安全、抗菌药耐药性和新兽药研发等方面展开系统深入研究，形成了一系列兽药残留检测技术和动物产品安全评价、风险评估方法。

一、有害物残留研究

（一）兽药残留研究

建立了动物性食品中兽药残留快速筛选、定量确证检测技术，并基于高分辨质谱技术，开展了 β-受体激动剂等药物在动物体内的代谢研究；完善了兽药及其他有害化合物的抗体制备平台，并基于抗体基础，建立了 ELISA、试纸卡、芯片检测法、荧光偏振免疫技术等方法；开展了氟喹诺酮类药、氟苯尼考、黏菌素、有机胂、Cu、Zn 等残留的生态毒理学研究，为兽药及添加剂的生态风险早期预警提供了基础；制、修订了 14 类 41 种兽药残留检测方法标准。

1. 兽药等化学物质残留定量确证检测技术

分别建立了动物性产品中非甾类抗炎药和 β-受体激动剂多残留检测的高效液相色谱-串联质谱 （UPLC-MS/MS） 确证方法。建立了动物性产品中阿维菌素类、苯并咪唑类、聚醚类等近 20 类 100 多种抗寄生虫药物及残留标示物的 UPLC-MS/MS 筛选方法。研究建立了同时检测动物组织中喹诺酮类、四环素类、磺胺类药物多残留的 UPLC-MS/MS 检测方法、同时检测牛奶中氨基糖苷类和林可胺类的 UPLC-MS/MS 方法以及同时检测动物组织中喹噁啉类及其代谢物的 UPLC-MS/MS 方法。继续开展兽药残留物质谱图库研究，建立了数据库结构系统。

开展了基于高分辨质谱技术的 β-受体激动剂类物质在猪体内的代谢研究，以克仑特罗、沙丁胺醇、氯丙那林和苯乙醇胺 A 等为代表，研究不同结构特点的 β-受体激动剂类在猪体内的代谢规律，为选择残留检测标示物和建立残留分析方法提供必要参考，对有效监控养殖中 β-受体激动剂类的非法使用有重要意义。

2. 兽药等化学物质残留快速筛选技术

分别以硝西泮和乙酰丙嗪为原料，获得了相应的单克隆抗体，建立了能同时检测地西泮、硝西泮、去甲西泮、奥沙西泮、替马西泮、阿普唑仑、艾司唑仑 ELISA 检测方法，以及能同时检测氯丙嗪、乙酰丙嗪、丙酰丙嗪、丙嗪、异丙嗪、三氟丙嗪、奋乃静、硫利达嗪、氯普噻吨的 ELISA 方法。

以实验室前期制备的头孢氨苄、头孢噻呋、新霉素、庆大霉素、磺胺类单克隆抗体为基础，通过对抗体芯片制备过程中各个环节的优化，成功建立了头孢氨苄、头孢噻呋、新霉素、庆大霉素、磺胺抗体芯片检测方法。

构建了国际领先的苯乙醇胺 A、可乐定、喹乙醇代谢物、β-内酰胺类、大环内酯类、抗寄生虫药物等的抗体资源库，目前库容量超过 300 余种，涵盖了影响动物性产品安全的主要小分子化合物，为其快速监控提供了必要的核心试剂。利用已制备的抗体、广谱性单链抗体和受体蛋白等核心材料，应用新型探针和创新检测模式，建立了同类兽药多残留检测的 ELISA 方法、化学发光免疫分析、免疫层析分析和荧光偏振免疫分析等 30 多项快速检测方法，检测限满足兽药残留相关要求。研制出了庆大霉素、沃尼妙林、大观霉素、莱克多巴胺等试剂盒和试纸条 23 种，产品性能达到国际先进水平，已实现产业化并在全国推广应用。

进一步完善了兽药及其他有害化合物的抗体制备平台。采用基因工程技术和蛋白质改造技术，创制出了 β-内酰胺类、磺胺类、喹诺酮类、氨基糖苷类等兽药的广谱识别性受体蛋白和基因重组抗体，其性能远超传统的单克隆抗体和多克隆抗体。

3. 兽药物质及兽药小分子化合物等检测技术研究

开展氟喹诺酮类药、氟苯尼考、黏菌素等残留的生态毒理学研究。研究了恩诺沙星、环丙沙星等对土壤细菌种群基因多样性、微生物群落功能多样性，以及反硝化细菌氧化二氮还原酶基因（nosZ）和固氮细菌固氮基因（nifH）多样性、总细菌 16S rDNA 基因多样性的影响。建立和培育池塘水体模型研究了氟苯尼考降解及对底泥细菌群落结构的影响。完成了常用药物添加剂黏菌素对土壤微生物群落的碳代谢功能与结构多样性的影响研究。以上研究首次从分子水平揭示了养殖源性抗菌药物残留对环境土壤微生物群落结构与代谢功能能产生显著影响，为抗菌药物的生态风险评估提供理论依据。

首次完成了有机胂、Cu、Zn 添加剂对环境暴露胁迫的生态毒理学、分子诊断与早期预警研究。对我国 7 省份 43 个规模化猪场周边环境砷（As）含量监测，初步了解了我国猪场环境 As 污染状况。研究了我国南北方土壤对有机胂的吸附环境行为、水体浮萍生物的有机胂富集以及鱼塘鱼组织残留特性，提示有机胂应用后存在潜在的可通过食物链传递给人并危害人类健康的生态风险。有机胂对土壤微生物活性与水体生态系统的影响研究结果揭示有机胂对土壤呼吸活性、氨化和硝化作用均产生阶段性影响，至水体及底泥中残留降解缓慢。畜禽排泄物中有机胂经在光照下完全被降解为毒性较大的无机 As（Ⅴ）、As（Ⅲ），提示对畜禽排泄物施肥应用后的潜在生态风险应引起关注。成功建立土壤和池塘水体暴露胁迫模型，以赤子爱胜蚓与剑尾鱼为指示生物，研究了有机胂、$CuSO_4$ 和 ZnO 对组织靶标酶、GST、HSP70 金属敏感基因 mRNA 相对表达量影响以及对 GST、SOD、HSP70 基因全长序列分析，首次从分子水平探讨了有机胂、Cu、Zn 添加剂的分子生态毒性效应，为有机胂环境风险评估提供理论数据。完成了有机胂对土壤总细菌 16S rDNA V3 高变区基因和反硝化细菌 nirS、nosZ 多样性及其基因丰度的影响研究，首次筛选出敏感分子标志物指示污染胁迫下土壤微生物结构与群落多样性影响的研究模型，为兽药及添加剂的生态风险早期预警提供基础。

表 3-1　14 类 41 种兽药残留检测方法和标准汇总

兽药残留类别	检测方法
1. β-受体兴奋（激动）剂类	猪尿中克仑特罗检测方法
	动物性食品中莱克多巴胺残留检测
	动物组织中盐酸克仑特罗的测定
	猪尿中 β-受体激动剂多残留检测液相色谱
	动物源性食品中 β-受体激动剂残留检测液相色谱
2. 四环素类药物	动物性食品中四环素类药物残留检测
	鸡肉、猪肉中四环素类药物残留检测
3. 喹诺酮类药物	动物性食品中噁喹酸和氟甲喹残留检测方法（鸡）
	动物性食品中噁喹酸和氟甲喹残留检测方法（鱼）
	动物性食品中氟喹诺酮类药物残留检测
	鸡蛋中氟喹诺酮类药物残留量的测定
	动物性食品中氟喹诺酮类药物残留检测
4. 磺胺类药物及其盐、衍生物	动物源食品中磺胺类药物残留的检测方法
	动物源食品中磺胺对甲氧嘧啶残留的检测方法
	动物源食品中磺胺二甲嘧啶残留的检测方法
	动物源食品中磺胺喹噁啉残留的检测方法
	动物性食品中磺胺二甲嘧啶残留的检测方法
	牛奶中磺胺类药物残留量的测定

（续）

兽药残留类别	检测方法
4. 磺胺类药物及其盐、衍生物	动物性食品中磺胺类药物残留检测
	鸡蛋中磺胺喹噁啉残留检测
	动物源食品中磺胺类药物残留检测
	动物源食品中磺胺二甲嘧啶残留检测
5. 聚醚类抗球虫药	动物性食品中 5 种聚醚类抗球虫药物残留检测方法
6. 氯霉素及其盐、衍生物	动物源食品中氯霉素残留检测
	动物源食品中氯霉素残留量的测定
	动物性食品中氯霉素残留检测方法（牛奶）
7. 安定	动物性食品中安定残留检测
	动物性食品中地西泮及代谢物多残留的测定
8. 硝基呋喃类药物及其盐、衍生物	动物源性食品中呋喃唑酮残留标示物残留检测
	动物源食品中硝基呋喃类代谢物残留量的测定
9. 硝基咪唑类药物及其盐、衍生物	动物性食品中硝基咪唑类药物残留检测方法
	动物性食品中甲硝唑、地美硝唑及其代谢物残留检测
	动物源食品中 4 种硝基咪唑残留检测
10. 阿维菌素类药物	动物性食品中阿维菌素类药物残留检测
	动物源食品中阿维菌素类药物残留量的测定
11. 替米考星	牛奶中替米考星残留量的测定
	动物性食品中替米考星残留检测
12. 头孢噻呋	动物性食品中头孢噻呋残留检测
13. 激素	动物源食品中糖皮质激素类多残留检测
	动物源食品中 11 种激素残留检测
14. 尼卡巴嗪	动物性食品中尼卡巴嗪残留标志物残留量的测定

（二）其他有害化学物质残留研究

通过对其他有害化学物质残留研究，丰富了抗体资源库，制备了霉菌毒素、海洋毒素及其他有害化合物的单/多克隆抗体 16 种，并建立了相关的快速检测方法及检测试剂盒和试纸条；研制了针对霉菌毒素的免疫亲和色谱柱；建立动物性食品中全氟烷基化合物、多氯联苯类化合物等有害物质的确证检测方法。

制备了霉菌毒素（呕吐毒素、伏马菌素等）、海洋毒素（大田软海绵酸、微囊藻毒素-LR 和节球藻毒素）及其他有害化合物（敌鼠、双酚 A 等）的单克隆抗体和多克隆抗体 16 种，丰富了已有的抗体资源库。开展了脱氧雪腐镰刀菌烯醇、T-2 毒素、伏马毒素 B_1、赭曲霉毒素 A、玉米赤霉醇等霉菌毒素胶体金免疫层析方法、荧光微球免疫层析方法、酶联免疫吸附方法、化学发光免疫方法、量子点标记免疫方法等快速检测方法研究。此外，还开展了双酚 A、壬基酚、己烯雌酚、敌鼠和鹅膏毒肽等抗体的制备及 ELISA 方法的建立；开展了三聚氰胺量子点标记免疫方法研究。

针对样品前处理技术的需求，制备了 3 种免疫亲和色谱柱，用于分离纯化生物样品中 T2 毒素、DON、伏马菌素等真菌毒素；研究开展了生物样品中赭曲霉毒素 A、黄曲霉毒素、单端孢霉烯毒素等霉菌毒素 UPLC-MS/MS 定量确证检测技术研究。研制出 T-2 毒素、呕吐毒素、伏马菌素、玉米赤霉醇等试剂盒和试纸条 12 种，并已实现产业化。建立了水产品中 17 种全氟烷基化合物的 UPLC-MS/MS 确证方法。建立了动物性产品中多氯联苯类化合物的气相色谱-质谱检测方法。

（三）兽药安全性评价

开展了二甲氧苄啶、艾地普林、克仑特罗等 β-受体激动剂在动物体内药物代谢和残留消除规律研究，二甲氧苄啶、黄腐酸原粉的毒理学研究，确定了二甲氧苄啶最大有害作用剂量（NOAEL）为 23mg/kg 饲料。从分子水平揭示了喹烯酮、呋喃唑酮等药物细胞毒性作用及其产生机制。

1. 兽药代谢与残留消除规律研究

采用放射性示踪法研究了二甲氧苄啶和艾地普林在大鼠、猪和鸡体内的吸收、分布、代谢和消除，发现和鉴定了主要代谢物的组成和结构，确定了主要代谢部位与代谢途径，绘制出两种化合物在动物体内的代谢物谱图；阐明了两种化合物在动物体内的吸收速度、分布范围与消除特征，确定了残留靶组织与残留标示物。

以克仑特罗、沙丁胺醇、氯丙那林和苯乙醇胺 A 等为代表，研究不同结构特点的 β-受体激动剂在猪体内的代谢规律，为选择残留检测标示物和建立残留分析方法提供了必要参考。研究结果表明克仑特罗在猪体内的主要代谢途径为苯胺的氧化，在尿液中主要以原形的形式存在。沙丁胺醇在猪体内的主要代谢途径为葡萄糖醛酸结合和苄醇的氧化。氯丙那林在猪体内的主要代谢途径为苯环的羟基化及其随后的葡萄糖醛酸结合。苯乙醇胺 A 在猪体内的主要代谢途径是 O-脱甲基及其葡萄糖醛酸结合代谢。

2. 兽药毒理作用机制研究

二甲氧苄啶对 Wistar 大鼠的毒理学研究。鉴于二甲氧苄啶在我国兽医临床上大量使用，但其毒理学资料缺乏，开展了二甲氧苄啶的急性毒性、亚慢性毒性、繁殖和喂养致畸试验，为其临床使用提供基本的毒理学评价依据。急性毒性试验表明二甲氧苄啶为低毒性物质。90d 喂养试验表明其对 Wistar 大鼠毒性作用的靶器官为肾脏，最大有害作用剂量（NOAEL）为 23mg/kg 饲料。

黄腐酸原粉一般毒性和特殊毒性的研究。进行了大鼠经口急性毒性试验、小鼠经口急性毒性试验和大鼠亚慢性毒性试验（60d 喂养试验），研究结果显示，黄腐酸原粉对大、小鼠的经口 LD_{50} 均大于每千克体重 5 000mg，属于实际无毒类，且剂量高达每千克体重 5 000mg 连续给药 60d 亦未见任何毒性表现，表明黄腐酸原粉的一般毒性极低。进行了致突变试验（Ames 试验、小鼠骨髓细胞微核试验、小鼠精子畸形试验）和大鼠致畸试验，结果显示黄腐酸原粉的三项致突变试验和大鼠致畸试验的结果均为阴性，表明黄腐酸原粉无致突变性和致畸性。上述研究结果表明，黄腐酸原粉毒性小，具有较好的安全性。

喹烯酮细胞毒性作用及其产生机制研究。以体外培养的具有代谢酶活性的人肝癌 HepG2 细胞为模型，分析了喹烯酮对 HepG2 细胞全基因组表达谱的影响，探讨了喹烯酮诱导 HepG2 细胞凋亡的分子调控机理。研究表明喹烯酮对 HepG2 细胞具有细胞毒性，产生机制可能与氧化应激有关，可影响细胞内多种代谢通路，通过线粒体和死亡受体途径诱导细胞凋亡。为评估喹烯酮对食品动物和人的安全性提供了理论依据。

呋喃唑酮药物毒性作用机理研究。以 HepG2 细胞为模型，探讨了 GADD45a 与 JNK/p38 MAPK 信号转导通路在呋喃唑酮诱导 HepG2 细胞发生 S 期阻滞过程中可能的作用机理。研究表明 GADD45a 基因在呋喃唑酮诱导的 HepG2 细胞 S 期阻滞和细胞生长增殖抑制的过程中起到了非常重要的作用。其可能的作用途径是，GADD45a 激活了 p38 MAPK 通路的表达，同时抑制了 JNK 通路的表达，通过这两条通路的活化或者抑制，激活了下游周期相关基因与蛋白 cyclin D1、cyclin D3 和 CDK6 的表达，最终使细胞发生 S 周期阻滞以及细胞的生长抑制。其中 GADD45a 对磷酸化 p38 起着正调控作用，对磷酸化 JNK 起着负调控作用。

二、致病微生物及其耐药性研究

（一）致病性微生物病原学及检测技术研究

利用构建基因缺失株技术，开展了肠外致病性大肠杆菌（ExPEC）和沙门氏菌 T3SS 效应蛋白的致病机制研究，探讨了金黄色葡萄球菌诱导牛乳腺上皮细胞凋亡而导致持续性牛乳房炎的发病机制，研究了单增李斯特菌 Lmo0964 蛋白和精氨酸脱亚胺酶的功能与作用机制，开展了空肠弯曲菌生物膜的形成及其特性研究。利用环介导等温扩增（LAMP）、焦磷酸测序技术、高分辨率熔解曲线技术及多重 PCR 技术，建立了沙门氏菌和耐药弯曲菌的快速检测方法。

大肠杆菌。因肠外致病性大肠杆菌（Extraintestinal Pathogenic E. coli，ExPEC）

的血清型、毒力因子、基因结构和基因表达调控的错综复杂性，其致病机制尚不完全清楚，陈焕春院士团队分别构建了 iucB、kpsM、vca0107、ompX、ΔhmuU、ΔhmuV、ΔhmuU/ΔhmuV 等不同基因缺失株，并对其生物学特性研究，从不同基因缺失株所呈现的生物学特性较为深入地开展了 ExPEC 的致病机制等基础性研究工作。

沙门氏菌。 开展了肠炎沙门氏菌 T3SS 效应蛋白相关基因缺失突变株的构建及其生物学特性的研究。由 SPI-1 和 SPI-2 编码的Ⅲ型分泌系统（T3SS）是沙门氏菌致病的关键毒力因子，不同 T3SS 的效应蛋白在细菌致病的各个阶段发挥不同的作用。目前对这些效应蛋白的研究主要是以鼠伤寒沙门氏菌为模型，但它们在不同血清型沙门氏菌中的功能可能不一致。选取了在肠炎沙门氏菌 T3SS 的 6 个效应蛋白基因，采用 λRed 同源重组法构建相应的缺失株，初步探讨了这些效应蛋白与致病性的关系，为进一步深入研究肠炎沙门氏菌感染过程中 T3SS 效应蛋白的分子机制奠定了基础。

建立了沙门氏菌环介导等温扩增（LAMP）检测方法，结果显示：LAMP 方法对沙门氏菌的检测在 65℃恒温条件下 40min 就可以完成，只扩增沙门氏菌，不会扩增其他革兰氏阴性菌，最低可检出浓度为 10cfu/mL，比常规 PCR 的最低检出浓度高 1 个数量级，通过添加荧光染料 SYBR GreenⅠ，能够快速简便的观察检测出绿色的阳性结果，与橙色的阴性结果有明显的区别。此外，研究人员还对动物源沙门氏菌耐药基因及毒力岛基因 mgtC 和 sopB 进行了检测，并对其耐药性、致病性及毒力基因的相关性进行了较为细致的研究，以期探索防治沙门氏菌病及控制耐药性的有效途径。另外，还建立了可鉴定沙门氏菌及其五种主要血清型的多重 PCR 技术。

葡萄球菌。 开展了葡萄球菌对牛乳腺上皮细胞凋亡及信号通路的研究、免疫特性等基础性研究工作，结果表明金黄色葡萄球菌可以诱导牛乳腺上皮细胞发生凋亡，且金黄色葡萄球菌对牛乳腺上皮细胞的凋亡诱导能力与菌株的个体差异有关，其溶血性与侵染性可能与牛乳腺上皮细胞凋亡有一定的相关性，并初步证明金黄色葡萄球菌可能通过 Fas-FADD-caspase8-caspase3 凋亡传导途径诱导牛乳腺上皮细胞发生凋亡，而线粒体细胞色素 C-caspase9 与 caspase1-IL1β 途径可能不参与此凋亡诱导过程。通过该研究，为解释金黄色葡萄球菌持续性牛乳房炎的发病机制提供了有益的试验依据。

单核细胞增多性李斯特菌。 通过对单核细胞增多性李斯特菌（*Listeria monocytogenes*，LM）Lmo0964 蛋白功能进行系统研究，对该菌的抗氧化应激机理和二硫键蛋白的跨膜转运机制的深入研究提供了实验基础，同时还对单增李斯特菌精氨酸脱亚胺酶在 LM 抗酸应激中的作用及其与致病力关系、鲱精胺脱亚胺酶在 LM 抗酸应激中的作用机制及精氨酸抑制因子 ArgR 对 SigB 和 ADI 系统的调控机制等 3 个方面进行系统研究，初步探明了 LM 的 arcA 基因编码产物具有 ADI 酶活性，aguA1 编码产物具有 AgDI 酶活性；新发现了第 157 位甘氨酸对酶活性的重要作用，将

AguA2 的第 157 位氨基酸进行 C157G 突变后即具有高酶活；ADI 和 AgDI 均介导 LM 的抗酸应激作用及其在小鼠胃中的存活力；精氨酸抑制因子 ArgR 不仅负调控精氨酸合成代谢，对应激调控因子 SigB 以及精氨酸脱亚胺酶 ADI 也具有调控作用。

空肠弯曲杆菌。深入研究了空肠弯曲杆菌生物膜的形成及其特性。确认了空肠弯曲杆菌是否具有在体外形成生物膜的能力，生物膜菌在其生存方式、胞外物质的合成以及对动物的致病性方面均与浮游菌存在有很大程度的差异，并研究建立了空肠弯曲杆菌与宿主之间相互作用的动物模型。对拮抗空肠弯曲杆菌的乳酸菌进行研究，在同一反应体系里，实现了对空肠弯曲杆菌的特异性鉴定和对多种大环内酯类耐药突变点的快速检测。研发了多重 PCR 技术、焦磷酸测序技术和高分辨率熔解曲线技术用于快速检测氟喹诺酮类耐药弯曲菌。建立了可检测四种酰胺醇类耐药基因的多重 PCR 技术、可检测多重耐药基因 cfr 表达蛋白的免疫分析技术。

（二）细菌耐药机制研究

已初步获得了大肠杆菌、沙门氏菌和链球菌以及支原体等畜禽重要病原菌的耐药谱型和耐药表型的耐药性数据库，探索了大肠杆菌、沙门氏菌、链球菌和支原体等病原菌对 β-内酰胺类、喹诺酮类和氨基糖苷类等重要抗菌药物耐药性的产生与传播分子机制；分析了大肠杆菌、沙门氏菌的耐药性、种族发育和毒力因子的变异特征，探索了细菌耐药性与毒力因子之间的相关性，证实了耐药与毒力基因能发生共转移，耐药性能通过质粒、整合子等可移动元件进行水平传播，在国内外首次检测到多个新耐药基因，并对这些基因的基因环境和水平传播机制进行了探索研究。

1. 动物源耐药沙门氏菌产生机制与流行特征

中国农业大学、中国动物卫生与流行病学中心研究了禽源印第安纳沙门氏菌的多重耐药机制，调查了山东省和四川省动物源耐药沙门氏菌的流行病学特征以及肉鸡源耐药沙门氏菌沿生产链的传播扩散特征。研究发现：禽源印第安纳沙门氏菌多重耐药严重，多重耐药表型主要由质粒介导，在一些质粒上首次发现了一种携带有 7 种耐药基因的独特型 I 型整合子；山东和四川动物源肠炎、印第安纳、鼠伤寒沙门氏菌耐药株存在区域性流行特征，且近年来耐药率有上升趋势；耐药沙门氏菌可沿肉鸡生产链传播，在屠宰加工过程中存在严重的交叉污染现象，给食品安全和公共卫生带来了威胁。

通过生化反应和 invA 基因的 PCR 鉴定，共鉴定出 248 株（11.35%，248/2 185）沙门氏菌。通过 O 抗原和 H 抗原的玻片凝集法，395 株菌共鉴定出 8 个血清群和 41 个血清型，62 株沙门氏菌无法判定血清群。用琼脂稀释法检测了沙门氏菌对 24 种抗生素的敏感性，结果显示，188 株菌（41.14%）对测试的抗生素全部敏感；220 株菌（48.14%）在 MIC 表型上至少对一种抗生素耐药；所有试验菌株对亚胺培南的敏感性表现出敏感或中介。用 MIC 检测和验证超广谱 β-内酰胺酶（ESBLs）表明有 25 株（5.47%，n＝457）沙门氏菌为产 ESBLs 的细菌，3 株来自华中农业大学兽医院的猪源沙门氏菌为疑似产 ESBLs 的菌株。在沙门氏菌敏感菌株（n＝188）中有 80 株菌株鉴定出了 17 个血清型，Typhimurium（n＝28）是优势血清型。用 PCR 的方法对 187 株在 MIC 表型中耐 2 类（含 2 类）不同抗生素的沙门氏菌检测了 140 个耐药基因。有 58 个（42.14%）耐药基因经检测为阴性，82 个（57.86%）耐药基因经检测为阳性。沙门氏菌和弯曲杆菌的耐药性检测和抗生素耐药表征分析表明：沙门氏菌总体对大观霉素、氨苄西林、四环素、磺胺异噁唑、多西环素耐药性强，不同地区和不同动物源菌株耐药性有较大差别；多重耐药现象也较严重，集中在耐 4～10 种药。弯曲杆菌耐药性更强，对恩诺沙星、萘啶酸和四环素的耐药率达到 90% 以上，结肠弯曲杆菌对多种抗菌药的耐药率高于空肠弯曲菌，多重耐药性较严重，主要集中在耐 3～8 种药。完成了 243 株细菌的分子分型，结果表明同一养殖场的多数菌株，其血清型一致、PFGE 指纹较相似，其耐药表型也基本相同。

2. 动物源耐药弯曲菌的产生机制与流行特征

中国农业大学分析了空肠弯曲菌大环内酯类耐药株的适应性和毒力变化；研究了空肠弯曲菌对氨基糖苷类、酰胺醇类、喹诺酮类、大环内酯类药物的耐药机制；调查了耐药弯曲菌沿肉鸡生产链的传播扩散特征。研究表明：通过靶位基因点突变介导的大环内酯类耐药和酰胺醇类空肠弯曲存在适应性；首次从结肠弯曲菌中发现了介导氨基糖苷类耐药的基因岛和介导大环内酯类、林可胺类和链阳菌素 B 类高水平耐药的 ermB 基因；我国肉鸡源多重耐药弯曲菌存在区域性流行特征，且有随食物链传播给人的可能性，肉鸡屠宰加工过程中存在严重的耐药弯曲菌交叉污染。

华中农业大学系统研究了空肠弯曲杆菌对大环内酯类药物的耐药性和适应性机理。实验用递增浓度的方式用红霉素和泰乐菌素对两株空肠弯曲杆菌敏感菌（C. jejuni NCTC11168 和 81-176）进行了长期的体外诱导，其间适时地监测所有诱导菌的耐药表型（MIC）和靶基因（包括 23S rRNA，核糖体蛋白 L4 和 L22）突变情况。首次在递增浓度药物诱导过程中，监测了 23S rRNA 和核糖体 L4/L22 基因突变的产生规律及相互关系，并系统比较了低中高水平耐药菌的适应性变化规律。首次应用基因芯片、荧光定量 PCR 和 western-blot 等分子生物学方法，获得了低中高水平耐药菌的转录谱，并通过生物信息学手段对差异基因进行了深入细致的分析，由此探讨了弯曲杆菌对大环内酯类药物的耐药性和适应性的动态变化规律和分子机制，并比较了种属差异对于其耐药性产生和适应性变化的影响。同时，研究建立了在同一反应体系里对空肠弯曲杆菌的特异性鉴定和对多种大环内酯类耐药突变点的快速检测。该方法极大地缩短了临床空肠弯曲杆菌鉴定和耐药性检测的时间，为临床感染的治疗用药和空肠弯曲杆菌耐药性监测提供了新的手段。

从 2 185 份采集的健康动物样品中鉴定出 18 株空肠弯曲杆菌，分别来自鸡源（n=6）和猪源（n=12）。用琼脂稀释法检测了空肠弯曲杆菌对 27 种抗生素的敏感性，结果表明，对多西环素和四环素的耐药率均为 100％；对环丙沙星、红霉素的耐药率分别为 66.7％和 88.87％；对其他抗生素也有较高的耐药性。

3. 动物源耐药金葡菌的危害表征与流行特征

中国农业大学分析了奶牛乳源金黄色葡萄球菌耐药突变频率多态性和超突变株的流行特征；调查了猪源耐甲氧西林金黄色葡萄球菌（MRSA）流行病学特征和食品中耐药金黄色葡萄球菌的污染特征。研究结果揭示：金黄色葡萄球菌超突变株可能在其喹诺酮类药物耐药性的产生和进化中起着重要作用。调查发现，金黄色葡萄球菌超突变株在隐性乳房炎奶牛中的分离率较高，推测可能超突变株有更强的致炎作用；对隐性乳房炎奶牛用药，可能更易诱导菌株产生耐药性。MRSA 在我国生猪重点养殖区广泛流行，流行率在 15％～60％之间，其分子分型主要为 ST9，且多重耐药十分严重，值得重视。

从 2 185 份采集的健康动物样品中共分离到 85 株金黄色葡萄球菌，分离率为 3.89％（85/2 185）。用 PCR 的方法鉴定了金黄色葡萄球菌的血清型，56 株菌（65.88％，56/85）为 cap 5 型，15 株菌（17.65％，15/85）为 cap 8 型，其余 14 株菌（16.47％，14/85）为非 cap 5 和非 cap 8。cap 5 为优势血清型。用琼脂稀释法检测了金黄色葡萄球菌对 30 种抗生素的敏感性，结果表明 85 株分离菌株对万古霉素、阿莫西林/克拉维酸、头孢喹肟、亚胺培南、阿米卡星均为敏感菌株。金黄色葡萄球菌检测的 95 个耐药基因中，阳性基因有 55 个（57.89％，55/95），其余 40 个（42.11％，40/95）基因为阴性。金黄色葡萄球菌检测的 66 个毒力因子中，阳性因子有 45 个（68.18％，45/66），其余 21 个（31.82％，21/66）因子为阴性。经过 MLST 分析，85 株金黄色葡萄球菌分离菌共得到了 6 个 STs。4 株菌携带了 mecA，成为耐甲氧西林金黄色葡萄球菌（Methicillin，MRSA），来源分别为河南省鸡源 1 株（该菌株同时为凝固酶阴性菌株），湖北省猪源 1 株，湖南省猪源 2 株。将 85 株金黄色葡萄球菌的血清型、ST 型和多重耐药性进行联系，结果表明，血清型为 cap 5 的菌株在 5 种不同的 STs 中均有分布，以 ST 5 和 ST 9 中的数量最多；血清型为 cap 8 的菌株表现为 3 种不同的 STs，以 ST 7 中的数量最多。

4. 饲料中添加抗生素对猪肠道菌群及耐药性的影响研究

通过研究妊娠母猪在产前单次低剂量给予土霉素、林可霉素和阿莫西林药物对猪肠道菌群及耐药性的影响，发现给药后可导致肠道中硬壁菌门/拟杆菌门比率上升，解释了抗生素作为促生长剂的作用机制，对比用药前后肠道菌群变化，表明猪肠道中链球菌等致病菌下降，但葡萄球菌、大肠杆菌、螺旋体等微生物数量增多，直接威胁到猪群健康。而给药后猪肠道细菌对四环素类、林可胺类、β-内酰胺类抗生素耐药率显著上升，氨基糖苷类抗生素耐药率也有所增加，表明药物使用后会导致多重耐药表型的出现。耐药基因拷贝数检测也验证了这一现象，并且耐药基因拷贝数在 12d 后仍维持在较高水平。这提示，单次低剂量给药可能导致临床多重耐药菌株的出现。

5. 禽源肠炎沙门氏菌 PmrA-PmrB 二元调控系统对黏杆菌素耐药性的调控机制研究

对 58 株鸡源沙门氏菌进行了 PmrA 和 PmrB 基因的测序，并分析了 PmrA-PmrB 二元调控系统的序列差异与黏杆菌素耐药性结果之间的相关性，结果表明：所有菌株的 PmrA 序列均高度保守，仅 PmrB 基因存在不同位点的突变或缺失，而且与对黏杆菌素的 MIC 值密切相关。对敏感菌株进行了体外耐药性诱导，获得 $8\sim512\mu g/mL$ 的诱导耐药株，并对诱导前后的菌株进行了 PmrA-PmrB 二元调控系统的序列分析，发现了不同于诱导前菌株的突变和缺失位点；确证了主要突变位点，并将发生突变的 PmrB 基因与自杀载体进行了体外连接。

6. 动物源细菌重要耐药表型的形成机制研究

根据耐药监测数据，对一些病原菌的重要耐药表型形成机制进行了探索研究，重点研究了大肠杆菌、沙门氏菌、链球菌和支原体等病原菌对 β-内酰胺类、喹诺酮类和氨基糖苷类等重要抗菌药物耐药性的形成机制。系统进行了喹诺酮类药物耐药的研究，发现靶位突变是引起氟喹诺酮类耐药的主要机制，率先在国内开展质粒介导的喹诺酮类耐药机制研究，发现质粒介导的喹诺酮类耐药基因如 qnr、oqxAB 等可能也在氟喹诺酮类耐药形成过程中起着重要作用，尤其发现 oqxAB 在我国食品动物源大肠杆菌的携带率高，从耐药机制水平解释国内细菌喹诺酮类药物耐药性上升迅速的原因；首次在鸭疫里氏杆菌发现一个新的喹诺酮耐药靶位突变 parC（Arg-120-Glu）；发现肠杆菌对头孢菌素耐药主要由 CTX-M 型超广谱 β-内酰胺酶（ESBL）介导；揭示了 16S rRNA 甲基化酶是引起大肠杆菌对阿米卡星等氨基糖苷类抗生素产生高水平耐药的主要原因。以上研究成果为深入阐明动物病原菌重要耐药表型的形成机制奠定了坚实基础，同时也丰富了细菌耐药性形成机制。

7. 动物耐药病原菌/耐药基因传播机制研究

在调查我国重点养殖区动物病原菌耐药表型的基础上，开展了耐药菌和耐药基因在动物、环境和人群之间的传播机制尤其是质粒等可移动元件介导的水平传播机制的研究。发现大部分携带 β-内酰胺类、氟喹诺酮类和氨基糖苷类抗生素耐药基因的大肠杆菌为非克隆传播关系，但在同一养殖场和不同养殖场也传播流行耐药克隆株，尤为重要的是，发现在同一养殖场的动物、饲养员和环境之间存在耐药菌的克隆传播，此研究结果具有重要的公共卫生意义；发现多种质粒介导的喹诺酮类耐药基因（qnr、oqxAB 等）、ESBL 基因、16S rRNA 甲基化酶基因在国内畜禽源肠杆菌中广泛流行；发现耐药基因主要位于质粒上，并与插入序列等可移动元件有联系，有利于耐药基因在细菌间的快速传播；发现在同一养殖场的动物、饲养员和环境之间、宠物和食品动物之间流行相同的携带耐药基因质粒，并发现β-内酰胺类、氟喹诺酮类和氨基糖苷类抗生素耐药基因常位于同一质粒或转座子上，提示抗生素的共选择可能在耐药基因的传播过程中发挥重要作用；首次发现红霉素耐药基因 erm（T）存在于革兰氏阴性菌中，同时也是第一次在副猪嗜血杆菌中发现 erm（T）和 blaROB-1 共同位于一个小质粒上，易于耐药基因的传播。

8. 细菌耐药性与毒力的关系研究

开展了大肠杆菌耐药基因和毒力基因之间的相关性和连锁传播机制的研究，发现它们之间的相关性因宿主不同而有差异；发现了耐药基因和毒力基因位于同一质粒上，说明耐药和毒力基因存在连锁共同传播现象。对不同来源的近 700 株大肠杆菌和 200 株沙门氏菌进行了血清型、耐药基因、种族发育和毒力基因和分型检测，采用统计学方法分析了所有菌株的耐药表型、耐药基因和毒力基因间的关系，发现某些药物耐药如头孢噻呋能导致毒力基因（F4 和 AIDA-I）的增加，且发现耐药基因与毒力基因共同存在于野生型质粒中且能共同转移。目前国外学者仅单方面探讨耐药表型或耐药基因和毒力基因的相关性，而我们同时开展耐药表型和耐药基因与毒力基因间的相关性分析，涉及各类抗菌药和各类耐药基因，较全面的考察了耐药和毒力两者间的关系。而关于致病菌的耐药性和毒力基因间的相关性，目前国际上仍处于争议中，本研究成果支持了耐药和毒力基因具有相关性且两者能同时进行传播这一学说。对大肠杆菌、沙门氏菌中耐药和毒力基因的流行性调查及其相关性分析，有助于我们了解肠道菌群的耐药现状及耐药和毒力基因的相互作用，为指导临床合理用药及避免共选择出耐药性增强的新型致病菌提供理论依据，同时也为食源性病原菌耐药性的风险评估和疾病防控提供科学依据。

9. 细菌耐药性流行病学调查与耐药机制研究

应用恒化器模型考察了喹噁啉类药物对肠道菌群的耐药选择作用，发现喹噁啉类药物对人肠道菌群结构、耐药选择作用和定植屏障破坏作用的量效关系和时效关系，结果发现高浓度喹噁啉类药物（128μg/mL）对肠道菌群结构具有一定的影响，并在药物诱导前后的敏感菌和耐药菌中检出 oqxAB 基因。这些发现为确定新药喹赛多的微生物学 ADI 值奠定了基础。

（三）细菌耐药性与动物产品风险评估

研究制定了大肠杆菌对自创兽药乙酰甲喹和动物专用药氟苯尼考以及猪沙门氏菌对恩诺沙星敏感性检测的判定标准，初步建立动物源细菌耐药性数据库和病原菌耐药性数据库系统，构建了互联网数据平台，并对动物源病原菌耐药性风险评估程序及其定性/定量评估技术进行了探索性研究。

1. 动物源病原菌耐药性数据库系统

建立了动物源细菌耐药性数据库和病原菌耐药性数据库系统。动物源细菌耐药性数据库收集各监测实验室上报的监测结果，对数据进行整理分析，为兽医行政管理部门制定兽医用药规范协调监测方案提供技术支撑。指导临床兽医及时修改用药方案，帮助养殖企业了解动物源细菌耐药性状况。病原菌耐药性数据库系统采用 B/S（Browser/Server）结构，结合地理信息数据，构建互联网数据平台，系统运用复变参数与归类算法分析耐药数据，实现多条件组合检索与对比功能。获得 3 项软件著作权。系统具有后台管理、耐药监测辅助、数据采集与维护、数据分析与检索、合理用药建议等多种功能，通过授权可供管理、监测、公众三个等级的用户使用。目前已采集了 2001—2014 年间检测获得的 70 余万条动物源病原菌药敏数据，形成了动物源病原菌抗菌药物敏感性的基础数据平台，可支撑相关部门、单位或人员采集、存储、分析与应用动物源病原菌药敏数据，为耐药性风险监测、风险评估、风险管理和风险交流提供集中、共享的数据资源。

2. 兽用抗菌药物敏感性检测方法和判定标准

组织制定动物源细菌耐药性检测方法-纸片法、琼脂稀释法和肉汤稀释法，并申报国家标准。

针对自创兽用抗菌药乙酰甲喹和国内外尚未制定药敏判定标准的动物专用抗菌药氟苯尼考，以肠杆菌科细菌大肠杆菌为代表，分析了国内多年分离保存的动物源大肠杆菌对两种药物的敏感性变化，阐明了大肠杆菌对两种药物耐药的主要分子机制，得到了与两种药物临床疗效最为相关的 PK-PD 参数，在此基础上提出了乙酰甲喹和氟苯尼考对大肠杆菌的敏感性检测（肉汤稀释法）判定标准分别为 $32\mu g/mL$ 和 $16\mu g/mL$。上述研究为兽医临床合理应用乙酰甲喹和氟苯尼考两种抗菌药、监测其耐药性提供了科学依据。

参考 CLSI 中规定的标准方法，首次制定出了猪沙门氏菌对恩诺沙星的野生型折点（COWT）和药效学折点（COPD），并根据 CLSI 相关规定确定了猪沙门氏菌对恩诺沙星的敏感性折点值（MIC≤$0.25\mu g/mL$）。该折点的制定将为药物敏感性测定提供判定依据，为猪沙门氏菌的耐药性监测提供理论依据，为恩诺沙星在临床上的合理使用提供参考。

3. 动物源病原菌耐药性风险评估规程（草案）的制定

参照 WHO、CAC 和 OCE 耐药性风险评估指南并结合我国国情，研究制定了《动物源耐药菌对食品安全潜在影响的风险评估规程（草案）》。目前正在征求专家意见，以便进一步完善该《规程》，为我国开展动物源耐药病原菌风险评估奠定基础。

4. 动物源病原菌耐药性风险定性/定量评估技术

应用微生物风险评估原理并结合耐药菌特点，研究建立了食品动物源病原菌耐药性风险定性评估程序和肉鸡源病原菌耐药性风险的定量评估模型。采用随机定量模型模拟耐药菌在肉鸡生产-加工-消费链中的传播过程，计算耐药菌在鸡场中产生的可能性（释放评估）、消费者食用鸡肉暴露于耐药菌的可能性（暴露评估）及消费者在暴露之后被耐药菌感染的可能性（后果评估），最终输出由于肉鸡养殖使用抗菌药物造成耐药菌感染人的病例数及治疗失败病例数（风险估计）。上述研究为我国开展动物源病原菌耐药性风险评估奠定了基础。

（四）病原微生物防治新技术研究

鉴于化药类抗菌药物使用不当易导致细菌产生耐药性，我国科研人员采用中药、细菌素、疫苗等非化药治疗方法，开展了沙门氏菌和葡萄球菌防治新技术的相关研究，发现有些中药可刺激和提高免疫功能，增加动物抗沙门氏菌等病原微生物的感染能力。

1. 沙门氏菌防治新技术

开展了紫锥菊等中药提取物对小鼠免疫和抗沙门氏菌感染能力的影响及其机理研究、乳酸菌抑制肉鸡肠炎沙门氏菌作用特征研究及其利用中药对沙门氏菌耐药性的影响等研究工作，以期建立防控肠炎沙门氏菌的新方法、新手段。为探讨紫锥菊（EE）提取物对其机体免疫功能和抗沙门氏菌感染能力的影响，以小鼠、小鼠巨噬细胞和DC作为研究对象，研究EE对两者免疫功能的影响以及TLR信号通路在此免疫调节活动中的作用，最终结合两方面的研究结果，阐明EE调控小鼠细胞和机体免疫功能以及抗沙门氏菌感染能力的机理。研究发现，EE能够激活小鼠巨噬细胞并诱导其发生M1型极化，促进小鼠DC成熟，进而增强两者免疫功能，并通过提高小鼠机体免疫功能，增加其抗沙门氏菌感染能力。

2. 葡萄球菌防治新技术

开展了清热解毒型中药抗金黄色葡萄球菌黏附牛乳腺上皮细胞机理、抗炎机制及药物组分筛选等药物防治研究、细菌素Sublancin对金黄色葡萄球菌的抑制作用及其机制的研究及乳房炎葡萄球菌亚单位疫苗的研制。

一、基础兽医技术进步

（一）解剖组胚方向研究

近两年来，重点研究了单色光对鸡生产性能的影响以及褪黑激素受体介导的信号通路，发现在肉鸡不同的生长阶段，采用不同的单色光，可显著促进肉鸡骨骼、肌纤维发育，提高抗氧化酶活性和肝细胞抗氧化能力，改善免疫功能，提高生产性能；揭示了羊驼毛色调控的遗传基础，以及一种新的神经肽（NPS）及其受体在猪体内的分布、定位。

1. 单色光对鸡生产的影响及机制研究

中国农业大学在深入探讨家禽特殊视觉机能的同时，将蛋鸡和肉鸡在红、绿和蓝单色 LED 灯照射下饲养，发现单色蓝光能延长蛋鸡产蛋高峰期持续时间、提高产蛋率和日产蛋量、降低料蛋比；单色绿光在肉鸡生长前期、蓝光在肉鸡生长后期能显著促进肉鸡骨骼肌生长和肌纤维发育。在不同的生长时期采用不同光色饲养肉鸡，可通过褪黑激素受体介导的胞内 ERK 及 NF-κB 信号途径，促进脾淋巴细胞增殖，改善免疫功能，提高生产性能。在肉鸡胚胎期给予绿光能显著促进鸡胚肝脏发育和 IGF-1 分泌，其机制是绿光促进鸡胚褪黑激素分泌和肝细胞表达褪黑激素受体，抑制肝细胞 JAK2/STAT3 信号磷酸化，提高抗氧化酶活性和肝细胞抗氧化能力。该研究结果为养禽业合理利用光色信息、提高家禽生产力提供了理论依据。

2. 羊驼毛色相关基因研究

山西农业大学长期致力于羊驼毛色相关基因研究，建立了羊驼皮肤 cDNA 文库，有千余个基因被美国 NCB1 网站收录。以毛色丰富的羊驼作为研究对象，应用下一代深度测序技术对不同被毛颜色的羊驼皮肤 miRNAs 表达谱进行全基因组分析，筛选出一组有可能参与毛色形成的 miRNAs，并利用生物信息学方法和报告载体验证可能参与毛色调控的 miRNA 的靶基因，揭示 miRNA 在羊驼毛色形成中的作用机制。

3. 神经肽的分布、定位及其功能研究

南京农业大学探讨了神经肽 S（NPS）及其受体在猪体内的分布定位和对猪免疫功能的影响，发现 NPS 影响脾淋巴细胞（SPLs）的体外增殖和肺泡巨噬细胞（PAMs）的吞噬作用及细胞因子分泌；体内试验表明中枢和外周注射 NPS 均能影响猪血清和免疫器官中细胞因子的产生，对进一步了解 NPS 在猪免疫调节中的作用具有重要意义。此外，还研究了发情周期中 NPS 及其受体在下丘脑、垂体和卵巢表达的规律，分析其与生殖激素分泌的关系，为揭示 NPS 的动物繁殖功能的调节作用提供了实验依据。此外，还克隆了兔神经介素 B 以及受体，并制备了神经介素 B 的多克隆抗体。

（二）繁殖障碍机制研究

近两年来，着重对霉菌毒素、环境应激对母猪发情和排卵的影响进行了研究，发现其作用机制涉及 microRNA 和表遗传机制。还有学者探索了家禽成鸡卵巢生殖细胞的再生及其机制。

1. 霉菌毒素对母猪繁殖的影响及其机制

中国农业大学、南京农业大学等单位深入阐明了玉米赤霉烯酮（ZEA）引发猪繁殖障碍的分子机制，发现 ZEA 通过 MicroRNA 介导的转录后调控机制，干扰垂体雌激素受体的表达，进而影响垂体促性腺激素的合成和分泌，导致母猪的发情和排卵障碍；此外，ZEA 还通过依赖 caspase-3 和 caspase-9 的线粒体信号通路诱导猪颗粒细胞的凋亡和坏死，造成倍性异常的猪卵母细胞和胚胎，从而降低猪的繁殖力。此外，发现霉菌毒素通过氧化应激导致的细胞凋亡/自噬，以及 DNA 甲基化及组蛋白甲基化水平的波动，造成卵子质量下降。

2. 应激对母猪繁殖的影响及其机制

中国农业大学、南京农业大学、山东农业大学研究了应激干扰母猪卵母细胞成熟和排卵的分子机制，发现糖皮质激素通过干扰纺锤体的形成，抑制卵母细胞成熟，这些影响由糖皮质激素受体介导。此外，通过卵母细胞转线粒体技术证实线粒体影响卵母细胞成熟供能、诱发凋亡，并参与母体性状遗传。发现母猪妊娠期和哺乳期日粮蛋白限制影响后代卵巢功能。另外，发现促性腺激素特别是 FSH 通过上调转录因子 FOXO1 抑制颗粒细胞氧化损伤诱发的凋亡，从而抑制卵泡闭锁。

3. 禽类胚胎生殖细胞增殖和分化调控

研究了维甲酸（RA）对家禽原始生殖细胞（PGC）黏附和增殖的影响及其胞内信号传导机制，分析了 RA 对胚胎期卵巢生殖细胞减数分裂启动的调控。在此基础上，探索了成鸡卵巢生殖细胞的再生及其机制，为阐明早期生殖细胞发生的调控机理

及提高家禽繁殖性能奠定了理论基础。

（三）畜禽代谢失衡及其调控

代谢失衡是许多非传染性疾病发病的主要原因。研究发现，动物关键窗口期（胚胎和新生期）的营养和应激可通过表观遗传机制对子代的生长、代谢和健康产生长期影响。明确了反刍动物高精料、猪高脂高能日粮对糖脂代谢的影响及其机制。揭示了日粮添加复合酶剂、牛磺酸，或甜菜碱等对畜禽代谢稳态的调节及其机制。

1. 畜禽代谢失衡的基础研究

南京农业大学采用蛋白质组学结合生物信息学分析技术，研究了高精料饲喂萨能奶山羊引起的肝脏蛋白质组的变化。发现高精料日粮连续饲喂山羊6周能引起肠上皮细胞的凋亡，激发炎症反应，进而造成肠黏膜损伤。中国农业科学院研究发现长期给仔猪饲喂高脂、高能量饲粮，会引起仔猪脂代谢紊乱、脂肪异常沉积，如产生脂肪肝症状并引起非菌性炎症，在此基础上，通过代谢组学方法探讨了相关的分子机制。四川农业大学研究发现长期给 Lee-Sung 仔猪饲喂"高营养"商品化日粮，可导致糖脂代谢紊乱、脂肪肝等代谢综合征，并揭示 SIRT1/AMPK 及其下游信号通路可能是导致这一病理生理变化的关键因素之一。酮病是临床上最常见的代谢失衡性疾病，在高产奶牛最为常见，南京农业大学研究发现，外周血酮体水平升高导致机体总抗氧化能力的降低，并引起机体脂质过氧化反应；奶牛亚临床酮病可以导致乳房炎发病率升高。

2. 畜禽代谢失衡的营养调控

四川农业大学研究发现，以植酸酶和非淀粉多糖酶为主的液态复合酶制剂可明显缓解饲粮低营养水平，尤其是有效磷水平降低对肉鸭生长性能及钙、磷代谢造成的不利影响。南京农业大学研究表明，日粮添加牛磺酸可以缓解高营养负荷造成的肝、肾、输卵管等脏器的进行性炎症变化。日粮添加蛋氨酸可协调机体蛋白、脂肪和葡萄糖代谢，促进母猪泌乳和仔猪生长。在营养调控奶牛酮病方面，黑龙江八一农垦大学的研究表明，在日粮精料中添加过瘤胃葡萄糖，能有效地提高奶牛泌乳量和升高血糖水平，降低酮体水平，改善能量代谢失衡。

3. 母体营养与应激对子代代谢的调控研究

动物胚胎和新生期的营养和应激可通过表观遗传机制对子代的生长、代谢和健康产生长期影响。南京农业大学经过一系列研究发现：妊娠母猪日粮添加甜菜碱可改变子代海马中印迹基因 IGF2 调控序列的甲基化水平，影响 IGF2 表达，从而影响海马的发育；妊娠母猪日粮添加甜菜碱还可改变子代胆固醇代谢基因的甲基化水平，从而影响仔猪肝脏胆固醇代谢。妊娠期和哺乳期母猪日粮蛋白限制可影响断奶仔猪骨骼肌 Myostatin 信号通路，从而影响骨骼肌蛋白质合成。

（四）动物应激与免疫的生理调控

畜禽集约化生产中所面临的长期的慢性应激，显著影响动物健康与生产性能。运用体内外应激模型，研究揭示了应激导致代谢和免疫功能紊乱的机制，并探索了缓解动物应激的生理调控技术。发现在日粮中添加刺五加多糖、丁酸钠，补充精氨酸和谷氨酸等，可缓解仔猪断奶应激；注射重组鸡干扰素-γ，可缓解应激对肉鸡生产性能的影响。

1. 应激影响机体代谢和免疫的机制研究

东北农业大学研究发现，冷应激可通过脂联素-PPARα-AMPKα途径调节鸡肝脏脂质代谢，导致鸡脂质代谢紊乱、肝脏损伤，并伴随炎症相关基因和热休克蛋白基因的上调。此外，在鸡遭受急性或慢性冷应激后肠道 IgM、IgA、IgG 和 IL-7 水平发生显著变化为揭示冷应激致鸡代谢性炎症的机制提供了基础资料。南京农业大学研究发现热休克蛋白 27（Hsp27）αB-晶状蛋白在热应激中发挥重要作用，发现长期添加皮质酮模拟慢性应激时，肉鸡肝脏胆固醇稳态失调。中国农业大学研究表明，大鼠暴露于热应激状态下，可引起细胞骨架重构，并伴有炎症反应，最终导致肠上皮细胞损伤，肠道屏障的完整性破坏。

2. 缓解动物应激的生理调控研究

沈阳农业大学研究表明，饲喂刺五加多糖能缓解断奶应激引起的仔猪生长抑制。浙江大学研究表明，丁酸钠可通过增加血清 IgG 浓度、增加空肠 IgA 阳性细胞数量及维持肠道黏膜完整性来缓解仔猪断奶应激。中科院有学者研究发现，日粮中补充精氨酸和谷氨酸可减轻由脱氧雪腐镰刀菌烯醇引起的机体损伤。东北农业大学研究发现改性埃洛石纳米管可缓解玉米烯酮引起的氧化应激、炎症反应和免疫功能下降。此外，注射重组鸡干扰素-γ可以降低应激导致的肉鸡血清中 IL-1 和皮质酮升高，缓解应激对肉鸡生产性能的影响。

二、兽医内科技术进步

近两年，中国农业大学、南京农业大学、吉林大学、西北农林科技大学、东北农业大学、华中农业大学、山西农业大学、四川农业大学、华南农业大学、扬州大学、江西农业大学、广西大学、内蒙古农业大学、云南农业大学、甘肃农业大学、山东农业大学、中国农业科学院兰州畜牧与兽药研究所等单位在临床兽医常见病诊治技术（内科）方面开展了广泛深入的研究。抗猪热应激的富硒复合菌饲料添加剂及其应用、富含有机硒和有机锌的复合益生菌制剂、用于调控牛羊围产期能量代谢障碍的微生物饲料添加剂、疯草中苦马豆素的提取工艺 4 项研究获得发明专利。

（一）消化系统疾病

反刍动物内科疾病中 80% 为消化道疾病，而前胃疾病占其中的主要部分，本病严重阻碍了养殖行业的发展，并造成了巨大的经济损失。大量临床实践表明，中草药对多数前胃疾病有效，并且积累了极为丰富的临床经验。文献报道的当归苁蓉汤、槟片散、中药玉片等在治疗牛前胃疾病方面都具有良好的效果。中药防治牛前胃疾病具有较大的优势和发展前景，冯昌荣等认为前胃弛缓的病理本质是脾虚，用四君子汤作为基础药方，对症治疗，效果明显。甘肃农大动物医院鲁希英等采用自拟的当归通幽汤和健脾理肺散，取得了 85% 的有效率；徐有盛对牦牛前胃弛缓采用天麻散加减治疗取得一定效果；彭代国用以消促补法治疗牛前胃弛缓，用曲蘖散加减治愈率达到 93.9%。

（二）泌尿系统疾病

近两年，肾功能衰竭的体液疗法、尿结石的诊断分析技术与皮肾镜微创治疗及体外碎石治疗均已取得明显进步，从而延缓了这类患畜的死亡。

1. 急性肾功能衰竭

急性肾功能衰竭的发病机理复杂多样，并未有一个统一的说法，综合各类研究，主要有以下几方面：肾脏血流动力学改变，细胞代谢改变，中毒性改变，阻塞性改变。由于急性肾功能衰竭在小动物中的发病率越来越高，其诊断与治疗方法与人类疾病大致相同，但大多采用输液疗法进行治疗，腹膜透析耗时较多、操作技术要求较高且费用较为昂贵，透析后还需要 24h 监护，而血液透析相比腹膜透析更难操作、更为昂贵，因此其在宠物临床上后两种方法并不常用。另外，在人身上会用到肾脏移植，在猫上，肾脏移植的急性排斥反应很少见，但在犬上绝大多数都会发生急性排斥反应，所以肾脏移植在临床上更不适用。不过，随着宠物医疗水平的发展和人类观念的改变，动物急性肾功能衰竭也将慢慢实现腹膜透析、血液透析，乃至肾脏移植等高级的治疗方法且将明显提高治愈率。

2. 尿结石

研究表明，尿液中草酸、钙离子含量过高、成石核心的存在、尿路结构成为结石形成的重要条件。而在治疗和研究尿结石的过程中，对尿结石成分与结构的分析是了解尿结石成因的基础，是预防动物尿结石的依据。在兽医临床和研究过程中最常用的结石分析方法有化学分析法、偏光显微镜法、红外光谱分析法、X线衍射分析法、扫描电镜观察法、原子力显微镜等。随着兽医临床医学的不断发展和对尿结石的深入研究，化学分析法在尿结石分析中的应用越来越少，而 X 线衍射法、电子显微镜法、原子力显微镜法等在尿结石研究中应用越来越多。对于尿结石的治疗，目前排石冲剂、别嘌呤醇等药物效果不够明显。皮肾镜微创治疗及体外碎石等新的治疗方法有望用于兽医临床，同时中药制剂也有很好的发展潜力。

（三）营养代谢病

1. 硒缺乏

调查表明，我国有 2/3 以上的地区饲粮和牧草缺硒。研究证明，硒具有抗氧化、提高机体免疫力和抗病力，调节机体代谢，影响繁殖机能，抗肿瘤，延缓衰老，颉颃有毒元素等多种功能。研究发现了硒特别是硒蛋氨酸能抵抗猪圆环病毒 2 型与细小病毒以及鸡传染性法氏囊病病毒的感染。从影响硒蛋白基因表达、分子免疫和内分泌等方面阐明了硒的作用机理，研制成功并推广应用了以通过测定血液中谷胱甘肽过氧化物酶活性为主的综合快速诊断技术与补充有机硒为主的综合防控技术，取得了重大经济效益。

2. 维生素 A 缺乏

在我国广大的农村，近年来仍有维生素 A 缺乏症的病例，如家禽维生素 A 缺乏症的病例，其发病率达 17.3%，死亡率为 12.3%。同时，日粮中维生素 A 的添加量必须要适量，试验证明，日粮中添加过高含量的维生素 A 会提高肉鸡胫骨软骨发育不良的发病率，降低生产性能和改变皮肤色素的沉积。

3. 生物素缺乏

有学者以小鼠为试验动物，发现生物素缺乏将导致小鼠胸腺质量显著下降和细胞结构变化，生长速度下降。也有学者以肉仔鸡为试验对象，发现生物素缺乏时抑制免疫器官发育，降低免疫器官质量指数。研究表明，淋巴细胞体外培养环境生物素缺乏时，有丝分裂原诱导的 T/B 淋巴细胞的增殖被抑制。血液丙酮酸羧化酶是评价生物素状况的良好指标。在实际生产中，生长速度、饲料转化效率、孵化率和哺乳性能等指标都是评价生物素水平是否适宜的重要参数。酶联免疫吸附测定方法已被用于测定血液及其他液体中的生物素含量，该方法是利用链霉抗生物素蛋白的强结合特性。同位素稀释法和同位素示踪法已被用于生物素分析，该方法敏感，所得结果可与植物乳杆菌测定法相媲美。极谱分析法也用于生物素测定，其灵敏度达到微生物水平。纸层析方法也可用于生物素测定。

此外，浙江大学、东北农业大学、湖南农业大学、中国农业科学院家禽研究所、黑龙江八一农垦大学等单位开展了营养代谢病的代谢组学研究。代谢组学作为一种新兴的技术与分析手段，通过研究生物体体液或组织代谢物的变化来认识其生理与生化状态，进而解释隐藏其后的生物学规律。我国奶牛营养代谢组学的研究目前刚刚起步，主要集中在瘤胃液、牛奶、血液和尿液等体液及少量组织，随着奶牛代谢数据库的不断完善，代谢组学与基因组学、转录组学、蛋白组学等上游组学的深入结合，将能更好地促进系统生物学发展，推动从机理层面解决奶牛营养问题。

4. 蛋鸡骨质疏松症

从病因学、单光子吸收法应用、骨代谢生化标志物应用、钙调节激素变化、鸡骨保护素分泌表达多方面对笼养蛋鸡骨质疏松症进行了深入的研究。研究证明，OPG/ODF/RANK 是调控鸡破骨细胞形成和活化的主要机制，这为进一步了解 OPG/ODF/RANK 通路在蛋鸡骨质疏松发生过程中的作用提供理论基础。防治方面，研究初步阐明了该病的发病机理，研制了产品"骨疏康"等药物，具有较好的预防效果。植物雌激素依普拉芬既具有雌激素样作用又具有降钙素的疗效，其通过抑制骨基质融解，刺激骨骼生长来减少骨质的循环率。日粮中添加依普拉芬后，依普拉芬在组织和蛋中的残留较少，是一种具有良好开发前景的预防和治疗蛋鸡骨质疏松症的药物。

5. 围产期奶牛能量代谢障碍性疾病研究

本病主要发生在处于从产犊前 2～3 周开始至产后 4～5 周为止的高产奶牛，发病率高，且多发于日产奶 30kg 以上的高产牛。围产期奶牛肝脏 PC mRNA 和 PEPcK mRNA 表达增加，提示肝脏增强了对乳酸、丙酮酸和氨基酸的代谢。据报道，围产期奶牛血液瘦蛋白浓度和尾部白色脂肪瘦素 mRNA 表达增加。同时，现研究已表明，自然发生酮病、脂肪肝的病牛活体肝组织 PEPcK mRNA、脂肪组织 HSL mRNA、Leptin mRNA 基因表达水平降低，显示酮病、脂肪肝的肝糖异生障碍与 PEPcK mRNA 丰度降低有关，Leptin 可能介导了酮病、脂肪肝病牛的能量负平衡。张志刚等建立了乳汁 BHBA 检测试纸条的反应原理，初步建立了试纸条组分和反应条件，以血液 BHBA>1 200μmol/L 作为奶牛亚临床酮病的诊断标准，分析了自制试纸条、国外同类试纸条、酮粉和尿液分析试纸条的检测敏感性和特异性。结果表明，自制乳汁 BHBA 分析试纸条的检测敏感性和特异性达到了国外同类试纸条产品的标准。对奶牛脂肪肝的诊断主要是肝脏的组织学检查、血液生化指标检测和肝脏的穿刺检查，近些年利用超声进行脂肪肝的诊断获得很好的效果。国内外常采用葡萄糖疗法、替代疗法和激素疗法治疗原发性酮病具有良好的疗效。但是一旦发生脂肪肝，这些方法的疗效不佳。

6. 肉鸡腹水综合征

我国十多个省份存在该病流行。目前，对于该病的研究主要集中在：由肺细小动脉血管重构引起的肺动脉高压，由氧自由基引起的心、肺等器官的细胞损伤，由心脏病变（包括心脏的传导系统，房室瓣膜，心肌等）所致心脏功能的变化。防治方面，许多学者认为关键是抗病育种，目前，已发现的与肉鸡 AS 抗性相关的遗传性状有：RV/TV 值，PCV 值，血清心源性肌钙蛋白 T 浓度，红细胞携氧能力，机体代谢率，线粒体电子传递链蛋白等。研究表明，补饲维生素 C 有一定的效果，其机理可能是与维生素 C 可缓解肉鸡肺小血管重构有关。另外，实行早期限饲是普遍公认的肉鸡

AS的有效预防措施。

7. 蛋鸡脂肪肝综合征

有学者认为，胞浆内脂质的过氧化产生大量的自由基是蛋鸡脂肪肝综合征发生的一个重要原因。产蛋期的鸡代谢比较旺盛，肝脏内游离的脂肪酸比较多，易被氧化产生大量的自由基，破坏细胞的生物膜结构，导致合成的脂肪不能及时转运到胞外，从而造成了脂肪在肝脏中的蓄积。谷草转氨酶（AST）、乳酸脱氢酶（LDH）和谷氨酸脱氢酶（GDH）的活性与正常鸡中相比明显偏高，血浆中这三种酶的活性有助于对脂肪肝出血综合征进行活体诊断。我国兽医内科学工作者对蛋鸡脂肪肝进行了持续性的研究，该病以预防为主，科学合理调整饲料结构，降低能量与蛋白质含量的比例，可防止能量过高而引起的脂肪过度沉积。有试验提出，能量约11.3MJ，蛋白与能量比约为61∶1的日粮，脂肪肝的发生率最低。在日粮中添加蛋氨酸、胆碱、生物素、B族维生素、维生素E及微量元素等，可有效降低肝中的脂肪含量，产蛋率显著提高。在日粮中添加不饱和脂肪酸也有助于缓解脂肪肝的出现，有研究表明，在日粮中添加共轭亚油酸具有降低机体脂肪，提高瘦肉率的作用。

（四）中毒性疾病

1. 疯草中毒

"疯草"是棘豆属和黄芪属中有毒植物的统称，主要分布西南、华北牧区和高海拔草原上，疯草含有剧毒，牲畜食用后会引起中毒死亡，又因其生长特性不易被彻底清除，也在很大程度上破坏了草地的生态平衡，严重影响地方畜牧业发展。近年来，针对疯草中毒对畜牧业生产造成的危害，我国科研人员在此方面取得了很大进展。青海省农牧学院王凯研制的"棘防E号"药物经过多次试验和改进，使绵羊甘肃棘豆中毒症状出现的时间推迟了35～51d。西北农林科技大学赵宝玉等科研人员经过7年攻关，研制出草原有毒"疯草"中毒的解毒剂。只要牲畜注射了这种解毒剂，即使吃了各类有毒"疯草"也会平安无事。阿左旗兽医站高级兽医师达能太潜心研制的"疯草灵"解毒散和缓释丸，在阿左旗、青海省等地推广应用，取得了一定的效果。童德文等将溴乙酸与N-羟基琥珀酰胺亚胺反应成活性酯，在与苦马豆素合成为N-羧甲基苦马豆素，最后与BSA缩合为SW-BSA，透析后冰冻干燥，经乳化研制出苦马豆素疫苗，有效期为12个月，保护率达85%。由于"疯草"中有毒成分和地域存在差异性，而牧民们对解毒药物制剂的喜好也有差异，致使上述成果的大规模生产及推广应用受到一定程度的限制，因此，研制高效、成本低、适合广泛应用的解毒制剂或疫苗将势在必行。

2. 氟中毒

我国兽医临床工作者对动物氟中毒的发病机理和防控方法进行了深入的研究，取得了一系列成果。氟中毒机理主要有以下几个途径：①高氟导致超氧阴离子自由基产生增多；②消耗和抑制 SOD，GSH-Px 等抗氧化酶活性，使过氧化物的水平升高。氟离子还可导致构成抗氧化酶辅基的二价金属阳离子的失衡，从而导致其抗氧化酶水平和活性的降低；③氟可降低体内非酶性抗氧化物的含量，使体内重要的非酶性抗氧化物叶酸和 GSH 等水平降低，从而干扰它们消除自由基和阻断脂质过氧化反应的能力；④氟还可在动物机体内形成三氟甲烷或四氟甲烷等氟代羟化物，经进一步脱羟基后形成自由基，产生脂质过氧化作用。由于氟中毒的发病机制仍然不清，氟中毒治疗药物研究无法出现进展。氟中毒治疗药物仍然为传统的氢氧化铝、钙、硼、镁、卤碱等药物，主要减少机体对氟的吸收；增强机体新陈代谢，促进氟化物的排泄。

3. 霉菌毒素中毒

目前检测霉菌毒素的方法有很多种，如薄层色谱法（TLC）、气相色谱法（GC）、高压液相色谱法（HPLC）和各种联用技术如气质联用（GC-Ms）液质联用（HPLC-MS）等，以及基于免疫化学基础上的免疫分析方法如免疫亲和柱—荧光检测（IAC-FLD）和酶联免疫吸附法（ELISA）等。我国临床兽医工作者建立了将霉菌毒素进行生物转化变成无毒的产物的方法，生物方法特异性高，只针对霉菌毒素起作用而不会破坏饲料和原料中的其他成分，不会降低饲料的营养价值，而且生物转化法对玉米赤霉烯酮、呕吐毒素、T-2 毒素和赭曲霉毒素都有效。最近研究发现，日粮中添加亚硒酸钠对黄曲霉素 B1 中毒雏鸡免疫器官有保护作用，可减轻胸腺、脾脏和法氏囊的病理损伤，减少细胞凋亡，升高胸腺、脾脏和外周血成熟 T 淋巴细胞数量，并通过升高血清中IL-2、IFN-γ、IgA、IgG 和 IgM 含量减轻 AFB1 导致的细胞和体液免疫抑制，其保护机理与硒的抗氧化调节和凋亡调控有关。

（五）小动物内科疾病

近年来，国内小动物内科的诊疗水平有了显著提高，彩超仪、CT、X-射线机、MRI 和全自动血液分仪、生化分析仪等仪器在许多小动物医院得到了广泛应用。小动物疾病，如糖尿病、肝胆疾病、心脏病、癫痫病、慢性肾功能衰竭、犬尿石症和洋葱大葱中毒等都进行了一定的临床研究，诊治水平明显提高，新的诊断技术的应用，使得小动物肿瘤病、内分泌系统疾病和神经系统疾病等的诊断准确率大幅提升。临床病理学检、病原微生物的分离培养与药敏试验技术的普及，对兽医师判断预后和提高治疗成功率起到了重要作用。诊断与检测技术是进行动物疾病诊断和流行病学研究的必要手段和基础。诊断试剂的研究最近几年取得了令人可喜的成绩，针对多种疾病建立了特异、敏感的 PCR/KT-PCR 等诊断方法，并初步形成了试剂盒产品，如犬瘟热病毒和犬细小病毒胶体金快速诊断试纸、犬猫弓形虫的 ELISA 诊断试剂等。这些免疫诊断试剂（盒）的初步研制成功，为提高国内小动物疫病诊断水平，为小动物疫病诊断试剂的产业化和商品化奠定了基础。

（六）氨基酸螯合微量元素

研究表明，赖氨酸铁的吸收效果高于无机铁，蛋氨酸锌组的吸收效果较无机锌组高。对猪和鸡饲喂蛋氨酸螯合铁、锌、猛、钴饲粮，其生物学效价显著增加。研究还发现，肉鸡对氨基酸螯合锌的吸收利用率显著高于 $ZnSO_4$。螯合微量元素接近于酶的天然形态而有利于吸收，能够提高鸡免疫功能，提高机体免疫应答反应，发挥抗病、抗应激作用。给妊娠后期母猪和哺乳母猪饲粮中添加氨基酸螯合铁，可预防仔猪缺铁性贫血，提高仔猪抗病能力。试验证明，围产期给母猪补甘氨酸螯合铁，仔猪出生后可不进行补铁处理，且健康状况良好。给母猪日粮中添加甘氨酸铁后，血液和初乳中铁含量均比硫酸铁组显著提高，21d 仔猪日增重也显著增加。在妊娠后期给母猪添加螯合铁后，发现添加螯合铁可提高初生仔猪含铁量，提高仔猪初生重，减少死胎数。微量元素氨基酸螯合物还能提高瘤胃氨基酸和微量元素的吸收利用率，可提高动物的日增重和饲料转化率，提高产奶量，降低乳房炎发病率，减少腐蹄病发生。

三、兽医外科、产科技术进步

中国农业大学、南京农业大学、吉林大学、西北农林科技大学、东北农业大学、华中农业大学、山西农业大学、四川农业大学、江西农业大学、广西大学、黑龙江八一农垦大学、浙江大学、云南农业大学、中国农业科学院兰州畜牧与兽药研究所等单位在外科、产科临床诊治方面开展了广泛深入的研究，在影像学技术扩展、新型麻醉气体的应用与术后镇痛技术、头面部疾病诊治、肿瘤外科治疗技术、骨科手术与外科新材料方面取得诸多进展。标志性成果包括：核磁共振、新型麻醉气体——七氟醚、多梯度镇痛技术在外科诊疗中得到应用，微创白内障与青光眼手术、犬全髋关节置换与脊椎手术得以开展。此外，还建立了大熊猫产科疾病诊治体系。

（一）技术发展

1. 影像学技术

将 X 线、CT 与 B 超检查技术应用于小动物临床诊疗，在小动物外科疾病诊疗活动中起到重要的技术支持。核磁共振成像技术应用于国内小动物临床，为小动物常见的肿瘤疾病、神经系统疾病、胸腹外科疾病以及脊椎疾病的临床诊断与定位提供了有力的支持。

2. 麻醉学技术

将更为安全有效的吸入麻醉技术广泛应用于我国宠物、奶牛、赛马与野生动物临床，在全面的术前检查配合下，将手术麻醉安全系数提高了近 1 000 倍。对小动物硬膜下麻醉进行了大量实验研究，并结合先进的造影技术对不同麻醉药物的给药途径、体内分布与代谢过程进行了分析，筛选出适合应用于小动物临床的局部麻醉药物。将电针麻醉应用于兽医外科临床治疗活动，并进行了大量实验研究，发表多篇相关文章，这些研究成果极具中国特色，是现代兽医麻醉学有益的补充。

七氟醚等高效的吸入麻醉药物已经普遍应用于小动物临床上，手术前的综合检查（血常规指标、血液生化指标、血气指标、凝血时间）已经成为手术前常规的检验指标。

新的镇痛药物在小动物临床上得到越来越广泛的使用，提高了动物福利，减轻了动物的手术痛苦。手术中的生理指标监护已经成为围手术期的常规技术和必要手段。麻醉中静脉输液已经得到广泛的应用，提高了手术动物的手术成活率。

3. 头部外科技术

应用冷超声乳化技术进行动物白内障摘除术，并实现小切口人工晶体植入术，并将该手术推广至兽医临床。在动物异体角膜移植、青光眼及糖网症等技术进行了大量的实验研究与临床应用。在小动物临床开展鼻腔鼻窦切开术，治疗鼻腔肿瘤与鼻部曲霉感染，并应用光固化树脂假体支撑进行颌面部创伤重建。研发适合兽医临床的牙科手术技术，成功地开展了微创拔牙术、根管治疗术、一段与多段植牙术、金属假体。

4. 软组织手术技术

在大、小动物软组织手术技术改进上做出了很多努力，改进了反刍动物真胃变位手术技术，将腹壁切口由最初的 35～40cm 缩小至 15～20cm，并实现了微创条件下的胃壁固定技术，将患畜术后愈合时间缩短一半。应用新型的缝合材料与微损伤缝合技术，对赛马肌腱断裂修复术进行改进，极大地降低了术后感染的可能，并缩短了患畜术后康复所需的时间，延长了多匹赛马的运动寿命。应用肝门静脉造影技术与钛-蛋白复合环钳闭技术治疗小动物肝门静脉短路，挽救了大量患病动物。将腹壁侧切技术应用于小动物绝育手术，使我们在控制流浪动物种群数量的同时，减少流浪动物术后并发症，目前该技术正在全国高校进行推广。

5. 骨科技术

国内首例犬全髋关节置换术的成功实施填补了该领域空白。在小动物骨折骨板内固定技术、膝关节滑车再造技术、胫骨结节移位术方面不断实践与改进，形成了成熟稳定的手术术式。发展了脊椎减压术、椎板开窗术与椎体融合术。

6. 实验动物外科技术

应用腔镜技术，在实验猪进行多种微创手术术式的开发，这些术式既可以直接应用于兽医临床，也可以模拟人类外科手术过程，用于培养优秀的微创手术医生。涉及的手术术式包括：肝胆肿瘤切除术、模拟肺癌肺叶切除术、微创肠截除吻合术、腹腔镜泌尿系统切除重建术、腰大池引流术、子宫卵巢摘除术合并骶骨悬吊术、胃癌切除术与肠系膜淋巴结清扫术等。

7. 外科工程材料技术

在人和动物骨髓间充质干细胞建系和定向诱导分化方面做了大量工作，利用组织工程材料进行外科疾病的治疗，如组织工程尿道治疗犬尿道缺损，组织工程半月板对于犬半月板损伤修复的相关研究。

（二）外科病诊治

1. 牙病

随着我国临床兽医水平的不断提高，动物牙病的诊断与治疗愈发趋于精细化。兽医临床牙科常见病有：牙周病、牙髓病、龋齿、牙磨损、齿折、咬合异常、牙体发育异常、牙畸形、免疫性口炎、口腔肿瘤与牙槽骨损伤等。

牙周病。牙周病的形式有所不同，通常分为牙龈炎和牙周炎两个阶段。对于早期轻微的病变只需要进行洁牙、抛光、去除结石即可，中等程度的病例可能需要进行闭合性根面平整术、龈下刮治术，更为严重的可能需要进行牙龈瓣遮盖术、开放性根面平整术并引导组织再生等。对于已经波及牙根或牙槽骨的病例，需要进行拔牙和/或牙槽嵴整复。

牙磨损。对近期发生、急性磨损或断裂的具有活髓且未暴露牙髓腔的牙齿，考虑使用牙本质黏结剂进行牙本质小管封闭。在急性牙本质小管暴露的病例中可以考虑使用牙本质密封材料。这些密封材料可防止细菌侵入和细菌副产物通过开放的牙本质小管进入牙髓腔。密封材料还可以在暴露表面经过处理或干燥后，通过阻塞牙本质小管，阻止牙髓腔液体外流来降低牙齿的敏感度和不适感。对于严重磨损，引起牙髓腔暴露或损伤牙髓的牙齿，采取拔牙或根管治疗。牙齿组织缺损严重的患病动物可在根管治疗后使用树脂部分修复牙冠或进行金属全冠修复。

龋齿。如果龋齿轻微且齿根坚固，可进行根管治疗并配合补牙术。若龋齿严重或齿根松动应进行拔牙术。当牙齿受到龋齿侵袭，而口腔内 X 线片显示病变未涉及牙髓或根尖时，应清除掉龋坏的部分，并进行修复。一些修复材料能引起牙髓发炎，因此还需要用一个衬里材料衬垫在备好的窝洞中来治疗牙髓，以免受修复材料的损伤。如果动物牙髓发炎，则进行永久性修复，确保牙冠的密封，防止牙本质（和牙髓）与口腔相通。严重的龋齿会影响齿的坚固性，会在轻微外力的作用下发生折断，应实行拔牙术移除牙齿。

2. 眼病

眼病是兽医外科疾病的重要常见疾病，多数眼病需要借助先进的显微外科手术技术进行治疗，也极大地体现了外科常见疾病诊治技术的高精尖水平。兽医临床常见眼病包括：眼周组织疾病、眼睑疾病、第三眼睑及结膜疾病、角膜疾病、虹膜疾病、青光眼、晶体疾病、玻璃体疾病、眼底疾病、视觉神经系统疾病等。小动物临床中，尤以白内障与角膜溃疡常见；大动物临床中，尤以青光眼常见。

角膜溃疡。 角膜溃疡发病部位可浅可深，深时可致后弹力膜突出，甚至穿孔。溃疡可导致疼痛、角膜不规则、血管化等症状。在溃疡边缘有密集的白色渗出时，表明有严重的白细胞趋化和细菌感染。为了探查小溃疡，常需要局部荧光素染色。在马和犬中，大多数溃疡起初都是因为机械损伤所致；在牛、绵羊、山羊和驯鹿中，感染和机械损伤是主要病因；在猫和马中，疱疹病毒感染是常见病因。所有溃疡都有继发细菌感染和内源性蛋白水解酶"溶解"角膜间质的可能。治疗浅表性角膜溃疡常局部使用广谱抗生素，纠正机械损伤因素，局部使用阿托品散瞳以减轻眼部疼痛。阿托品可以引起大多数动物泪液分泌不足，以及马属动物绞痛等不良反应，应给与足够重视。局部使用血清等药物，为抗蛋白水解酶疗法，可以治疗基质溶解性角膜溃疡。

角膜营养不良也可能牵涉到角膜内皮组织。伴随营养不良和内皮组织退化变性，没有痛感的角膜水肿渐渐形成。随着蔓延至全层皮肤的角膜水肿，形成强烈痛感的角膜上皮疱。早期的治疗方法包括局部多次使用高渗溶液（2%～5%氯化钠或者40%葡萄糖），对于严重的病例，可采用角膜热成形术（Salaras 程序）或全层角膜移植术治疗。

白内障。 大多数白内障可以通过扩张瞳孔和通过后部反光照相瞳孔区域对绒毡层眼底的检查来检测，也可以用裂隙灯生物显微镜直接检查晶状体。唯一有效的白内障治疗方法是手术将晶状体切除。对于犬和马来说，常用超声乳化将白内障摘除，手术在白内障完全成熟和由晶状体确定引起的葡萄膜炎（由晶体组分渗透引起）之前进行产生的效果最好。白内障手术会加剧葡萄膜炎，并且会导致严重的术后并发症。

青光眼。 青光眼的必要诊断程序包括：眼压计眼底检查法（直接或间接），前房角镜检查（前房角和前睫状体裂成像）。较先进的电生理学技术，如图形视网膜电图和视觉诱发电位，视网膜神经节细胞及其轴突的损害评估，这些技术已经成为细胞出现青光眼相关损伤的灵敏度指示器。新的临床高分辨率成像技术，如检测前端变化的超声生物显微镜，检测视网膜和视神经头的变化的光学 X 线断层扫描，可以进行非侵入性的眼内检查。在一些小动物中，压平眼压计已代替 Schiotz 压陷眼压计评估眼内压，其检测结果更准确。

对于开角型青光眼，通过缩瞳剂，局部和全身的碳酸酐酶抑制剂、前列腺素、渗透的和 β-肾上腺素阻断剂进行短期或长期的治疗。这些制剂也可用于狭窄和闭角型青光眼的初步控制，但短期和长期的管理往往需要辅助手术，例如，过滤程序、前房分流、睫状体冷冻疗法。终末期青光眼会导致眼积水和失明，对终末期青光眼的短期和长期治疗也需要手术辅助，如巩膜修复术、摘除术、睫状体冷烙术或者将庆大霉素

（10～25mg）和 1mg 地塞米松混合后注射玻璃体内。抗纤维化药物，如丝裂霉素 C 和 5-氟尿嘧啶可能会延迟或阻止因眼房水流出通道交替变化引起的瘢痕形成，延长他们的功能作用。在猫中，主要通过药物进行治疗，包括局部 β-肾上腺素阻断剂（小型猫科动物慎用）、局部碳酸酐阻断剂，以及和青光眼相关的前葡萄膜炎，可用局部或全身皮质类固激素治疗。

3. 鼻腔疾病

研究表明，除了特异性鼻炎，鼻腔肿瘤和鼻腔真菌病是最常见的鼻腔疾病，分别占到整体发病率的 15％和 8.7％。鼻腔疾病的高发主要是由于动物的栖息环境和自身因素所决定。

鼻腔肿瘤。鼻腔肿瘤的诊断可根据临床症状以及影像学和实验室诊断相结合的方式确诊。常用的影像学方法有 X 线片、CT 和 MRI。用灭菌棉拭子鼻腔采样后压片可进行细胞学检查；动物麻醉后使用内窥镜从鼻腔内采取肿瘤组织可进行活组织检查。

放疗和化疗对于肿瘤初期有一定效果，化疗还可用于术后的肿瘤治疗。但由于鼻腔特殊的解剖学位置和功能，上述两种方法对于中后期的鼻腔肿瘤往往起不到理想效果；手术是治疗鼻腔肿瘤的最确实的方法，手术采用常规鼻腔切开术，如已侵犯鼻窦可进行鼻腔鼻窦切开术，彻底清除肿瘤组织后关闭鼻腔。

鼻腔真菌病。常表现为患犬鼻腔流黏脓性分泌物，打喷嚏，有时带血性分泌物，严重时可大量鼻出血。观察其鼻镜可见色素沉着减退，出现溃疡面。触诊鼻部疼痛、呼吸不畅。全身症状可包括发热，食欲不振，精神萎靡，有时并发癫痫。病原以烟曲霉和青霉最为常见。长鼻犬高发，生存环境中存在大量该类真菌且动物免疫力低下易患该病。易感动物根据临床症状结合影像学及实验室检查可确诊。鼻分泌物涂片检查：患病动物在鼻腔中可形成黄绿色真菌团块，使用灭菌棉拭子采样后涂片进行真菌染色，镜下观察菌丝及孢子；鼻分泌物真菌培养检查：此方法为最准确的真菌鼻腔感染检查方法；影像学检查：X 线片、CT 和 MRI。同鼻腔肿瘤影像学检查方法。

经口腔-软腭-鼻腔通路进行逆向冲洗有一定治疗效果。此方法适用于感染初期，真菌团块较小且不致密，冲洗需配合抗真菌药物的使用；全身应用抗真菌药物进行治疗。此方法因无法消除真菌团块，故不能作为单独疗法，需配合逆向冲洗或手术进行。可根据真菌药敏试验选择合适的抗真菌药物。注意用药后的肝肾功能损伤。手术疗法用于取出较大或较致密的真菌团块。根据其所处位置进行鼻腔切开术或鼻腔额窦切开术，将真菌团块一次性全部取出，保护鼻黏膜，防止出血。术后局部加全身应用抗真菌药物。该病易复发，治疗过程中初期每月复诊进行真菌学检查，后期每半年一次进行复诊检查。

4. 肿瘤疾病

犬猫肿瘤的发生率以母犬的乳腺肿瘤、猫和犬的鳞状细胞癌为主，肛周瘤、皮疣、肥大细胞瘤等比较常见。肿瘤的诊断主要有血液生物标志物诊断、患部肿瘤组织穿刺及病理学诊断和影像学诊断；中国农业大学动物医学院的肿瘤研究团队已经针对犬的肿瘤生物标志物诊断做了十五年的研究，并正在完善中。中西药结合治疗小动物肿瘤病已经取得了一定的临床效果并得到推广，化疗药物的副作用引起了重视，治疗前的个体评估已经成为重要的步骤。

5. 常见骨科疾病

骨关节病是兽医临床上的常见疾病，家养宠物和赛马尤其高发。这些动物由于其特殊的机体构造和作用，常因外伤或运动损伤引起骨关节病。由于动物后躯较重，且发力较强，所以后肢骨关节疾病在整体发病率中占很高比例；因为品种和营养与饲喂的原因，犬的椎骨病和关节疾患的发生越来越普遍。

髋关节疾病。髋关节发育不良（CHD），髋关节疾病的诊断可以通过病史、体格检查和拍摄 X 线片来确诊。保守治疗通过控制体重和给予非甾体类抗炎药缓解症状。股骨头和股骨颈切除术（FHNE），适用于体重较小的犬，尤其是单侧发生的病例。全髋关节置换术（THR）是一种有效治疗犬重度髋关节疾病的方法，手术预后良好。LCPD 的治疗需要进行股骨头和股骨颈切除术（FHNE）。髋关节脱位的治疗可以进行：①人造圆韧带术：在髋关节和股骨头之间固定一根人造材料的非可吸收缝合线，代替损伤的圆韧带。②股骨头和股骨颈切除术（FHNE）：适用于无法整复或即便整复也无法取得良好效果的全脱位病例。③全髋关节置换术（THR）：适用于已发生关节退变的脱位病例。

前十字韧带损伤。前十字韧带损伤多发生于年幼活泼的大型犬，无品种、年龄和性别差异，多由运动损伤引起。通过病史初步怀疑，进一步通过触诊关节囊是否肿胀以及关节液情况，进行抽屉运动检查关节囊稳定性做出初步诊断。应用 X 线片、CT、MRI 进行诊断。高质量的影像学检查可以直观地对该病做出诊断。通过关节液量和白细胞的变化可以诊断退行性关节疾病。对于小体型的犬，如未出现膝关节退行性病变，可采用外固定的方式进行治疗，数周可治愈跛行。使用自体筋膜或人工材料固定在相应位置模拟十字韧带的功能，这些材料不能完全替代十字韧带的功能，可以部分缓解该病的症状。胫骨平台截骨术（TPLO）通过对胫骨平台进行半圆形的截骨术，改变胫骨平台的角度，使胫骨平台面向受力的股骨干，保证膝关节的稳定性。胫骨结节前移术（TTA）通过把胫骨粗笼前移，使膝直韧带前拉，模拟了前十字韧带在关节囊的拉力从而使胫骨平台与膝直韧带垂直而达到稳定。

（三）产科病诊治

1. 犬子宫蓄脓

PGF_{2a} 是临床治疗的最有效药物，同时应用抗生素进行全身治疗；手术摘除子宫卵巢是治疗本病最有效的方法。

2. 奶牛卵巢囊肿与不孕

对奶牛卵巢囊肿的研究从内分泌、组织形态学水平逐渐转向细胞与基因水平，其诊疗手段除了常规的直肠检查与B超之外，彩色多普勒超声仪与三维核磁共振技术也逐渐发挥作用。近些年来，对奶牛卵巢囊肿病的治疗原理在于促进囊肿黄体化，多采用激素治疗的办法。

3. 熊猫产科疾病

在现有文献报道中，以消化系统、呼吸系统疾病最为常见，产科疾病占的比例较低，但随着圈养大熊猫种群不断增加及性别结构的变化（雌性个体增多），大熊猫产科疾病的发病率有升高的趋势，主要包括假孕、不育、流产、难产。产科疾病是大熊猫繁殖障碍的主要原因之一，繁殖障碍又是导致人工圈养小种群衰败的关键因素，所以防治产科疾病尤为重要。

四、中兽医技术进步

中国农业大学、南京农业大学、浙江大学、河北农业大学、西北农林科技大学、福建农林大学、西南大学、北京农学院、东北农业大学、浙江林业大学、华南农业大学、甘肃农业大学、扬州大学、中国农业科学院兰州畜牧与兽药研究所等单位在中药及中医技术用于临床兽医常见病诊治技术方面开展了广泛深入研究。建立了能够用于中兽医病证防治研究的家兔气分证、等证候模型；研发了多种治疗奶牛产科疾病的中药制剂；对奶牛重要前胃疾病、犬老年性心脏病和免疫性皮肤病进行了研究，确定了其证候类型、治疗原则和有效的治疗方剂；研发出一批能够提高畜禽疫苗免疫效的免疫增强剂；进行了针灸治疗犬猫椎间盘突出症、神经麻痹以及退行性关节病的研究，摸索、总结出治疗这些疾病的有效穴位。

（一）中兽医动物病症模型的构建

采用系统生物学、基因组学等研究方法，成功建立了家兔气分证模型、猪热应激模型、大鼠热应激模型、大鼠运输应激模型、气分证热结肠道模型等，从临床症状、理化指标、细胞与分子水平指标以及药物治疗反证等方面对所建立的模型进行了评价，为中兽医证候模型评价体系建立奠定了基础。构建了证候-基因-中药药效的关系模型以及从多方面对中药药效评价的体系，开发出了相关动物模型的中药药效学评价基因芯片；通过靶动物-实验动物-细胞模型关键指标评价及其相关性研究，建立了高通量筛选与评价中药活性部分的细胞平台，可用于筛选与天然免疫、代谢调控和损伤修复相关的中药有效部分。

（二）中药防治奶牛主要繁殖病研究

本节介绍了中药防治奶牛主要繁殖疾病的研究，研发出了一批防治奶牛乳房炎、子宫内膜炎，以及治疗奶牛卵巢静止和持久黄体的中药制剂。

1. 中药防治奶牛乳房炎

研发出了几种有效防治奶牛乳房炎的新型中兽药。通过体外抑菌试验，筛选出了对奶牛乳房炎常见致病菌（葡萄球菌、链球菌和大肠杆菌等）具有较强抑杀作用的中复方，分别研发出了3种治疗奶牛乳房炎的新中药喷膜剂、透皮剂和乳房灌注剂。通过调节乳腺免疫功能降低牛奶体细胞的技术，以补气类中药提取物为主，研制出了1种能减少牛奶中体细胞数的中药制剂，具有显著降低乳汁体细胞数的作用。研制出了2种具有增奶牛免疫机能、降低乳汁体细胞数的新型中兽药超细粉散剂和乳池灌注剂。

2. 中药治疗奶牛子宫内膜炎

研制出了具有抗菌消炎、增强子宫收缩、清洁子宫、恢复子宫内膜创伤、促进伤口愈合作用的中兽药复方益蒲灌注液，以及具有有效治疗奶牛子宫内膜炎的中药栓剂"连诃栓"，对常见奶牛子宫内膜炎致病菌有良好抑制作用。

3. 中药治疗奶牛卵巢疾病

奶牛卵巢静止和持久黄体是引起奶牛不发情的重要疾病之一，目前主要采用激素治疗，效果往往不理想，并可导致激素残留。根据奶牛卵巢静止和持久黄体的病因与临床症状，采用"益气养血、补肝益肾、活血化瘀、壮阳催情"的治疗原则，研制出了具有提升肾阳虚动物卵巢功能、促进奶牛发情的中药复方"藿芪灌注液"，该药能提高雌性小鼠血清雌激素水平和雌孕激素受体基因的表达量，能增强未成熟小鼠子宫、卵巢的生长发育，对奶牛卵巢静止的治愈率为91.67%，对奶牛持久黄体的治愈率为75%。

（三）中药治疗仔畜腹泻

采用中兽医辨证论治的原则，将犊牛腹泻分为湿热性腹泻和虚寒性腹泻两类，并研制出了有效治疗湿热性腹泻的中药"黄白双花口服液"和治疗虚寒性腹泻的中药"苍朴口服液"。根据仔猪腹泻的临床症状及常见的发病原因，确定了涩肠止泻、健胃消食、清热解毒的治疗原则，研发出了治疗仔猪腹泻的制剂"石诃散"。研制出了具有抗氧化、抗应激以及提高乳仔猪免疫机能等综合功效的"芪苓散"；采用给断奶仔猪灌服肠毒性大肠杆菌（ETEC）菌液的方法，制作了断奶仔猪腹泻模型，通过分别给断奶仔猪饲喂含有抗生素或中药提取物的日粮，发现ETEC可引起断奶仔猪肠道的严重损伤和炎症，中药可有效地保护断奶仔猪肠道黏膜免疫机能，减轻肠道组织损伤，降低炎症程度。

（四）牛重要脾胃病的中兽医辨证施治

瘤胃迟缓、瘤胃积食和胃肠炎等更是牛最常发的一类脾胃疾病，针对中兽医辨证施治技术标准缺乏问题，根据临床症状，将前胃弛缓分为脾胃气虚、寒湿困脾、胃寒、胃热和肝胃气滞等五种类型，脾胃气虚治疗原则重在健脾和胃，补中益气，常用方剂以参苓白术散加减；寒湿困脾治疗原则为温中散寒，补脾燥湿，用温脾散加减；胃寒型以暖胃，温中散寒为治则，用温脾散、厚朴温中汤加减；胃热型治疗原则为清热泻下，方用大承气汤加减；肝胃气滞型治疗原则为行气化滞，泻下通便，方用木香槟榔散加减。瘤胃积食可分为过食伤胃型、脾虚食积型和胃热型三种类型，脾虚食积型治疗原则为健脾消积，常用温脾散加减；过食伤胃型治疗原则为消积导滞，攻下通便，方用消食平胃散加减或大承气汤、消积散等；胃热型治疗原则为清泻胃火，方用木香槟榔散加减。胃肠炎可分为冷肠泄泻型、湿热型、脾虚型和肾虚型，脾虚型治疗原则为健脾利湿或补脾益气，方用参苓白术散、补中益气散等加减；湿热型治宜清热解毒，燥湿止泻，方用郁金散、白头翁散、黄连解毒汤等加减。冷肠泄泻型治宜温中散寒，渗湿利水，方用理中汤、五苓散加减；肾虚型治疗原则为补肾壮阳，健脾固涩，方用四神丸加减。

（五）中药治疗母猪产后缺乳综合征与育肥猪发热

研究发现患该病的母猪往往因产后气血不足或气滞血瘀而导致了乳汁生成不足或泌乳减少，确定了"补气补血、活血通络、下乳"的治疗原则，研发了治疗母猪产后缺乳综合征的"芪参催增乳颗粒"。

发热是猪常见的临床症状之一，病猪常表现为精神萎靡、呼吸急促、眼结膜潮红，口渴贪饮，食欲不振或废绝，高热持续不退、全身发红。研制出了由石膏、黄芩等组成，具有清肺胃热、凉血消斑、除烦止渴的功能，能有效持续退热，提高病猪的采食量，改善增重、改善料肉比，有效治疗猪发热的中药液体制剂"膏芩口服液"。

（六）中药治疗鸡球虫病和鸭疫里默氏菌病

研究发现，鸡日粮中添加一定剂量青蒿素、黄花蒿干燥叶片或青蒿素环糊精包合物，均能显著减轻球虫病所造成鸡的腹泻、血便、体重下降等临床症状，降低球虫感染鸡卵囊的排出量以及被寄生组织的病变程度，具有良好的抗球虫效果。另外，在鸡日粮中添加一定量的常山碱对人工感染鸡柔嫩艾美耳球虫病具有良好的治疗效果，试验证明常山碱还能通过提高机体自身免疫力，从而能够大幅度地提高药物的抗球虫效果。

鸭疫里默氏菌（*Riemerella anatipestifer*，RA）病是由革兰氏阴性菌——鸭疫里默氏菌引起的，以鸭心包炎、气囊炎、肝周炎、输卵管炎、关节炎、脑膜炎及败血症为主要特征的鸭传染病，主要危害 3～4 周龄的雏鸭。研制出了由黄连、黄柏和甘草等组成的，能防治 RA 病的中药复方-黄连汤。

（七）中药免疫增强剂

通过给鸡注射免疫抑制剂环磷酰胺，制作了鸡免疫抑制模型，发现给鸡饮水口服人参茎叶皂苷可阻断环磷酰胺的免疫抑制作用，显著升高免疫抑制鸡肠黏膜 IgA 阳性细胞和上皮间淋巴细胞（iIEL）的数量，恢复局部黏膜免疫和全身免疫的功能，对鸡新城疫-禽流感二联灭活苗免疫、鸡新城疫-支气管炎二联弱毒疫苗、传染性法氏囊病弱毒疫苗免疫起增强作用。对淫羊藿、人参、当归、蜂胶、板蓝根等具有增强免疫作用的中药的有效成分进行了系统研究，筛选出 6 种有免疫增强效果的中药成分，筛选出了 2 个效果较好的中药成分复方，证明这些中药成分复方能够促进淋巴细胞增殖、促进淋巴细胞 IL-2、IL-10 和 IFN-γ 的 mRNA 表达；对具有免疫增强效果的黄芪多糖、淫羊藿多糖、香菇多糖进硫酸化修饰后，免疫增强效果会更好。研制出了国家三类新兽药——芪楂口服液和黄藿口服液，芪楂口服液与鸡新城疫疫苗、流感疫苗和法氏囊疫苗配合使用可以显著 ND 疫苗、AI 疫苗、IBD 疫苗的免疫效果，黄藿口服液可提高雏鸡新城疫疫苗和禽流感疫苗的抗体滴度，增强疫苗的免疫效果。

（八）中兽医治疗犬病

1. 针灸治疗犬椎间盘突出症

采用针刺配合氦氖激光照射的方法治疗犬因椎间盘突出引起的瘫痪，取得了良好效果。发现引起的前肢瘫痪，针刺天门、大椎、身柱、抢风、前三里、郗上、肘俞、肩外俞、指间（六缝）等穴；胸腰椎问题引起的后肢瘫痪，针刺悬枢、中枢、命门、阳关、关后、二眼、环跳、后三里、后跟、趾间（六缝）等穴。采用电针治疗的方法也取得了良好效果，发现脊髓受到压迫后，患部脊髓出现微循环障碍，电针可以提高脊髓局部血流灌注量，改善犬椎间盘脱出模型脊髓微循环功能。

2. 针灸治疗犬神经麻痹

针对犬的面神经麻痹进行了临床治疗研究，发现针刺天门、锁口、开关、上关、下关、翳风等穴位，对犬的面神经麻痹有良好治疗效果。针刺抢风、肩井、肩外俞、肘俞、郗上、外关、指间（六缝）等穴，或电针抢风-六缝穴组，能够有效地治疗犬的桡神经麻痹。发现针刺百会、环跳、后三里、阳陵、邪气、汗沟、仰瓦、牵肾、后跟、趾间（六缝）等穴，或电针百会-趾间，或环跳-趾间，或邪气-趾间穴组，对犬的坐骨神经麻痹有很好的治疗效果。

3. 犬退行性关节病的针灸治疗

依据中兽医理论结合患犬的表现，退行性关节病系由气滞血瘀、经络阻塞不通所致，属于气滞血瘀的痹症。针灸具有良好的活血化瘀作用，临床实践证明，针灸尤其是电针治疗对该病具有显著的疗效。不但能够在较短时间内减缓疼痛，改善临床症状，使患犬恢复正常行走，而且 X 线片检查可以观察到骨关节炎呈现显著的"逆转"变化。

4. 犬老年性心脏病的中兽医诊疗

随着犬年龄的增加，以二尖瓣关闭不全、心肌肥大为主的老年性心脏病的发病率不断上升。该病病病程长，病症复杂，表现出渐进性的精神沉郁、倦怠、体瘦毛焦、四肢无力、咳嗽气喘、呼吸急促、口色淡白、脉弱等症状，后期出现咳喘痰鸣、肺水肿、腹水、胸水等症症，舌淡或口唇青紫，脉弱或结代，四肢不温。通过对该病为临床症状的分析，认为该病病位在心，涉及肺、肾、肝、脾诸脏，病机为心气虚和心血瘀，是虚中挟实的症候。治疗采取补气助阳、活血化瘀、渗湿逐饮的原则，标本兼治。以"养心汤"加减制成"犬心康"，在临床治疗犬老年性心脏病方面，能够显著改善患病动物的临床症状，取得了理想的效果。

5. 犬猫免疫性皮肤病的中兽医治疗

按照现代医学方法确诊为免疫性皮肤病的基础上，运用中兽医理论进行辨证，进行了犬免疫性皮肤病的治疗研究。研究发现，根据临床症状，犬免疫性皮肤病可辨为血热生风、血虚风燥、血瘀生风、肝肾不足以及风湿邪侵等多个证候类型，治疗则分别采用清热凉血熄风、补气补血血祛风、活血化瘀祛风、滋补肝肾、祛风除湿等治疗原则。根据这些原则所拟定的处方，往往对该病都有很好的治疗效果，可以在短时间内减轻或消除患犬的临床症状。

（九）改善貂毛皮品质和促进貂生长的中药制剂

开展了改善貂毛皮治疗中药制剂的研究，通过试验，筛选出了由黄芪、白芷、荆芥、菟丝子、女贞子、何首乌等中药组成的中药组方，该方可增强貂机体的抗氧化力和免疫功能，增加貂皮张长度，增加貂皮针毛、绒毛的长度，显著改善貂皮的品质。通过试验筛选出了既可增强貂的免疫功能，提高貂增重速度，同时又对貉皮张大小及皮毛质量有一定改善促进作用的复方党参制剂。

五、动物福利

（一）猪福利养殖研究进展

1. 猪福利评价方法的建立

由南京农业大学牵头，国内五家单位共同合作，结合目前我国畜禽养殖实际情况，在征求管理人员和兽医的意见和建议的基础上，参考欧盟猪福利评价指标，确定了饲喂条件、养殖设施、健康状态、行为模式 4 个福利评价原则，形成了符合我国实际情况的猪福利评估手册以及福利评价标准。采用建立的猪福利评价方法对国内 15 个规模化猪场进行了实地评估，完成猪福利现状调查报告一份，为我国猪福利养殖技术的发展提供了重要依据。

2. 猪饲养过程中福利问题

南京农业大学进行了限位栏以及群养模式的比较研究，发现限位栏与群养母猪繁殖性能差异不显著，但群养组母猪积极社会行为的次数显著增加，刻板行为的持续时间显著降低。研究了剪牙、断尾对仔猪生长和福利的影响，发现不剪牙、不断尾的保育猪和生长猪具有较多的良性探究行为，哺乳期仔猪增重提高。

3. 环境富集影响猪生长性能

华南农业大学和中国农科院北京畜牧兽医研究所研究了环境富集（包括玩具、音乐和气味）对仔猪混群应激，以及生长和健康的影响，发现混群前喷洒原奶味、奶酪味和香草味香味剂能够显著提高仔猪平均日增重，显著减少仔猪皮肤损伤，降低唾液中皮质醇水平；同时观察了不同形状、不同材质以及不同颜色的玩具对仔猪行为和生产性能的影响；发现在夏天炎热季节采用娱乐玩具（咀嚼棒、蹭痒刷、木球）与喷淋降温设施可提高肥育猪的日增重、提高饲料转化效率，促进动物健康。

4. 猪福利养殖的营养调控

上海市农业科学院研究发现断奶仔猪饲喂低精氨酸平衡日粮，可减少仔猪因消化不良而导致的腹泻，减少废弃物排放，改善仔猪健康福利；通过提高妊娠期和泌乳期母猪日粮粗纤维水平，平衡日粮的氨基酸配比，可显著改善繁殖母猪的产仔性能，提高仔猪日增重。

5. 猪福利养殖的环境监测

中国农业大学针对畜禽养殖舍环境监测及养殖动物行为监测需求，设计了畜禽设施福利养殖环境信息监测系统和网络化无接触生长监测平台。南京农业大学研发了母猪饮水行为的无线监测和分娩检测系统以及福利型智能仔猪保温箱系统。

（二）家禽福利养殖研究进展

1. 养鸡场福利状况调研

南京农业大学通过问卷对中国公众和养殖从业人员对农场动物福利的认知情况进行了调查，并选择华南、华东和华中具有代表性的养鸡场就动物福利情况进行了调研，发现了饲养环境差、鸡群应激程度高、免疫力低下是目前养鸡生产中存在的主要福利问题。

2. 肉鸡和蛋鸡福利评估方法建立

山东农业大学、江苏省家禽科学研究所等单位根据目前我国家禽养殖的实际情况，结合生产性能和健康参数，制定了鸡福利养殖的评价指标体系，出版了符合我国实际情况的鸡福利评估手册。

3. 鸡福利养殖的环境与营养调控

中国农业大学、中国农业科学院等单位开发了基于无线通信技术的家禽养殖环境参数自动检测、远程数据传输及信息管理系统；中国农业大学研发了新型栖架立体散养系统，显著提高蛋鸡生产性能和蛋品质；山东农业大学研发了抗热应激的夏季冷水栖架饲养技术，获得了山东省科学技术进步奖。江苏省家禽科学研究所、南京农业大学等单位研究了抗生素替代品、微生态制剂、植物提取物以及牛磺酸等可改善鸡健康福利状态的生理调节剂。

（三）其他动物的福利研究进展

1. 实验动物福利

江苏省已经将实验动物福利的"3R"纳入实验动物管理办法或管理条例中；建立了国家实验动物数据资源中心；并制定了《GB/T 27416—2014 实验动物机构质量和能力的通用要求》。

2. 宠物福利

开展了宠物福利的相关调查和研究，开设了《动物福利和动物保护》的相关课程；为规范犬、猫的产地检疫，农业部制定了《犬产地检疫规程》《猫产地检疫规程》；成立了全国伴侣动物（宠物）标准化技术委员会；加强了宠物诊疗、执业兽医资格考试、执业兽医人员等方面的管理。

3. 牛羊福利

南京农业大学、华中农业大学等单位开展了牛羊福利运输的专项研究，已发布河北省地方标准《DB13/T 1741—2013 缓解生长期奶牛运输应激反应技术规程》、湖北省地方标准《DB42/T 735—2011 育肥牛运输指南》；出版了《猪、牛养殖抗应激技术》等专著。

第五章

兽医药品和兽医器械

一、兽医药品

（一）2013—2014 年农业部批准的新兽药

2013—2014 年新兽药共注册 103 个，按类别分，其中一类 2 个、二类 26 个、三类 55 个、四类 9 个、五类 11 个；按种类分，生物制品 43 个、化学药品 36 个、中药 24 个。生物制品联合研发进一步增多，研发品种以禽苗、猪苗为主；研发成功 2 个一类新药，新型基因工程疫苗研究增多，我国研究成功重组新城疫病毒灭活疫苗等新型疫苗达到国际先进水平；联苗研究品种继续增加，悬浮培养工艺技术研究得到应用。化药和中药没有出现一类新药品种，研发以二类药、三类药为主，主要是仿制药和移植人用药。

表 5-1　2013—2014 年农业部批准的新兽药

种类	一类	二类	三类	四类	五类	总数
生物制品	2	12	29	/	/	43
化学药品	0	12	7	6	11	36
中药	0	2	19	3	/	24
总计	2	26	55	9	11	103

表 5-2　2013—2014 年农业部批准的新生物制品

新兽药名称	研制单位	类别	新兽药注册证书号	公告号
番鸭呼肠孤病毒病活疫苗（CA 株）	福建省农业科学院畜牧兽医研究所、青岛易邦生物工程有限公司	一类	（2013）新兽药证字 41 号	2026 号

（续）

新兽药名称	研制单位	类别	新兽药注册证书号	公告号
猪流感病毒（H1亚型）ELISA抗体检测试剂盒	华中农业大学、武汉科前动物生物制品有限责任公司、武汉中博生物股份有限公司	二类	（2013）新兽药证字05号	1895号
牛分枝杆菌ELISA抗体检测试剂盒	华中农业大学、武汉科前动物生物制品有限责任公司、武汉中博生物股份有限公司	二类	（2013）新兽药证字07号	1905号
狂犬病免疫荧光抗原检测试剂盒	中国人民解放军军事医学科学院军事兽医研究所	二类	（2013）新兽药证字11号	1896号
鸭病毒性肝炎活疫苗（A66株）	安徽省农业科学院畜牧兽医研究所、江苏省农业科学院兽医研究所、国家兽用生物制品工程技术研究中心、南京天邦生物科技有限公司、成都天邦生物制品有限公司、浙江诺倍威生物技术有限公司	二类	（2013）新兽药证字13号	1904号
鸭病毒性肝炎弱毒活疫苗（CH60株）	四川农业大学实验动物工程技术中心、哈药集团生物疫苗有限公司、四川省华派生物制药有限公司、青岛宝依特生物制药有限公司	二类	（2013）新兽药证字21号	1959号
布鲁氏菌cELISA抗体检测试剂盒	中国农业科学院哈尔滨兽医研究所、中国兽医药品监察所、武汉科前动物生物制品有限责任公司、哈尔滨维科生物技术开发公司、北京中海生物科技有限公司、长春西诺生物科技有限公司、哈尔滨动物生物制品国家工程研究中心有限公司、瑞普（保定）生物药业有限公司	二类	（2013）新兽药证字27号	1958号
鸡传染性支气管炎病毒（M41株）血凝抑制试验抗原、阳性血清与阴性血清	北京市农林科学院畜牧兽医研究所	二类	（2013）新兽药证字36号	2008号
狂犬病病毒ELISA抗体检测试剂盒	唐山怡安生物工程有限公司、北京科兴生物制品有限公司	二类	（2013）新兽药证字44号	2035号
鸡新城疫、传染性支气管炎、减蛋综合征、禽流感（H9亚型）四联灭活疫苗（La Sota株＋M41株＋HE02株＋HN106株）	河南农业大学、杭州荐量兽用生物制品有限公司、山东滨州沃华生物工程有限公司、吉林正业生物制品股份有限公司、新疆天康畜牧生物技术股份有限公司	三类	（2013）新兽药证字01号	1883号

（续）

新兽药名称	研制单位	类别	新兽药注册证书号	公告号
鸭传染性浆膜炎二价灭活疫苗（1型SG4株＋2型ZZY7株）	中国农业大学、广东大华农动物保健品股份有限公司、浙江诺倍威生物技术有限公司、辽宁益康生物股份有限公司、广东永顺生物制药股份有限公司、吉林正业生物制品股份有限公司	三类	（2013）新兽药证字09号	1893号
猪圆环病毒2型灭活疫苗（ZJ/C株）	浙江大学、瑞普（保定）生物药业有限公司、浙江诺倍威生物技术有限公司、齐鲁动物保健品有限公司、杭州荐量兽用生物制品有限公司、四川省华派生物制药有限公司	三类	（2013）新兽药证字10号	1893号
禽流感灭活疫苗（H5N2亚型，D7株）	华南农业大学、中国兽医药品监察所、广州市华南农大生物药品有限公司	三类	（2013）新兽药证字12号	1898号
鸡新城疫、传染性支气管炎、减蛋综合征、禽流感（H9亚型）四联灭活疫苗（La Sota株＋M41株＋NE4株＋YBF003株）	青岛易邦生物工程有限公司	三类	（2013）新兽药证字15号	1908号
鸭传染性浆膜炎三价灭活疫苗（1型ZJ01株＋2型HN01株＋7型YC03株）	齐鲁动物保健品有限公司	三类	（2013）新兽药证字17号	1922号
口蹄疫O型、A型、亚洲1型三价灭活疫苗（OHM/02株＋AKT-Ⅲ株＋Asia1KZ/03株）	新疆天康畜牧生物技术股份有限公司、新疆维吾尔自治区畜牧科学院兽医研究所	三类	（2013）新兽药证字19号	1923号
猪口蹄疫O型灭活疫苗（O/MYA98/BY/2010株）	中国农业科学院兰州兽医研究所、中农威特生物科技股份有限公司	三类	（2013）新兽药证字23号	1937号
禽流感（H9亚型）灭活疫苗（NJ01株）	江苏省农业科学院兽医研究所、南京天邦生物科技有限公司、上海海利生物技术股份有限公司	三类	（2013）新兽药证字24号	1938号
兔病毒性出血症、多杀性巴氏杆菌病二联灭活疫苗（LQ株＋C51-17株）	四川省华派生物制药有限公司、四川省精华企业（集团）有限公司	三类	（2013）新兽药证字29号	1972号
鸡新城疫、传染性支气管炎二联耐热保护剂活疫苗（La Sota株＋H52株）	北京中海生物科技有限公司、广东大华农动物保健品股份有限公司、青岛易邦生物工程有限公司、乾元浩生物股份有限公司、山东绿都生物科技有限公司	三类	（2013）新兽药证字31号	1973号

（续）

新兽药名称	研制单位	类别	新兽药注册证书号	公告号
鸡新城疫、传染性支气管炎二联灭活疫苗（Clone30 株＋M41 株）	青岛宝依特生物制药有限公司、青岛康地恩药业股份有限公司	三类	（2013）新兽药证字 37 号	2006 号
猪繁殖与呼吸综合征灭活疫苗（M-2 株）	武汉中博生物股份有限公司	三类	（2013）新兽药证字 39 号	2007 号
口蹄疫 O 型、亚洲 1 型、A 型三价灭活疫苗（O/MYA98/BY/2010 株＋Asia1/JSL/ZK/06 株＋Re-A/WH/09 株）	中国农业科学院兰州兽医研究所、金宇保灵生物药品有限公司、中农威特生物科技股份有限公司	三类	（2013）新兽药证字 40 号	2020 号
重组新城疫病毒灭活疫苗（A-Ⅶ株）	扬州大学、中崇信诺生物科技泰州有限公司、青岛易邦生物工程有限公司、扬州优邦生物制药有限公司、江苏南农高科技股份有限公司、哈药集团生物疫苗有限公司、天津瑞普生物技术股份有限公司、乾元浩生物股份有限公司、广东大华农动物保健品股份有限公司	一类	（2014）新兽药证字 40 号	2169 号
马流感病毒 H3 亚型血凝抑制试验抗原、阳性血清与阴性血清	北京市农林科学院、中国兽医药品监察所、北京中海生物科技有限公司	二类	（2014）新兽药证字 20 号	2106 号
猪口蹄疫 O 型抗体检测试纸条	河南省农业科学院	二类	（2014）新兽药证字 28 号	2126 号
猪圆环病毒 2 型杆状病毒载体灭活疫苗（CP08 株）	武汉中博生物股份有限公司、扬州优邦生物制药有限公司	二类	（2014）新兽药证字 52 号	2195 号
猪传染性胃肠炎、猪流行性腹泻、猪轮状病毒（G5 型）三联活疫苗（弱毒华毒株＋弱毒 CV777 株＋NX 株）	中国农业科学院哈尔滨兽医研究所、哈尔滨维科生物技术开发公司、上海海利生物技术股份有限公司、吉林正业生物制品股份有限公司	二类	（2014）新兽药证字 54 号	2200 号
猪口蹄疫 O 型灭活疫苗（O/Mya98/XJ/2010 株＋O/GX/09-7 株）	中国兽医药品监察所、新疆天康畜牧生物技术股份有限公司、金宇保灵生物药品有限公司、中牧实业股份有限公司	三类	（2014）新兽药证字 01 号	2049 号
鸡新城疫、传染性支气管炎二联灭活疫苗（La Sota 株＋Jin13 株）	河南农业大学禽病研究所、辽宁益康生物股份有限公司、天津瑞普生物技术股份有限公司高科分公司、乾元浩生物股份有限公司郑州生物药厂、国药集团扬州威克生物工程有限公司、浙江美保龙生物技术有限公司	三类	（2014）新兽药证字 03 号	2059 号

（续）

新兽药名称	研制单位	类别	新兽药注册证书号	公告号
猪传染性胸膜炎二价灭活疫苗（1型GZ株＋7型ZQ株）	广东永顺生物制药股份有限公司、吉林和元生物工程有限公司、云南生物制药有限公司	三类	（2014）新兽药证字08号	2075号
鸡新城疫、传染性支气管炎、减蛋综合征、禽流感（H9亚型）四联灭活疫苗（La Sota株＋M41株＋K-11株＋SS/94株）	广东大华农动物保健品股份有限公司	三类	（2014）新兽药证字10号	2083号
羊衣原体病基因工程亚单位疫苗	中国人民解放军军事医学科学院微生物流行病研究所、北京市兽医生物药品厂	三类	（2014）新兽药证字12号	2084号
猪支原体肺炎活疫苗（RM48株）	中国兽医药品监察所、齐鲁动物保健品有限公司、浙江诺倍威生物技术有限公司、山东绿都生物科技有限公司、广东大华农动物保健品股份有限公司、广东永顺生物制药股份有限公司、哈药集团生物疫苗有限公司、吉林正业生物制品股份有限公司、武汉中博生物股份有限公司、中牧实业股份有限公司	三类	（2014）新兽药证字14号	2096号
鸡新城疫、传染性支气管炎、减蛋综合征、禽流感（H9亚型）四联灭活疫苗（La Sota株＋M41株＋HS25株＋HZ株）	哈药集团生物疫苗有限公司、东北农业大学、哈尔滨佰利通生物科技有限公司、扬州优邦生物制药有限公司	三类	（2014）新兽药证字21号	2106号
狐狸脑炎活疫苗（CAV-2RZ株）	齐鲁动物保健品有限公司	三类	（2014）新兽药证字22号	2106号
猪口蹄疫O型合成肽疫苗（多肽2600＋2700＋2800）	申联生物医药（上海）有限公司、中国农业科学院兰州兽医研究所、中农威特生物科技股份有限公司、郑州永继生物科技有限公司	三类	（2014）新兽药证字24号	2016号
猪口蹄疫O型合成肽疫苗（多肽98＋93）	中牧实业股份有限公司	三类	（2014）新兽药证字25号	2115号
Ⅰ型鸭肝炎病毒精制蛋黄抗体	重庆永健生物技术有限责任公司、天津市中升挑战生物工程有限公司	三类	（2014）新兽药证字30号	2130号
猪脾转移因子注射液	青岛易邦生物工程有限公司	三类	（2014）新兽药证字32号	2138号

（续）

新兽药名称	研制单位	类别	新兽药注册证书号	公告号
猪圆环病毒2型基因工程亚单位疫苗	青岛易邦生物工程有限公司	三类	（2014）新兽药证字37号	2168号
猪繁殖与呼吸综合征病毒ELISA抗体检测试剂盒	华中农业大学、武汉科前动物生物制品有限责任公司	三类	（2014）新兽药证字41号	2172号
小鹅瘟冻干卵黄抗体	辽宁益康生物股份有限公司、广州格雷特生物科技有限公司、郑州后羿制药有限公司	三类	（2014）新兽药证字50号	2194号

表5-3　2013—2014农业部批准的新化药

新兽药名称	研制单位	类别	新兽药注册证书号	农业部公告号
非泼罗尼	金坛市凌云动物保健品有限公司	二类	（2013）新兽药证字25号	1938号
非泼罗尼滴剂	金坛市凌云动物保健品有限公司	二类	（2013）新兽药证字26号	1938号
米尔贝肟	浙江海正药业股份有限公司	二类	（2013）新兽药证字34号	1998号
米尔贝肟片	浙江海正药业股份有限公司	二类	（2013）新兽药证字35号	1998号
非泼罗尼	浙江海正药业股份有限公司、上海汉维生物医药科技有限公司	二类	（2013）新兽药证字42号	2026号
非泼罗尼滴剂	浙江海正药业股份有限公司、上海汉维生物医药科技有限公司	二类	（2013）新兽药证字43号	2026号
盐酸多西环素注射液	华南农业大学、洛阳惠中兽药有限公司、挑战（天津）动物药业有限公司、上海公谊兽药厂	四类	（2013）新兽药证字14号	1904号
复方阿莫西林乳房注入剂	中国农业大学、中国兽医药品监察所、北京中农大动物保健品技术研究所、浙江海正药业股份有限公司、广西容大动物保健品有限公司、佛山市南海东方澳龙制药有限公司、齐鲁动物保健品有限公司、郑州福源动物药业有限公司、河南省兽药监察所、北京中农大动物保健品集团湘潭兽药厂	四类	（2013）新兽药证字16号	1908号
磺胺氯吡嗪钠二甲氧苄啶溶液	青岛康地恩动物药业有限公司、青岛康地恩药业股份有限公司、潍坊大成生物工程有限公司、潍坊诺达药业有限公司、菏泽普恩药业有限公司、山西康地恩恒远药业有限公司	四类	（2013）新兽药证字33号	1998号

（续）

新兽药名称	研制单位	类别	新兽药注册证书号	农业部公告号
癸氧喹酯干混悬剂	瑞普（天津）生物药业有限公司、山西瑞象生物药业有限公司	四类	（2013）新兽药证字49号	2035号
阿莫西林硫酸黏菌素可溶性粉	山西恒丰强动物药业有限公司、上海恒丰强动物药业有限公司	五类	（2013）新兽药证字20号	1923号
非泼罗尼	湖北美天生物科技有限公司	二类	（2014）新兽药证字33号	2138号
非泼罗尼滴剂	湖北美天生物科技有限公司	二类	（2014）新兽药证字34号	2138号
莫西克汀原料	浙江海正药业股份有限公司、东北农业大学	二类	（2014）新兽药证字38号	2168号
莫西克汀浇泼溶液	浙江海正动物保健品有限公司、东北农业大学	二类	（2014）新兽药证字39号	2168号
马波沙星	浙江国邦药业有限公司	二类	（2014）新兽药证字48号	2192号
注射用马波沙星	浙江国邦药业有限公司、浙江华尔成生物药业股份有限公司	二类	（2014）新兽药证字49号	2192号
复合亚氯酸钠粉	张家口市绿洁环保化工技术开发有限公司	三类	（2014）新兽药证字04号	2059号
戊二醛苯扎溴铵溶液	洛阳惠中兽药有限公司、普莱柯生物工程股份有限公司、河南新正好生物工程有限公司、洛阳惠德生物工程有限公司	三类	（2014）新兽药证字15号	2096号
过硫酸氢钾复合盐泡腾片	镇江威特药业有限责任公司、镇江合合科技有限公司	三类	（2014）新兽药证字26号	2115号
枸橼酸碘溶液	佛山市正典生物技术有限公司	三类	（2014）新兽药证字27号	2115号
磷酸替米考星	宁夏泰瑞制药股份有限公司	三类	（2014）新兽药证字42号	2172号
磷酸替米考星可溶性粉	宁夏泰瑞制药股份有限公司	三类	（2014）新兽药证字43号	2172号
阿莫西林钠	河北远征禾木药业有限公司	三类	（2014）新兽药证字51号	2194号
复方氟康唑乳膏	青岛康地恩药业股份有限公司、南京金盾动物药业有限责任公司	四类	（2014）新兽药证字02号	2049号
氟苯尼考胶囊（蚕用）	中国农业科学院蚕业研究所附属蚕药厂、东台市头灶蚕药厂	四类	（2014）新兽药证字47号	2192号

（续）

新兽药名称	研制单位	类别	新兽药注册证书号	农业部公告号
硫酸头孢喹肟乳房注入剂（泌乳期）	佛山市南海东方澳龙制药有限公司、齐鲁动物保健品有限公司	五类	（2014）新兽药证字07号	2059号
非泼罗尼喷雾剂	上海汉维生物医药科技有限公司	五类	（2014）新兽药证字09号	2075号
头孢氨苄片	上海汉维生物医药科技有限公司	五类	（2014）新兽药证字11号	2083号
利福昔明乳房注入剂（干乳期）	齐鲁动物保健品有限公司	五类	（2014）新兽药证字13号	2084号
盐酸头孢噻呋乳房注入剂（干乳期）	齐鲁动物保健品有限公司	五类	（2014）新兽药证字19号	2102号
美洛昔康注射液	齐鲁动物保健品有限公司	五类	（2014）新兽药证字29号	2126号
美洛昔康内服混悬液	上海汉维生物医药科技有限公司	五类	（2014）新兽药证字31号	2130号
硫酸头孢喹肟乳房注入剂（泌乳期）	瑞普（天津）生物药业有限公司、内蒙古瑞普大地生物药业有限责任公司	五类	（2014）新兽药证字36号	2159号
硫酸头孢喹肟乳房注入剂（泌乳期）	河北远征药业有限公司	五类	（2014）新兽药证字46号	2192号
硫酸头孢喹肟乳房注入剂（泌乳期）	中国农业科学院饲料研究所、北京市畜牧总站、中牧实业股份有限公司、广东大华农动物保健品股份有限公司、北京立时达药业有限公司、华秦源（北京）动物药业有限公司	五类	（2014）新兽药证字53号	2195号

表5-4 2013—2014年农业部批准的新中药

新兽药名称	研制单位	类别	新兽药注册证书号	公告号
连翘颗粒	青岛康地恩药业股份有限公司、沈阳伟嘉牧业技术有限公司、菏泽普恩药业有限公司、潍坊诺达药业有限公司、青岛康地恩动物药业有限公司、山西康地恩恒远药业有限公司、潍坊大成生物工程有限公司、湖南农大动物药业有限公司	三类	（2013）新兽药证字02号	1883号
连葛口服液	保定冀中药业有限公司、保定阳光本草药业有限公司	三类	（2013）新兽药证字04号	1883号
板蓝根颗粒	北京生泰尔生物科技有限公司、爱迪森（北京）生物科技有限公司、北京普尔路威达兽药有限公司、北京华夏本草中药科技有限公司	三类	（2013）新兽药证字06号	1895号

（续）

新兽药名称	研制单位	类别	新兽药注册证书号	公告号
藿蜂注射液	南京农业大学、扬中牧乐药业有限公司、湖南农大动物药业有限公司	三类	（2013）新兽药证字 08 号	1905 号
柴胡口服液	北京生泰尔生物科技有限公司，爱迪森（北京）生物科技有限公司、北京普尔路威达兽药有限公司、北京华夏本草中药科技有限公司	三类	（2013）新兽药证字 18 号	1916 号
黄白双花口服液	中国农业科学院兰州畜牧与兽药研究所	三类	（2013）新兽药证字 22 号	1959 号
益蒲灌注液	中国农业科学院兰州畜牧与兽药研究所	三类	（2013）新兽药证字 28 号	1958 号
白头翁颗粒	青岛康地恩药业股份有限公司、菏泽普恩药业有限公司、潍坊诺达药业有限公司、青岛康地恩动物药业有限公司、山西康地恩恒远药业有限公司、潍坊大成生物工程有限公司、江西康地恩派尼生物药业有限公司	三类	（2013）新兽药证字 30 号	1972 号
膏芩口服液	成都乾坤动物药业有限公司、齐鲁动物保健品有限公司、四川华蜀动物药业有限公司	三类	（2013）新兽药证字 32 号	1973 号
芪藿注射液	南京农业大学、扬中牧乐药业有限公司、湖南农大动物药业有限公司	三类	（2013）新兽药证字 38 号	2007 号
党参多糖口服液	江西新世纪民星动物保健品有限公司、江西正邦动物保健品有限公司	三类	（2013）新兽药证字 45 号	2035 号
蟾酥注射液	广西北斗星动物保健品有限公司、广西容大动物保健品有限公司、广西普大动物保健品有限公司	三类	（2013）新兽药证字 46 号	2035 号
地锦草颗粒	山东省兽药质量检验所、山东华尔康兽药有限公司	三类	（2013）新兽药证字 48 号	2035 号
清解颗粒	青岛康地恩药业股份有限公司、菏泽普恩药业有限公司、潍坊诺达药业有限公司、青岛康地恩动物药业有限公司、山西康地恩恒远药业有限公司、潍坊大成生物工程有限公司	四类	（2013）新兽药证字 03 号	1883 号
麻杏石甘可溶性粉	山东圣旺药业股份有限公司	四类	（2013）新兽药证字 47 号	2035 号
紫锥菊根	华南农业大学、广州华农大实验兽药有限公司、广东大华农动物保健品股份有限公司动物保健品厂、天津瑞普生物技术股份有限公司、成都乾坤动物药业有限公司	二类	（2014）新兽药证字 44 号	2171 号

（续）

新兽药名称	研制单位	类别	新兽药注册证书号	公告号
紫锥菊根末	华南农业大学、广州华农大实验兽药有限公司、广东大华农动物保健品股份有限公司动物保健品厂、天津瑞普生物技术股份有限公司、成都乾坤动物药业有限公司	二类	（2014）新兽药证字 45 号	2171 号
夏枯草注射液	江西新世纪民星动物保健品有限公司、江西正邦动物保健品有限公司	三类	（2014）新兽药证字 06 号	2059 号
芪草乳康颗粒	青岛康地恩药业股份有限公司、潍坊诺达药业有限公司、菏泽普恩药业有限公司、江西康地恩派尼生物药业有限公司、青岛康地恩动物药业有限公司、山西康地恩恒远药业有限公司	三类	（2014）新兽药证字 16 号	2096 号
香连溶液	北京生泰尔生物科技有限公司、爱迪森（北京）生物科技有限公司、北京普尔路威达兽药有限公司、北京华夏本草中药科技有限公司	三类	（2014）新兽药证字 17 号	2102 号
麻黄止咳平喘口服液	天津生机集团股份有限公司、天津市圣世莱科技有限公司、天津市天合力药物研发有限公司	三类	（2014）新兽药证字 18 号	2102 号
杨黄止痢注射液	成都乾坤动物药业有限公司	三类	（2014）新兽药证字 23 号	2106 号
桉薄溶液	烟台绿叶动物保健有限公司	三类	（2014）新兽药证字 35 号	2159 号
芪芍增免口服液	保定市冀农动物药业有限公司	四类	（2014）新兽药证字 05 号	2059 号

（二）农业部新颁布的兽药检验方法

表 5-5　农业部新颁布的兽药检验方法

检验方法、标准	颁布文件	颁布日期
氟苯尼考粉和氟苯尼考预混剂中非法添加氧氟沙星、诺氟沙星、环丙沙星、恩诺沙星的检查方法	农业部公告第 1924 号	2013 年 4 月 12 日
氟苯尼考制剂中非法添加磺胺二甲嘧啶、磺胺间甲氧嘧啶的检查方法	农业部公告第 1934 号	2013 年 4 月 24 日
阿莫西林可溶性粉中非法添加解热镇痛类药物检查方法	农业部公告第 2085 号	2014 年 3 月 28 日
口蹄疫灭活疫苗内毒素测定法	农业部公告第 2078 号	2014 年 3 月 12 日
口蹄疫灭活疫苗总蛋白测定法	农业部公告第 2078 号	2014 年 3 月 12 日

二、兽医器械

正在制定的《兽医器械管理条例》将兽医器械定义为：单独或组合用于动物的诊疗、处置和疾病预防的仪器、器械、器具、设备及组件、埋置装置、体外检测试剂盒等（包括所需的软件）。

我国的兽医器械研发工作主要是由大中型生产企业承担，少数高等院校、科研院所以及部分单位和个人也承担一定的研究开发工作。兽医器械产品研发既要考虑畜牧兽医领域的实际需求，又要考虑机械加工的技术实现，目前我国兽医器械研发工作主要集中在对国外优质兽医器械的仿制和本土化、已有兽医器械的优化升级、实用型兽医器械的研究和开发。

2013—2014 年，相关单位研制出兽医无针注射器、兽医注射针头接换器、兽医长臂注射器、兽用疫苗温度监控冷藏箱、动物电子耳标等一批兽医器械产品，并已在一定范围内得到了推广和应用。由于我国未对兽医器械提出明确的注册要求，近两年没有任何企业对其研制和生产的兽医器械进行注册。

第六章
兽医科技发展需求与分析

围绕《国家中长期动物疫病防治规划（2012—2020 年）》提出的目标任务，根据兽医科技"十三五"发展需求，立足动物疫病防控和动物源食品卫生安全工作实际，对未来五年兽医科技发展提出以下需求与分析：

一、需要长期研究的行业重大问题

国家中长期动物疫病防治规划以维护养殖业生产安全、动物产品质量安全、公共卫生安全为出发点和落脚点，清晰设定了口蹄疫、高致病性禽流感等 16 种优先防治病种的防治考核标准；要求生猪、家禽、牛、羊发病率分别下降到 5%、6%、4%、3%以下，公共卫生风险显著降低；提出有效降低牛海绵状脑病、非洲猪瘟等 13 种重点防范外来病的传入和扩散风险。"十二五"以来农业部提出了"两个努力确保"的中心任务。实现《国家中长期动物疫病防治规划（2012—2020 年）》和农业部"两个努力确保"的目标任务，迫切需要破解以下技术难题：

（一）动物疫病防治关键技术

针对重点病种，面向防控实际需要，系统开展流行病学、致病与免疫机制、新型疫苗、调查监测和检疫用诊断技术、预防控制特别是净化根除措施研究。病种范围包括：

1. 动物流感；

2. 口蹄疫；

3. 重要人畜共患病：布鲁氏菌病、结核病、狂犬病；

4. 重点寄生虫病：血吸虫病、包虫病、附红细胞体病、弓形虫病、蜱传病、焦虫病；

5. 重点禽病：新城疫、禽白血病、沙门氏菌病、网状内皮增生症、传染性法氏囊病、禽支原体病、禽大肠杆菌病，以及水禽重点疫病；

6. 重点猪病：猪瘟、猪蓝耳病、伪狂犬病、圆环病毒病、病毒性腹泻、链球菌病、副猪嗜血杆菌病；

7. 重点牛羊病：牛支原体病、病毒性腹泻、传染性鼻气管炎、蓝舌病、羊痘、羊口疮；

8. 重点防范的外来病：《国家中长期动物疫病防治规划（2012—2020 年）》提出的非洲猪瘟、小反刍兽疫等 13 种外来病，以及施马伦贝格病等新发病。

（二）动物源性产品安全监管技术

考虑当前动物产品安全监管要求和屠宰管理职能需求，建议启动和加强以下方面研究：

1. 屠宰管理和检疫监管。宰前检疫、屠宰过程风险控制以及宰后检验技术。

2. 动物源性产品致病微生物监管。养殖、屠宰环节沙门氏菌、致病性大肠杆菌、葡萄球菌、肉毒梭菌、李斯特杆菌等的监测、分布和风险控制技术。

3. 耐药微生物及其耐药性监控。细菌、病毒、寄生虫等耐药微生物分布、变化趋势、耐药机理、风险因素及其监测和控制技术。

4. 兽药残留监管。基于我国动物养殖和动物产品生产模式，优化检测技术，定量评估兽药残留可接受水平，界定主要风险因素，提出风险管理措施。

5. 非兽药类添加物危害识别和监管。运用药代动力学、毒理学和风险分析等技术，鉴别不同环节添加物的危害水平；发展痕量、高通量监测技术，健全监管技术措施。

6. 动物产品安全追溯体系。针对禽、猪、牛、羊不同畜种，研发养殖、流通、屠宰环节有机衔接的安全追溯体系。

（三）新产品开发

1. 新型疫苗。以适宜病种为突破口，开展标记疫苗及配套诊断技术、亚单位疫苗、病毒样颗粒疫苗、载体疫苗、多肽疫苗研究，形成疫苗产品（获得新兽药证书）。

2. 诊断试剂。面向一线防控工作，选择适宜病种，开发能够区分强毒与弱毒感染、区分疫苗免疫与野毒感染、区分多病原混合感染、快速及早期诊断试剂，形成诊断试剂产品（获得新兽药证书）。开展诊断试剂规模化生产工艺、动物疫病检测新方法研究。

3. 新型药物和抗生素替代品。基于抗生素导致的残留及抗药性等问题，开展生药、化药、中药以及抗生素替代品研究。

（四）战略高技术

面对我国新兽药研发能力弱、上市药物抗性增强、疫苗生产工艺落后、免疫负担重4大实际问题，建议开展以下研究，引领未来兽药和兽用生物制品创新发展。

1. 天然代谢产物的发掘与评价。筛选无毒性天然微生物、植物、动物及产物。

2. 药物的分子设计与有效化合物的筛选与评价。

3. 抗原的大规模培养、浓缩纯化工艺研究。

4. 基因工程多联、多价疫苗研究。

（五）疫病防治宏观措施研究

我国兽用疫苗、动物疫病诊断技术已达到或领先国际先进水平，为防疫工作提供了可靠工具。但我国动物养殖密度高且卫生条件差、养殖主体多且规模小、疫病传入途径多且流通环节复杂，病原种类多且变异速度快，疫病防治难度极大。实现疫病扑灭净化目标，除研发先进防治工具外，更需强化流行病学、政策措施评价、风险分析研究，为疫病防治工作提供可靠措施手段和决策支持。

1. 流行病学与风险评估。创新流行病学方法技术，研发基层"流行病学工具包（Epi toolbox）"；开展横断面调查（现况调查或患病率调查），运用荟萃分析等技术，掌握主要病种"三间"分布规律；推进定量分析方法创新，界定主要病种风险因素。

2. 动物移动及监管技术措施。发展市场价值链、疫病传播动力学模型等方法技术，定量评价动物及其产品国际贸易、国内流动引发的疫病传播因素，研究基于疫病病原及血清学检测的检疫监管技术和管理措施。

3. 重大疫病综合防控措施。基于社会网络和经济学评价，设计不同类别疫病综合防治措施；按疫病传播特性干预模式，分类开展畜主"知信行评价（KABP）"，开发行为"干预包"；开展兽医机构效能评估（PVS）研究。

4. 疫病的净化与根除。针对不同区域、不同畜种、不同养殖模式，研发重大病种、重要人兽共患病、重点净化病种的监测和净化根除方案，基于试点进行推广。

（六）兽药质量控制与评价

研究兽药制剂非法添加物检测方法和标准，重点控制禁用兽药和人用抗菌药等风险物质；开展兽用生物制品效力检验替代方法、外源病毒检测方法的研究和应用；开展兽药检验质量控制、原辅材料质量控制、SPF鸡（胚）病原微生物检测方法、标准试剂研究；开展兽药处方外非法添加物筛查、检测技术研究；开展兽药残留筛选、定量、确证三个层面分析方法的开发和应用以及残留高通量快速检测技术和快速检测试剂盒研究；创新中药质量控制技术研究。

开展新兽药审评与评价技术、兽药风险评估与安全评价、兽药器械评价技术、动物源细菌耐药性监测与风险评估技术以及疫苗免疫效果评价和风险分析技术研究，优化评估方法及评价技术。

（七）兽医应急科研项目

进入 21 世纪，我国平均 2 年出现一种新发病，如亚洲 1 型口蹄疫、牛支原体肺炎、H1N1 流感、A 型口蹄疫、鸭坦布苏病毒病、H7N9 流感、小反刍兽疫等，为快速有效提供技术支持，应开展新发病储备研究，并设立兽医应急科研项目。

二、需要稳定支持的科技基础性工作

（一）建立动物病原、血清、细胞和化合物库

整合兽医科研网络、疫病监测体系资源，建立动物源性细菌、病毒、寄生虫病原库，动态补充新发病原、变异病原；按区域、畜种代表性原则，动态收集动物血清；按种属、组织，健全动物细胞库；按结构多样化原则，建设化合物库。实现科技资源存储专业化、管理集中化、信息系统化、质控标准化，提供研究资源便利服务。

（二）研制标准抗原、标准血清、标准物质

对主要病种，选择代表性菌毒株，研制标准抗原和阴阳性血清，建设和丰富标准抗原、标准物质库；协同兽药研发网络，研制兽用抗生素、化药、中药标准品、对照品、对照试剂、对照制剂、对照药材等，建设和丰富标准物质库，为提高我国兽医药品研发能力和质量水平提供基础支撑。

（三）兽医科技基础数据长期定位调查监测

按照区域、家畜品种、养殖模式代表性原则，在全国设置 90 个流行病学调查点，定期调查主要病原分布变异情况、养殖场/交易市场/屠宰场动物卫生状况、病原耐药性情况，系统评价疫病发生流行风险和防治效果，研究提出防治政策措施和疫病预警措施建议。

（四）病原生态学研究

研究我国现行养殖模式下猪、禽多病原混合感染情况，多病原互作机理，宿主发病因素等。

（五）动物环境卫生与福利研究

包括气候变化与虫媒分布、养殖环境与疫病发生的关系，养殖、流通、交易、屠宰环节动物福利现状及其与疫病的关系。

（六）兽医科技核心应用技术的适用性研究

研究我国兽医科技核心应用技术包括诊断技术、试剂、疫苗和兽药，根据不同适用目的，开展不同适用技术的应用成本效益分析，在达到预期效果前提下，寻求最经济的解决手段，并形成推荐方案。

（七）实验动物/SPF 动物标准化生产及检测技术

在实验动物生产诸环节，集成特定病原的检测、控制方法和无特定病原评价技术，推动不同实验动物标准化生产，克服我国兽医科研、产品开发的短板。

三、兽医科技对外合作

鉴于我国动物疫苗和诊断技术研究总体已经达到或超过国际先进水平，且发达国家已经消灭诸多重大动物疫病，当前兽医科技引进的重点应转入动物疫病防治管理技术上来。同时，针对周边国家疫病复杂且养殖模式趋于接近我国的现状，提示我应强化与周边国家兽医科技合作，获取其生物资源，做好相关外来病技术储备；推广技术和产品，提高周边国家防治水平，维护我国相关利益。基于以上考虑，提出以下 3 方面项目建议：

（一）兽医科技引进

按照"补齐短板"的原则，重点引进 7 方面技术：

1. 动物疫病管理及防控策略、风险评估、政策评价、高等级生物安全实验室管理技术合作研究与引进；

2. 疫苗佐剂及诊断试剂的稀释剂、保护剂合作研究与引进；

3. 兽药质量控制与评价技术及标准品合作研究与引进；

4. 动物产品安全风险物质定量分析技术合作研究与引进；

5. 动物及动物产品生产环节致病菌监控技术合作研究与引进；

6. 屠宰环节兽医卫生检验与质量控制技术引进；

7. 外来病防治技术合作研究与引进。

（二）周边国家跨境动物疫病防治技术合作

在我国和周边国家共同高度关注的领域，FAO/OIE 已经认可我国 12 个国际参考实验室、3 个国际协作中心和 1 个参考中心，建议在跨境动物疫病病原监测、疫苗与诊断试剂研发、疫病风险分析等方面建设 7 个区域技术合作平台。

1. 动物流感合作研究；
2. 口蹄疫合作研究；
3. 猪繁殖与呼吸障碍综合征合作研究；
4. 狂犬病合作研究；
5. 布鲁氏菌病等人兽共患病合作研究；
6. 新城疫合作研究；
7. 跨境动物疫病流行病学与风险分析合作研究。

（三）主要贸易国无疫评价机制合作研究

开展主要贸易国区域化管理模式研究，引进发达国家区域无疫认可机制及配套技术体系，与出口国开展无疫区域认证合作研究。

四、动物卫生与疫病防控技术体系建设

我国经济社会的快速发展，要求兽医工作承担起维护养殖业生产安全、动物产品质量安全、公共卫生安全、环境生态安全（四个安全）和保障动物福利 5 项重任。在"同一个世界同一个健康"框架下，维护养殖业生产安全只是兽医工作的一项重要任务。农业部各畜种产业技术体系中，疾病控制研究室和首席科学家岗位承担的任务主要是常发病、普通病诊疗工作，无法涵盖重大疫病、人兽共患病、动物产品致病微生物防治，以及新兽药创制和残留监管等公共服务内容。为更好地服务于"两个努力确保"中心任务，应增设动物卫生与疫病防控技术体系，主要包括：

（一）猪病防控体系

应设病毒病、细菌病、寄生虫病 3 个研究室以及东部、中部、西部 3 个猪病净化实验站。

（二）禽病防控体系

应设病毒病、细菌病、寄生虫病、水禽疫病 4 个研究室以及东部、中部、西部 3 个禽病净化实验站。

（三）牛羊病防控体系

应设病毒病、细菌病、寄生虫病 3 个研究室以及牧区、农区、城区 3 个牛病净化实验站。

（四）人畜共患病防控体系

应设血吸虫病、包虫病、布鲁氏菌病、结核病 4 个研究室以及东部、中部、西部 3 个共患病净化实验站。

（五）外来病防控体系

应设 1 个核心研究室，以及西部（河西走廊风险病种）、南部（次湄公河区域风险病种）、北部（欧亚大陆桥风险病种）3 个外来病监测站。

（六）食源性病原微生物防控体系

应设食源性细菌、食源性病毒、食源性寄生虫、微生物耐药性 4 个研究室以及猪源、禽源、反刍动物源 3 个病原微生物风险管理实验站。

（七）兽用生物制品研发及质量控制技术体系

应设新型细菌性疫苗、病毒性疫苗、佐剂、诊断试剂、稀释剂与保护剂、质量与安全评价 7 个研究室，相应设立 7 个创新实验基地。

（八）动物药物研发及质量控制技术体系

应设临床化学药物、化药类添加剂、中药、生物药物（细胞因子、干扰素、抗体、肽类生物制品、防御素）4 个研究室，相应设立 4 个创新实验基地。

（九）宠物与经济动物疫病防控技术体系

应设狂犬病、宠物疫病、毛皮动物病、蜂病、蚕病 5 个研究室。

（十）流行病学与风险评估及防控政策评价体系

应设流行病学、风险评估、防控政策评价 3 个研究室，以及东北、华北、西北、华东、华中、西南、华南 7 个评估实验站。

（十一）动物产品风险因子识别及控制技术体系

应设化学药物残留、重金属残留、潜在风险物 3 个危害控制研究室，以及猪源、禽源、反刍动物源性产品 3 个危害控制实验站。

（十二）动物产品安全控制及可追溯技术体系

应设产地与流通监管技术、屠宰监管技术、信息化技术 3 个研究实验室，以及猪、禽、牛羊产品 3 个全程监管实验站。

（十三）兽医基础性工作体系

应设病原库、血清库、化合物库、细胞库、标准抗原/标准血清库、标准物质库。各疫病防控体系、生物制品/药物研发体系为成员单位。

（十四）实验动物管理与评价体系

应设 SPF 鸡、SPF 猪、模式动物 3 个研究室，相应设 3 个实验站。

附表 1

已转化成果信息

序号	产品名称	类别	产品用途	权属单位	转入单位	转化收入（万元）
1	高致病猪蓝耳病活疫苗种毒、生产工艺	疫苗	疫病防制	中国农业科学院哈尔滨兽医研究所	吉林正业生物制品有限公司	544
2	重组禽流感病毒灭活疫苗（H5N1 亚型，RE-6 株）系列	疫苗	疫病防制	中国农业科学院哈尔滨兽医研究所	哈尔滨维科生物技术开发公司	8 343
3	山羊痘兽用生物防制技术	疫苗	疫病防制	中国农业科学院哈尔滨兽医研究所	哈尔滨维科生物技术开发公司	19
4	鸡新城疫-传染性支气管炎兽用生物防制技术	疫苗	疫病防制	中国农业科学院哈尔滨兽医研究所	哈尔滨维科生物技术开发公司	490
5	伪狂犬病兽用生物防制技术	疫苗	疫病防制	中国农业科学院哈尔滨兽医研究所	哈尔滨维科生物技术开发公司	1 103
6	高致病性猪蓝耳病活疫苗种毒、生产工艺	疫苗	疫病防制	中国农业科学院哈尔滨兽医研究所	哈尔滨维科生物技术开发公司	2 490
7	鸡传染性法氏囊病兽用生物防制技术	疫苗	疫病防制	中国农业科学院哈尔滨兽医研究所	哈尔滨维科生物技术开发公司	187
8	猪圆环病毒 2 型疫苗（LG 株）兽用生物防制技术	疫苗	疫病防制	中国农业科学院哈尔滨兽医研究所	哈尔滨维科生物技术开发公司	3 334
9	猪瘟兽用生物防制技术	疫苗	疫病防制	中国农业科学院哈尔滨兽医研究所	哈尔滨维科生物技术开发公司	158
10	猪蓝耳病兽用生物防制技术	疫苗	疫病防制	中国农业科学院哈尔滨兽医研究所	哈尔滨维科生物技术开发公司	670
11	禽流感-新城疫重组二联兽用生物防制技术	疫苗	疫病防制	中国农业科学院哈尔滨兽医研究所	哈尔滨维科生物技术开发公司	3 409
12	猪传染性胃肠炎与猪流行性腹泻二联灭活疫苗种毒、生产工艺	疫苗	疫病防制	中国农业科学院哈尔滨兽医研究所	山东滨州沃华生物工程有限公司	380
13	猪传染性胃肠炎、猪流行性腹泻、猪轮状病毒（G5 型）三联活疫苗（弱毒化毒株＋弱毒 CV777 株＋NX 株）种毒、生产工艺	疫苗	疫病防制	中国农业科学院哈尔滨兽医研究所	国药集团扬州威克生物工程有限公司	200

（续）

序号	产品名称	类别	产品用途	权属单位	转入单位	转化收入（万元）
14	猪繁殖与呼吸综合征疫苗（CH-1R 株）种毒、生产工艺转让	疫苗	疫病防制	中国农业科学院哈尔滨兽医研究所	广东大华农动物保健品股份有限公司	300
15	鸡产蛋下降综合征兽用生物防治技术	疫苗	疫病防制	中国农业科学院哈尔滨兽医研究所	哈尔滨维科生物技术开发公司	131
16	鸡新城疫和传染性支气管炎（肾型疫苗株）二联活疫苗	疫苗	疫病防制	中国农业科学院哈尔滨兽医研究所	上海海利生物技术股份有限公司	300
17	重组禽流感病毒灭活疫苗(H5N1 亚型，RE-6株) 系列	疫苗	疫病防制	中国农业科学院哈尔滨兽医研究所	乾元浩生物股份有限公司	1 250
18	重组禽流感病毒灭活疫苗(H5N1 亚型，RE-6株) 系列	疫苗	疫病防制	中国农业科学院哈尔滨兽医研究所	南京梅里亚动物保健有限公司	94
19	重组禽流感病毒灭活疫苗(H5N1 亚型，RE-6株) 系列	疫苗	疫病防制	中国农业科学院哈尔滨兽医研究所	青岛易邦生物工程有限公司	2 028
20	重组禽流感病毒灭活疫苗(H5N1 亚型，RE-6株) 系列	疫苗	疫病防制	中国农业科学院哈尔滨兽医研究所	肇庆大华农生物药品有限公司	1 698
21	重组禽流感病毒灭活疫苗(H5N1 亚型，RE-6株) 系列	疫苗	疫病防制	中国农业科学院哈尔滨兽医研究所	广东永顺生物制药有限公司	1 042
22	重组禽流感病毒灭活疫苗(H5N1 亚型，RE-6株) 系列	疫苗	疫病防制	中国农业科学院哈尔滨兽医研究所	哈药集团生物疫苗有限公司	1 039
23	重组禽流感病毒灭活疫苗(H5N1 亚型，RE-6株) 系列	疫苗	疫病防制	中国农业科学院哈尔滨兽医研究所	辽宁益康生物制品有限公司	734
24	猪传染性胃肠炎、猪流行性腹泻、猪轮状病毒（G5 型）三联活疫苗（弱毒华毒株＋弱毒CV777 株＋NX 株）种毒、生产工艺	疫苗	疫病防制	中国农业科学院哈尔滨兽医研究所	成都天邦生物制品有限公司	200

（续）

序号	产品名称	类别	产品用途	权属单位	转入单位	转化收入（万元）
25	猪传染性胃肠炎、猪流行性腹泻、猪轮状病毒（G5型）三联活疫苗（弱毒华毒株＋弱毒CV777株＋NX株）种毒、生产工艺	疫苗	疫病防制	中国农业科学院哈尔滨兽医研究所	吉林正业生物制品有限公司	200
26	猪传染性胃肠炎、猪流行性腹泻、猪轮状病毒（G5型）三联活疫苗（弱毒华毒株＋弱毒CV777株＋NX株）种毒、生产工艺	疫苗	疫病防制	中国农业科学院哈尔滨兽医研究所	北京华都诗华生物制品有限公司	200
27	猪圆环病毒2型疫苗（LG株）兽用生物防制技术	疫苗	疫病防制	中国农业科学院哈尔滨兽医研究所	浙江正立安拓生物技术有限公司	400
28	猪传染性胃肠炎与猪流行性腹泻二联灭活疫苗种毒、生产工艺	疫苗	疫病防制	中国农业科学院哈尔滨兽医研究所	武汉中博生物股份有限公司	380
29	猪传染性胃肠炎与猪流行性腹泻二联灭活疫苗种毒、生产工艺	疫苗	疫病防制	中国农业科学院哈尔滨兽医研究所	青岛宝依特生物制药有限公司	380
30	猪圆环病毒2型疫苗（LG株）兽用生物防制技术	疫苗	疫病防制	中国农业科学院哈尔滨兽医研究所	青岛宝依特生物制药有限公司	1 000
31	高致病猪蓝耳病活疫苗种毒、生产工艺	疫苗	疫病防制	中国农业科学院哈尔滨兽医研究所	哈药集团生物疫苗有限公司	92
32	猪圆环病毒2型疫苗（LG株）兽用生物防制技术	疫苗	疫病防制	中国农业科学院哈尔滨兽医研究所	哈药集团生物疫苗有限公司	1 000
33	传染性支气管炎（LDT3-A株）种毒、生产工艺技术转让	疫苗	疫病防制	中国农业科学院哈尔滨兽医研究所	北京信德威特科技股份有限公司	5
34	传染性支气管炎（LDT3-A株）种毒、生产工艺技术转让	疫苗	疫病防制	中国农业科学院哈尔滨兽医研究所	齐鲁动物保健品有限公司	0.7

（续）

序号	产品名称	类别	产品用途	权属单位	转入单位	转化收入（万元）
35	重组禽流感灭活疫苗（H5N1Re-6株细胞源）种毒技术转让	疫苗	疫病防制	中国农业科学院哈尔滨兽医研究所	山东信得生物疫苗有限公司	70
36	禽流感二价灭活疫苗（细胞源H5N1 Re-6＋H9N2 Re-2株）的种毒、生产工艺技术转让	疫苗	疫病防制	中国农业科学院哈尔滨兽医研究所	山东信得生物疫苗有限公司	200
37	禽流感二价灭活疫苗（H5N1 RE-6＋H9N2 RE-2株）	疫苗	疫病防制	中国农业科学院哈尔滨兽医研究所	哈尔滨维科生物技术开发公司	1 414
38	口蹄疫常规疫苗生产技术	疫苗	口蹄疫疫病的预防控制	中国农业科学院兰州兽医研究所	中农威特生物科技股份有限公司	9 229.79
39	口蹄疫O型、A型、亚洲1型三价灭活疫苗生产技术	疫苗	口蹄疫疫病的预防控制	中国农业科学院兰州兽医研究所	中牧实业股份有限公司	2 000
40	口蹄疫O型、亚洲1型、A型悬浮培养三价灭活疫苗研制	疫苗	口蹄疫疫病的预防控制	中国农业科学院兰州兽医研究所	金宇保灵生物制药有限公司	866.88
41	高致病性猪蓝耳病病毒重组质粒和遗传工程疫苗专利	疫苗		中国农业科学院上海兽医研究所	上海勃林格殷格翰药业有限公司	112.5
42	高致病性猪蓝耳病病毒重组质粒和遗传工程疫苗材料技术	疫苗		中国农业科学院上海兽医研究所	上海勃林格殷格翰药业有限公司	337.5
43	畜禽用疫苗新制剂的研制与开发	疫苗		中国农业科学院上海兽医研究所	吉林正业生物制品有限责任公司等	3 000
44	伪狂犬病细胞传代疫苗（PRV-XBCD株）前期开发技术的转让	疫苗		中国农业科学院上海兽医研究所	成都天邦生物制品有限公司	300
45	海正创新兽药（AH001号）成药性评估项目	兽药		中国农业科学院上海兽医研究所	浙江海正药业股份有限公司	25
46	鸭坦布苏病毒病活疫苗（FX2010-180P株）生产制造技术的转让	疫苗		中国农业科学院上海兽医研究所	上海动健生物科技有限公司	1 200

（续）

序号	产品名称	类别	产品用途	权属单位	转入单位	转化收入（万元）
47	鸭坦布苏病毒ELISA抗体检测试剂盒生产制造技术开发	试剂盒		中国农业科学院上海兽医研究所	青岛易邦生物工程有限公司	60
48	新兽药"常山碱"成果转让与服务	兽药	治疗疟疾	中国农业科学院兰州畜牧与兽药研究所	石家庄正道动物药业有限公司	65
49	奶牛、肉牛、羊舔砖及生产技术	其他	奶牛、肉牛、羊舔砖	中国农业科学院兰州畜牧与兽药研究所	张掖迪高维尔生物科技有限公司	40
50	一种羊早期胚胎性别鉴定试剂盒	其他	羊早期胚胎性别鉴定	中国农业科学院兰州畜牧与兽药研究所	新疆天山畜牧生物工程股份有限公司	6
51	治疗犊牛腹泻新兽药"黄白双花口服液"	兽药	治疗犊牛腹泻	中国农业科学院兰州畜牧与兽药研究所	郑州百瑞动物药业有限公司	40
52	一种防治猪气喘病的中药组合物及其制备和应用	兽药	防治猪气喘病	中国农业科学院兰州畜牧与兽药研究所	江油小寨子生物科技有限公司	100
53	新兽药"益蒲灌注液"	其他	治疗奶牛子宫内膜炎	中国农业科学院兰州畜牧与兽药研究所	河北远征药业有限公司	35
54	一种治疗猪流行性腹泻的中药组合及其应用	兽药	治疗猪流行性腹泻	中国农业科学院兰州畜牧与兽药研究所	江油小寨子生物科技有限公司	100
55	新兽药"鹿蹄素"成果转让与服务	兽药	广谱抗菌类	中国农业科学院兰州畜牧与兽药研究所	青岛蔚蓝生物股份有限公司	40
56	猪肺炎药物新制剂（肺康）合作开发	兽药	治疗猪肺炎	中国农业科学院兰州畜牧与兽药研究所	北京伟嘉湖南农大动物药业有限公司	120
57	板黄口服液	兽药	治疗牛支原体肺炎	中国农业科学院兰州畜牧与兽药研究所	湖北武当动物药业有限责任公司	80
58	"催情促孕灌注液"中药制剂的研制与开发	兽药	家畜催情促孕	中国农业科学院兰州畜牧与兽药研究所	北京中农劲腾生物技术有限公司	100
59	抗病毒新兽药"金丝桃素"成果	兽药	防治鸡群禽流感	中国农业科学院兰州畜牧与兽药研究所	广东海纳川药业股份有限公司	100
60	一种治疗禽传染性支气管炎的药物	兽药	治疗禽传染性支气管	中国农业科学院兰州畜牧与兽药研究所	四川喜亚动物药业有限公司	130
61	水貂犬瘟热活疫苗CDV3株	疫苗	水貂犬瘟热预防	中国农业科学院特产研究所	吉林特研生物技术有限责任公司	2 000

（续）

序号	产品名称	类别	产品用途	权属单位	转入单位	转化收入（万元）
62	水貂细小病毒性肠炎灭活疫苗（MEVB株）生产毒种和批量生产300万毫升规模化生产工艺和技术	疫苗	水貂细小病毒性肠炎预防	中国农业科学院特产研究所	吉林特研生物技术有限责任公司	2 000
63	狂犬病病毒荧光定量RT-PCR检测试剂盒	兽药	用于狂犬病的检测和鉴定	武汉军科博源生物股份有限公司	武汉中博生物股份有限公司	49
64	复方阿莫西林乳房注入剂	兽药	治疗泌乳期奶牛乳房炎	中国农业大学	浙江海正药业股份有限公司，佛山南海东方澳龙制药有限公司，齐鲁动物保健品有限公司等	120
65	一种酸枣仁提取物的应用	兽药	用于兽药	中国农业大学	承德普润生物制药有限公司	15
66	禽白血病病毒ELISA抗原检测试剂盒	诊断试剂	检测禽白血病	中国农业大学	北京维德维康生物技术有限公司	30
67	狂犬病灭活疫苗（dG株）生产技术	疫苗		华南农业大学	广州市华南农大生物药品有限公司	500
68	对虾白斑综合症病毒核酸等温扩增检测试剂盒及检测方法	诊断试剂	对虾病原检测	中国水产科学研究院黄海水产研究所	中国水产科学研究院黄海水产研究所	40
69	对虾流行病病原检测试剂盒及其检测方法	诊断试剂	疫病诊断	中国水产科学研究院黄海水产研究所	中国水产科学研究院黄海水产研究所	20
70	海参附着基	其他	海参健康养殖小型设备	中国水产科学研究院黄海水产研究所	大连海之威海洋牧场有限公司	20
71	犬瘟热病毒冻干单克隆抗体	其他	用于犬瘟热病的预防及治疗	江苏省农业科学院兽医研究所	广东永顺生物制药有限公司、山东绿都生物科技有限公司、武汉中博生物股份有限公司	150
72	火鸡疱疹病毒载体的重组传染性法氏囊病与马立克氏病二联活疫苗	疫苗	用于传染性法氏囊病与马立克氏病的防控	江苏省农业科学院兽医研究所	山东德利诺生物工程有限公司	150

（续）

序号	产品名称	类别	产品用途	权属单位	转入单位	转化收入（万元）
73	鸡新城疫、传染性支气管炎、禽流感(H9亚型)三联灭活疫苗（La Sota 株＋M41 株＋NJ02 株）	疫苗	用于鸡新城疫、传染性支气管炎、禽流感(H9亚型)的防控	江苏省农业科学院兽医研究所	南京天邦生物科技有限公司、江苏省农业科学院兽医研究所、青岛宝依特生物制药有限公司、山东绿都生物科技有限公司、江苏南农高科技股份有限公司、天津瑞普高科生物药业有限公司	1 100
74	鸡新城疫、传染性支气管炎、减蛋综合征、禽流感（H9亚型）四联灭活疫苗（La Sota 株＋M41 株＋AV127 株＋NJ02 株）	疫苗	用于鸡新城疫、传染性支气管炎、减蛋综合征、禽流感(H9亚型)的防控	江苏省农业科学院兽医研究所	南京天邦生物科技有限公司、江苏省农业科学院兽医研究所	0
75	小鹅瘟冻干蛋黄抗体	兽药	用于小鹅瘟病的防控	江苏省农业科学院兽医研究所	青岛蔚蓝生物制品有限公司、山东德利诺生物工程有限公司	150
76	口蹄疫 O 型、A 型和 Asia 1 型三价灭活疫苗	疫苗	用于预防牛羊口蹄疫 O 型、A 型和亚洲 1 型感染	新疆畜牧科学院兽医研究所、新疆天康畜牧生物技术股份有限公司	内蒙古必威安泰生物科技有限公司	2 000

附表 2

待转化成果信息

序号	产品名称	类别	产品用途	权属单位	产品状态	转化条件	备注
1	奶牛衣原体病灭活疫苗（SX5株）	疫苗	奶牛衣原体病预防控制	中国农业科学院兰州兽医研究所	获得新兽药证书	一次性转化	
2	山羊支原体肺炎灭活疫苗（MOGH3-3株＋M87-1株）	疫苗	山羊支原体肺炎预防控制	中国农业科学院兰州兽医研究所	获得新兽药证书	一次性转化	
3	猪传染性胸膜肺炎间接血凝试验抗原与阴、阳性血清	诊断试剂	猪传染性胸膜肺炎间接血凝试验	中国农业科学院兰州兽医研究所	获得新兽药证书	一次性转化	
4	猪胸膜肺炎放线杆菌三价灭活疫苗	疫苗	猪胸膜肺炎预防控制	中国农业科学院兰州兽医研究所	获得新兽药证书	一次性转化	
5	喹乙醇单克隆抗体研制及ELISA检测试剂盒开发	诊断试剂		中国农业科学院兰州畜牧与兽药研究所		一次性转化	
6	酵母多糖微量元素多功能生物制剂研究与应用	其他		中国农业科学院兰州畜牧与兽药研究所		一次性转化	
7	中兰2号紫花苜蓿、海波草地早熟禾和陆地中间偃麦草	其他	牧草新品种	中国农业科学院兰州畜牧与兽药研究所	鉴定证书	一次性转化	
8	陇中黄花矶松和航苜1号紫花苜蓿	其他	牧草新品种	中国农业科学院兰州畜牧与兽药研究所	鉴定证书	一次性转化	
9	出血性大肠杆菌O157免疫磁珠分离检测试剂盒	诊断试剂	用于出血性大肠杆菌O157的快速鉴定	军事兽医研究所、武汉军科博源生物股份有限公司	正在组装试剂盒准备申报医疗器械	一次性转化	

（续）

序号	产品名称	类别	产品用途	权属单位	产品状态	转化条件	备注
10	牛、羊等肉品种可视化检测试剂盒	诊断试剂	用于几种常见肉品种的鉴定	军事兽医研究所、武汉军科博源生物股份有限公司	正在组装试剂盒	一次性转化	
11	沙门氏菌等食源性致病菌可视化检测试剂盒	诊断试剂	用于家庭或超市对食源性致病菌的快速检测鉴定	军事兽医研究所、武汉军科博源生物股份有限公司	正在组装试剂盒	一次性转化	
12	速眠-V动物麻醉剂	疫苗	动物用强效、安全复合麻醉制剂	军事兽医研究所、武汉军科博源生物股份有限公司	正在进行药理学试验和药代动力学实验	一次性转化	
13	广谱抗炎猪C5a适配体药物	兽药	抑制或减轻猪的炎症反应	军事兽医研究所、武汉军科博源生物股份有限公司	正在构建猪炎症模型	一次性转化	
14	食源性致病菌快速检测制剂	诊断试剂	满足不同人群、机构对食品中的病原微生物进行快速检测的需求	军事兽医研究所、武汉军科博源生物股份有限公司	正在组装试剂盒	一次性转化	
15	小反刍兽疫病毒H蛋白的重组犬Ⅱ型腺病毒CAV-2-PPRV-H活载体疫苗	疫苗	用于小反刍兽疫的预防与治疗	军事兽医研究所、武汉军科博源生物股份有限公司	正在进行疫苗免疫后抗体消长规律的监测	一次性转化	
16	养殖场动物疫病监测及空气传播风险控制设备	其他	对养殖场重要疫病进行快速检测及动态监测，提前做好疫病防控措施，减少损失	军事兽医研究所、武汉军科博源生物股份有限公司	搭建了硅纳米线传感器技术的重要疫病病原气溶胶快速检测平台，便携式检测装置已经研制成功，正通过试验提高检测装置的精确度和灵敏度	一次性转化	
17	狂犬病病毒样颗粒口服疫苗	疫苗	用于狂犬病的预防与治疗	军事兽医研究所、武汉军科博源生物股份有限公司	正在准备申报新药证书	一次性转化	
18	热稳定的经典猪瘟病毒疫苗	兽药	用于猪瘟预防	军事兽医研究所	临床前研究	一次性转化	

序号	产品名称	类别	产品用途	权属单位	产品状态	转化条件	备注
19	非特异免疫激活剂的制备方法	兽药	水生动物病防控	中国水产科学研究院黄海水产研究所	临床前产品	一次性转化	
20	大菱鲆红体病虹彩病毒聚合酶链反应检测法	诊断试剂	水生动物病诊断	中国水产科学研究院黄海水产研究所	实验室产品	一次性转化	
21	肽聚糖免疫增强剂及其生产方法	兽药	水生动物病防控	中国水产科学研究院黄海水产研究所	临床前产品	一次性转化	
22	对虾白斑综合症病毒核酸等温扩增检测试剂盒及检测方法	诊断试剂	水生动物病诊断	中国水产科学研究院黄海水产研究所	实验室产品	一次性转化	
23	一种对多种弧菌进行基因检测的共检芯片及其检测与应用	诊断试剂	水生动物病诊断	中国水产科学研究院黄海水产研究所	实验室产品	一次性转化	
24	大菱鲆红体病虹彩病毒环介导等温扩增检测方法	诊断试剂	水生动物病诊断	中国水产科学研究院黄海水产研究所	实验室产品	一次性转化	
25	环介导等温扩增反应试剂混合物的保存方法	诊断试剂	水生动物病诊断	中国水产科学研究院黄海水产研究所	实验室产品	一次性转化	
26	斑节对虾杆状病毒现场快速高灵敏检测试剂盒及检测方法	诊断试剂	水生动物病诊断	中国水产科学研究院黄海水产研究所	实验室产品	一次性转化	
27	对虾桃拉病毒现场快速高灵敏检测试剂盒及检测方法	诊断试剂	水生动物病诊断	中国水产科学研究院黄海水产研究所	实验室产品	一次性转化	
28	鱼用浸泡疫苗组合佐剂及其应用和使用方法	疫苗	水生动物病防控	中国水产科学研究院黄海水产研究所	临床前产品	一次性转化	

（续）

序号	产品名称	类别	产品用途	权属单位	产品状态	转化条件	备注
29	对虾肝胰腺细小病毒现场快速高灵敏检测试剂盒及检测方法	诊断试剂	水生动物病诊断	中国水产科学研究院黄海水产研究所	实验室产品	一次性转化	
30	对虾黄头病毒现场快速高灵敏检测试剂盒及检测方法	诊断试剂	水生动物病诊断	中国水产科学研究院黄海水产研究所	实验室产品	一次性转化	
31	对虾传染性肌肉坏死病毒现场快速高灵敏检测试剂盒及检测方法	诊断试剂	水生动物病诊断	中国水产科学研究院黄海水产研究所	实验室产品	一次性转化	
32	一种用于检测罗氏沼虾诺达病毒的试剂盒及检测方法	诊断试剂	水生动物病诊断	中国水产科学研究院黄海水产研究所	实验室产品	一次性转化	
33	检测多种鱼类病原的基因芯片及其检测方法	诊断试剂	水生动物病诊断	中国水产科学研究院黄海水产研究所	实验室产品	一次性转化	
34	检测多种对虾病原的基因芯片及其检测方法	诊断试剂	水生动物病诊断	中国水产科学研究院黄海水产研究所	实验室产品	一次性转化	
35	鱼用浸泡疫苗多组合佐剂及其应用和使用方法	疫苗	水生动物病防控	中国水产科学研究院黄海水产研究所	临床前产品	一次性转化	
36	鱼类浸泡疫苗特异免疫增强剂及其应用和使用方法	疫苗	水生动物病防控	中国水产科学研究院黄海水产研究所	临床前产品	一次性转化	
37	一种坚强芽孢杆菌菌株及其应用	兽药	水生动物病防控	中国水产科学研究院黄海水产研究所	临床前产品	一次性转化	
38	一种溶藻弧菌菌株及其应用	兽药	水生动物病防控	中国水产科学研究院黄海水产研究所	临床前产品	一次性转化	

（续）

序号	产品名称	类别	产品用途	权属单位	产品状态	转化条件	备注
39	单组方鱼用浸泡疫苗免疫佐剂及其应用和使用方法	疫苗	水生动物病防控	中国水产科学研究院黄海水产研究所	临床前产品	一次性转化	
40	鱼用浸泡疫苗免疫佐剂及其应用和使用方法	疫苗	水生动物病防控	中国水产科学研究院黄海水产研究所	临床前产品	一次性转化	
41	一种内源性的对虾抗病毒复合益生菌制剂	兽药	水生动物病防控	中国水产科学研究院黄海水产研究所	临床前产品	一次性转化	
42	斑点叉尾鮰病毒现场快速检测试剂盒及检测方法	诊断试剂	水生动物病诊断	中国水产科学研究院黄海水产研究所	实验室产品	一次性转化	
43	基于多孔材料的多聚酶链反应试剂保存方法及反应试剂	诊断试剂	水生动物病诊断	中国水产科学研究院黄海水产研究所	实验室产品	一次性转化	
44	基于凝胶的多聚酶链式反应试剂保存方法及反应试剂	诊断试剂	水生动物病诊断	中国水产科学研究院黄海水产研究所	实验室产品	一次性转化	
45	基于凝胶的核酸等温扩增试剂的保存方法	诊断试剂	水生动物病诊断	中国水产科学研究院黄海水产研究所	实验室产品	一次性转化	
46	一种可常温保存和运输的核酸等温扩增反应试剂	诊断试剂	水生动物病诊断	中国水产科学研究院黄海水产研究所	实验室产品	一次性转化	
47	对虾白斑综合征病毒 VP292 多肽与应用	兽药	水生动物病防控	中国水产科学研究院黄海水产研究所	临床前产品	一次性转化	
48	检测多种海水养殖动物病原菌的基因芯片及应用	诊断试剂	水生动物病诊断	中国水产科学研究院黄海水产研究所	实验室产品	一次性转化	

序号	产品名称	类别	产品用途	权属单位	产品状态	转化条件	备注
49	一种提高蛋白表达效率的方法及表达载体	其他	疫苗生产	中国水产科学研究院黄海水产研究所	实验室产品	一次性转化	
50	增强鱼类疫苗免疫接种效果的佐剂及其应用	疫苗	水生动物病防控	中国水产科学研究院黄海水产研究所	临床前产品	一次性转化	
51	用于基因扩增法快速检测迟缓爱德华氏菌的引物	诊断试剂	水生动物病诊断	中国水产科学研究院黄海水产研究所	实验室产品	一次性转化	
52	基于多孔材料的核酸等温扩增试剂的保存方法及试剂	诊断试剂	水生动物病诊断	中国水产科学研究院黄海水产研究所	实验室产品	一次性转化	
53	一种增强爱德华氏菌疫苗免疫接种效果的佐剂及使用方法	疫苗	水生动物病防控	中国水产科学研究院黄海水产研究所	临床前产品	一次性转化	
54	抗对虾微孢子虫药物	兽药	水生动物病防控	中国水产科学研究院黄海水产研究所	临床前产品	一次性转化	
55	抗刺激隐核虫中草药	兽药	水生动物药品	中国水产科学研究院黄海水产研究所	临床前产品	一次性转化	
56	抗纤毛虫中草药	兽药	水生动物药品	中国水产科学研究院黄海水产研究所	临床前产品	一次性转化	
57	海水养殖抗菌中草药复方	兽药	水生动物药品	中国水产科学研究院黄海水产研究所	临床前产品	一次性转化	
58	重组 MSG1 蛋白单克隆抗体及检测猪嗜血支原体特异性抗体的阻断 ELISA 方法	诊断试剂		南京农业大学			授权专利
59	全基因合成鸡 α 干扰素基因及蛋白表达	其他		南京农业大学			授权专利

（续）

序号	产品名称	类别	产品用途	权属单位	产品状态	转化条件	备注
60	一种重组鸡骨钙素成熟蛋白单克隆抗体及其应用	诊断试剂		南京农业大学			授权专利
61	一种防治家畜子宫内膜炎用复方利福昔明干混悬剂及其制备方法	兽药		南京农业大学			授权专利
62	促进骨折愈合的中药提取物及其制备方法和应用	兽药		南京农业大学			授权专利
63	嗜水气单胞菌气溶素 Dot-ELISA 检测方法	诊断试剂		南京农业大学			授权专利
64	家畜用利福昔明阴道栓剂及其制备方法	兽药		南京农业大学			授权专利
65	对虾桃拉综合征病毒胶体金检测试纸条	诊断试剂		南京农业大学			授权专利
66	一种抗猪热应激的富硒复合菌饲料添加剂及其应用	其他		南京农业大学			授权专利
67	草酸降解菌 NJODL1 及其应用	其他		南京农业大学			授权专利
68	抗乙型脑炎病毒的单克隆抗体及其应用	诊断试剂		南京农业大学			授权专利
69	一种畜禽用复方可溶性粉剂及其制备方法	其他		南京农业大学			授权专利

（续）

序号	产品名称	类别	产品用途	权属单位	产品状态	转化条件	备注
70	一种新的猪繁殖与呼吸综合征病毒ORF5修饰基因及其应用	诊断试剂		南京农业大学			授权专利
71	肝脏复合血管瘘	其他		南京农业大学			授权专利
72	保温箱仔猪生长参数监控系统	其他		南京农业大学			授权专利
73	一种DON降解酶的编码基因和应用	其他		南京农业大学			授权专利
74	表达高致病性禽流感病毒H5亚型血凝素蛋白的重组嗜酸乳杆菌	疫苗		南京农业大学			授权专利
75	一种猪圆环病毒2型重组Cap蛋白与亚单位疫苗	疫苗		南京农业大学			授权专利
76	一种鸡艾美耳球虫免疫调节型多价表位DNA疫苗	疫苗		南京农业大学			授权专利
77	一种提高当归多糖免疫增强活性的硒化修饰方法	疫苗		南京农业大学			授权专利
78	猪链球菌胞壁水解酶、其编码基因及应用	其他		南京农业大学			授权专利
79	一种中药淫羊藿总黄酮磷酸化分子修饰方法	其他		南京农业大学			授权专利
80	一种提高麦冬多糖抗病毒活性的硫酸化修饰方法	其他		南京农业大学			授权专利

（续）

序号	产品名称	类别	产品用途	权属单位	产品状态	转化条件	备注
81	制备猪链球菌GZ0565株无痕缺失突变株的方法	疫苗		南京农业大学			授权专利
82	一种地黄多糖脂质体的制备方法	其他		南京农业大学			授权专利
83	一种提高畜禽免疫功能的蜂胶黄酮脂质体及其制备方法	其他		南京农业大学			授权专利
84	自动化仔猪代乳机	其他		南京农业大学			授权专利
85	新城疫重组病毒灭活疫苗（A-Ⅶ株）	疫苗	新城疫的预防	扬州大学	新兽药证书		
86	猪支原体肺炎活疫苗（168株）	疫苗	用于猪支原体肺炎病的防控	南京天邦生物科技有限公司、江苏省农业科学院兽医研究所	（2007）新兽药证字10号	使用权转让	
87	鸡新城疫、传染性支气管炎、禽流感（H9亚型）三联灭活疫苗（La Sota株＋M41株＋NJ02株）	疫苗	用于鸡新城疫、传染性支气管炎、禽流感（H9亚型）的防控	国家兽用生物制品工程技术研究中心、南京天邦生物科技有限公司、江苏省农业科学院兽医研究所、青岛宝依特生物制药有限公司、山东绿都生物科技有限公司、江苏南农高科技股份有限公司、天津瑞普高科生物药业有限公司	（2010）新兽药证字26号	使用权转让	

（续）

序号	产品名称	类别	产品用途	权属单位	产品状态	转化条件	备注
88	鸡新城疫、传染性支气管炎、减蛋综合征、禽流感（H9亚型）四联灭活疫苗（La Sota株＋M41株＋AV127株＋NJ02株）	疫苗	用于鸡新城疫、传染性支气管炎、减蛋综合征、禽流感（H9亚型）的防控	国家兽用生物制品工程技术研究中心、南京天邦生物科技有限公司、江苏省农业科学院兽医研究所	（2011）新兽药证字13号	使用权转让	
89	兔出血症病毒杆状病毒载体灭活疫苗（BAC-VP60株）	疫苗	用于兔出血症病的防控	江苏省农业科学院兽医研究所	已完成临床试验	使用权转让	
90	小鹅瘟冻干蛋黄抗体	抗体	用于小鹅瘟病的防控	江苏省农业科学院、青岛蔚蓝生物制品有限公司、山东德利诺生物工程有限公司	正进行临床试验	使用权转让	
91	猪圆环病毒2型杆状病毒载体灭活疫苗	疫苗	用于猪圆环毒病防控	江苏省农业科学院兽医研究所	已完成实验室试验	使用权转让	
92	猪流行性腹泻-传染性胃肠炎二联灭活疫苗	疫苗	用于猪流行性腹泻、猪传染性胃肠炎防控	江苏省农业科学院兽医研究所	已完成实验室试验	使用权转让	
93	流行性腹泻与猪传染性胃肠炎二联活疫苗	疫苗	用于猪流行性腹泻、猪传染性胃肠炎防控	江苏省农业科学院兽医研究所	正在进行实验室试验	使用权转让	
94	猪圆环病毒2型（杆状病毒载体)-猪支原体肺炎二联灭活疫苗	疫苗	用于猪圆环病毒病、猪支原体肺炎防控	江苏省农业科学院兽医研究所	正在进行实验室试验	使用权转让	
95	猪传染性胸膜肺炎灭活疫苗（APP1＋rApxIV）	疫苗	用于猪传染性胸膜肺炎防控	江苏省农业科学院兽医研究所	正在进行实验室试验	使用权转让	
96	猪支原体肺炎活疫苗（肌肉注射）	疫苗	用于猪支原体肺炎防控	江苏省农业科学院兽医研究所	正在进行实验室试验	使用权转让	
97	猪链球菌病灭活疫苗（SS2）	疫苗	用于猪链球菌病防控	江苏省农业科学院兽医研究所	已完成实验室试验	使用权转让	

（续）

序号	产品名称	类别	产品用途	权属单位	产品状态	转化条件	备注
98	副猪嗜血杆菌病灭活疫苗（4型＋5型）	疫苗	用于副猪嗜血杆菌病防控	江苏省农业科学院兽医研究所	正在进行实验室试验	使用权转让	
99	兔多杀性巴氏杆菌病、波氏杆菌病二联灭活疫苗	疫苗	用于兔多杀性巴氏杆菌病、兔波氏杆菌病防控	江苏省农业科学院兽医研究所	正在进行实验室试验	使用权转让	
100	非洲猪瘟诊断试剂的合作开发	诊断试剂	用于非洲猪瘟的诊断	青岛农业大学	半成品		
101	犬瘟热病毒检测试纸条	诊断试剂	用于快速检测犬瘟热病毒	青岛农业大学	半成品		
102	三味黄芪益元粉	兽药	增强鸡免疫力	青岛农业大学	正在申报新兽药证书		
103	鸭新型黄病毒液相阻断 ELISA	诊断试剂	疫病诊断	北京市动物疫病预防控制中心	已完成大批量田间样本检测	占有股份	
104	鸭新型黄病毒竞争 ELISA	诊断试剂	疫病诊断	北京市动物疫病预防控制中心	已完成大批量田间样本检测	占有股份	
105	牛布鲁氏菌分子标记疫苗	疫苗	牛布鲁氏菌病防治	新疆畜牧科学院兽医研究所	正在申请新兽药证书	一次性转化	

附表 3

已发布动物卫生标准

序号	标准号	标准名称	标准完成单位	标准类别
1	NY/T 467—2001	畜禽屠宰卫生检疫规范	农业部动物检疫所、甘肃农业大学	农业行业标准
2	NY/T 536—2002	鸡伤寒和鸡白痢诊断技术	中国兽医药品监察所	农业行业标准
3	NY/T 537—2002	猪放线杆菌胸膜肺炎诊断技术	农业部动物检疫所	农业行业标准
4	NY/T 538—2002	鸡传染性鼻炎诊断技术	北京市农林科学院畜牧兽医研究所	农业行业标准
5	NY/T 539—2002	副结核病诊断技术	吉林农业大学、吉林省兽医研究所	农业行业标准
6	NY/T 540—2002	鸡病毒性关节炎琼脂凝胶免疫扩散实验方法	农业部动物检疫所	农业行业标准
7	NY/T 541—2002	动物疫病实验室检验采样方法	农业部动物检疫所	农业行业标准
8	NY/T 542—2002	茨城病和鹿流行性出血病琼脂凝胶免疫扩散检验方法	农业部动物检疫所	农业行业标准
9	NY/T 543—2002	牛流行热微量中和试验方法	中国农业科学院哈尔滨兽医研究所	农业行业标准
10	NY/T 545—2002	猪痢疾诊断技术	山东农业大学、农业部动物检疫所	农业行业标准
11	NY/T 547—2002	兔粘液瘤病琼脂凝胶免疫扩散试验方法	农业部动物检疫所	农业行业标准
12	NY/T 549—2002	赤羽病细胞微量中和试验方法	农业部动物检疫所	农业行业标准
13	NY/T 550—2002	动物和动物产品沙门氏菌检测方法	厦门进出境检验检疫局、福建省卫生防疫站	农业行业标准
14	NY/T 551—2002	产蛋下降综合征诊断技术	天津出入境检验检疫局、哈尔滨兽医研究所	农业行业标准
15	NY/T 552—2002	流行性淋巴管炎诊断技术	中国人民解放军军需大学	农业行业标准

（续）

序号	标准号	标准名称	标准完成单位	标准类别
16	NY/T 553—2002	禽支原体病诊断技术	农业部动物检疫所	农业行业标准
17	NY/T 554—2002	鸭病毒性肝炎诊断技术	华南农业大学、江苏省农业科学院	农业行业标准
18	NY/T 555—2002	动物产品中大肠菌群、粪大肠菌群和大肠杆菌的检测方法	天津动植物检疫局	农业行业标准
19	NY/T 556—2002	鸡传染性喉气管炎诊断技术	农业部动物检疫所	农业行业标准
20	NY/T 557—2002	马鼻疽诊断技术	中国人民解放军军需大学	农业行业标准
21	NY/T 559—2002	禽曲霉病诊断技术	中国人民解放军军需大学	农业行业标准
22	NY/T 560—2002	小鹅瘟诊断技术	扬州大学畜牧兽医学院	农业行业标准
23	NY/T 561—2002	动物炭疽诊断技术	中国人民解放军军需大学	农业行业标准
24	NY/T 563—2002	禽霍乱（禽巴氏杆菌病）诊断技术	中国农业科学院哈尔滨兽医研究所	农业行业标准
25	NY/T 564—2002	猪巴氏杆菌病诊断技术	中国兽医药品监察所	农业行业标准
26	NY/T 565—2002	梅迪—维斯纳病琼脂凝胶免疫扩散试验	中国农业科学院哈尔滨兽医研究所	农业行业标准
27	NY/T 566—2002	猪丹毒诊断技术	中国兽医药品监察所	农业行业标准
28	NY/T 567—2002	兔出血性败血症诊断技术	江苏省农业科学院畜牧兽医研究所	农业行业标准
29	NY/T 568—2002	肠病毒脑脊髓炎诊断技术	农业部动物检疫所	农业行业标准
30	NY/T 569—2002	马传染性贫血琼脂凝胶免疫扩散试验	中国农业科学院哈尔滨兽医研究所	农业行业标准
31	NY/T 570—2002	马流产沙门氏菌诊断技术	中国人民解放军军需大学	农业行业标准
32	NY/T 571—2002	马腺疫诊断技术	中国人民解放军军需大学	农业行业标准
33	NY/T 572—2002	兔出血病血凝和血凝抑制试验	江苏省农业科学院畜牧兽医研究所	农业行业标准
34	NY/T 573—2002	弓形虫病诊断技术	中国农业大学、中国农业科学院兰州兽医研究所	农业行业标准
35	NY/T 574—2002	地方流行性牛白血病琼脂凝胶免疫扩散试验	中国农业科学院哈尔滨兽医研究所	农业行业标准

（续）

序号	标准号	标准名称	标准完成单位	标准类别
36	NY/T 575—2002	牛传染性鼻气管炎诊断技术	农业部动物检疫所	农业行业标准
37	NY/T 577—2002	山羊关节炎/脑炎琼脂凝胶免疫扩散试验	中国农业科学院哈尔滨兽医研究所、新疆畜牧科学院	农业行业标准
38	NY/T 678—2003	猪伪狂犬病免疫酶试验方法	农业部兽医诊断中心	农业行业标准
39	NY/T 679—2003	猪繁殖与呼吸综合症免疫酶试验方法	农业部兽医诊断中心	农业行业标准
40	NY/T 680—2003	禽白血病病毒 p27 抗原酶联免疫吸附实验方法	农业部兽医诊断中心	农业行业标准
41	NY/T 681—2003	鸡传染性贫血诊断技术	农业部兽医诊断中心	农业行业标准
42	NY/T 683—2003	犬传染性肝炎诊断技术	农业部兽医诊断中心	农业行业标准
43	NY/T 764—2004	高致病性禽流感疫情判定及扑灭技术规范	全国畜牧兽医总站、北京市畜牧兽医总站	农业行业标准
44	NY/T 765—2004	高致病性禽流感样品采集保存及运输技术规范	农业部动物及动物产品卫生质量监督检验测试中心、农业部兽医论断中心	农业行业标准
45	NY/T 766—2004	高致病性禽流感无害化处理技术规范	农业部动物检疫所	农业行业标准
46	NY/T 767—2004	高致病性禽流感消毒技术规范	中国农业大学、北京市畜牧兽医总站	农业行业标准
47	NY/T 768—2004	高致病性禽流感人员防护技术规范	农业部动物检疫所、农业部畜牧兽医局、全国畜牧兽医总站	农业行业标准
48	NY/T 769—2004	高致病性禽流感免疫技术规范	中国农业科学院哈尔滨兽医研究所	农业行业标准
49	NY/T 770—2004	高致病性禽流感监测技术规范	农业部动物检疫所、全国畜牧兽医总站	农业行业标准
50	NY/T 771—2004	高致病性禽流感流行病学调查技术规范	农业部动物检疫所、全国畜牧兽医总站	农业行业标准
51	NY/T 824—2004	畜禽产品大肠菌群快速测定技术规范	西南农业大学、农业部畜禽产品监督检验测试中心（北京）、重庆市铁路卫生防疫站、南京三爱实业有限公司	农业行业标准
52	NY/T 904—2004	马鼻疽控制技术规范	内蒙古自治区兽医工作站	农业行业标准

（续）

序号	标准号	标准名称	标准完成单位	标准类别
53	NY/T 905—2004	鸡马立克氏病强毒感染诊断技术	安徽技术师范学院	农业行业标准
54	NY/T 906—2004	牛瘟诊断技术	中国兽医药品监察所	农业行业标准
55	NY/T 907—2004	动物布氏杆菌病控制技术规范	内蒙古自治区兽医工作站	农业行业标准
56	NY/T 908—2004	羊干酪性淋巴结炎诊断技术	西北农林科技大学	农业行业标准
57	NY/T 909—2004	生猪屠宰检疫规范	全国畜牧兽医总站	农业行业标准
58	NY/T 1185—2006	马流行性感冒诊断技术	农业部动检所，中国农业科学院哈尔滨兽医研究所	农业行业标准
59	NY/T 1186—2006	猪支原体肺炎诊断技术	农业部动物检疫所、西北农林科技大学	农业行业标准
60	NY/T 1187—2006	鸡传染性贫血病毒聚合酶链反应试验方法	农业部动物检疫所、西北农林科技大学	农业行业标准
61	NY/T 1188—2006	水泡性口炎诊断技术	农业部动物检疫所	农业行业标准
62	NY/T 1244—2006	接触传染性脓疱皮炎诊断技术	农业部动物检疫所、西北农林科技大学	农业行业标准
63	NY/T 1247—2006	禽网状内皮增生病诊断技术	山东农业大学	农业行业标准
64	NY/T 1465—2007	牛羊胃肠道线虫检查技术	中国农业科学院兰州兽医研究所	农业行业标准
65	NY/T 1466—2007	动物棘球蚴病诊断技术	中国农业科学院兰州兽医研究所	农业行业标准
66	NY/T 1467—2007	奶牛布鲁氏菌病 PCR 诊断技术	中国农业科学院兰州兽医研究所	农业行业标准
67	NY/T 1468—2007	丝状支原体山羊亚种检测方法	中国农业科学院兰州兽医研究所	农业行业标准
68	NY/T 1469—2007	尼帕病毒病诊断技术	中国动物卫生与流行病学中心	农业行业标准
69	NY/T 1470—2007	羊螨病（痒螨/疥螨）诊断技术	新疆农垦科学院畜牧兽医研究所、新疆生产建设兵团农业局兽医处、农业部食品质量监督检验测试中心（石河子）	农业行业标准
70	NY/T 1471—2007	牛毛滴虫病诊断技术	南京农业大学动物医学院	农业行业标准

（续）

序号	标准号	标准名称	标准完成单位	标准类别
71	NY/T 1620—2008	种鸡场孵化场卫生规范	大连瓦房店市动物检疫站	农业行业标准
72	NY/T 1947—2010	羊外寄生虫药浴技术规范	中国农业科学院兰州兽医研究所	农业行业标准
73	NY/T 1948—2010	兽医实验室生物安全要求通则	中国动物疫病预防控制中心、中国农业科学院哈尔滨兽医研究所、中国动物卫生与流行病学中心、中国农业大学	农业行业标准
74	NY/T 1949—2010	隐孢子虫卵囊检测技术改良抗酸染色法	南京农业大学、中国农业科学院上海兽医研究所	农业行业标准
75	NY/T 1950—2010	片形吸虫病诊断技术规范	中国农业科学院兰州兽医研究所	农业行业标准
76	NY/T 1951—2010	蜜蜂幼虫腐臭病诊断技术规范	中国农业科学院蜜蜂研究所	农业行业标准
77	NY/T 1952—2010	动物免疫接种技术规范	山东省动物疫病预防与控制中心	农业行业标准
78	NY/T 1953—2010	猪附红细胞体病诊断技术规范	河南省动物疫病预防控制中心	农业行业标准
79	NY/T 1954—2010	蜜蜂螨病病原检查技术规范	华南农业大学	农业行业标准
80	NY/T 1955—2010	口蹄疫接种技术规范	中国农业科学院兰州兽医研究所	农业行业标准
81	NY/T 1956—2010	口蹄疫消毒技术规范	中国农业科学院兰州兽医研究所	农业行业标准
82	NY/T 1957—2010	动物寄生虫鉴定检索系统	河南农业大学	农业行业标准
83	NY/T 1958—2010	猪瘟流行病学调查技术规范	中国动物卫生与流行病学中心、青岛易邦生物工程有限公司	农业行业标准
84	NY/T 1873—2010	日本脑炎病毒抗体间接检测酶联免疫吸附法	中国动物卫生与流行病学中心	农业行业标准
85	NY/T 1981—2010	猪链球菌病监测技术规范	中国动物卫生与流行病学中心、广西壮族自治区动物疫病预防与控制中心	农业行业标准
86	NY/T 2074—2011	无规定动物疫病区高致病性禽流感监测技术规范	中国动物卫生与流行病学中心	农业行业标准

（续）

序号	标准号	标准名称	标准完成单位	标准类别
87	NY/T 2075—2011	无规定动物疫病区口蹄疫监测技术规范	中国动物卫生与流行病学中心	农业行业标准
88	NY/T 2076—2011	生猪屠宰加工场（厂）动物卫生条件	中国动物卫生与流行病学中心	农业行业标准
89	NY/T 2417—2013	副猪嗜血杆菌 PCR 检测方法	中国农业科学院兰州兽医研究所	农业行业标准
90	NY/T 772—2013	禽流感病毒 RT-PCR 检测方法	哈兽研、中国动物卫生与流行病学中心	农业行业标准
91	NY/T 2692—2015	奶牛隐性乳房炎快速诊断技术	中国农业科学院兰州畜牧与兽药研究所	农业行业标准
92	NY/T 544—2015	猪流行性腹泻诊断技术	中国农业科学院哈尔滨兽医研究所	农业行业标准
93	NY/T 546—2015	猪传染性萎缩性鼻炎诊断技术	中国农业科学院哈尔滨兽医研究所	农业行业标准
94	NY/T 548—2015	猪传染性胃肠炎诊断技术	中国农业科学院哈尔滨兽医研究所	农业行业标准
95	NY/T 553—2015	禽支原体 PCR 检测方法	中国动物卫生与流行病学中心	农业行业标准
96	NY/T 562—2015	动物衣原体病诊断技术	中国农业科学院兰州兽医研究所	农业行业标准
97	NY/T 576—2015	绵羊痘和山羊痘诊断技术	中国兽医药品监察所	农业行业标准
98	GB 16549—1996	畜禽产地检疫规范	农业部动物检疫所	国家标准
99	GB 16567—1996	种畜禽调运检疫技术规范	农业部动物检疫所	国家标准
100	GB/T 16569—1996	畜禽产品消毒规范	农业部动物检疫所	国家标准
101	GB/T 18088—2000	出入境动物检疫采样	深圳出入境	国家标准
102	GB/T 18635—2002	动物防疫基本术语	农业部动物检疫所	国家标准
103	GB/T 18636—2002	蓝舌病诊断技术	云南省热带亚热带动物病毒病重点实验室	国家标准
104	GB/T 18637—2002	牛病毒性腹泻/粘膜病诊断技术	中国兽药监察所	国家标准
105	GB/T 18638—2002	流行性乙型脑炎诊断技术	中国人民解放军农牧大学	国家标准

（续）

序号	标准号	标准名称	标准完成单位	标准类别
106	GB/T 18639—2002	狂犬病诊断技术	中国人民解放军农牧大学	国家标准
107	GB/T 18640—2002	家畜日本血吸虫病诊断技术	中国农业科学院上海家畜寄生虫病研究所	国家标准
108	GB/T 18641—2002	伪狂犬病诊断技术	华中农业大学畜牧兽医学院	国家标准
109	GB/T 18642—2002	猪旋毛虫病诊断技术	中华人民农牧大学动物医学系	国家标准
110	GB/T 18643—2002	鸡马立克氏病诊断技术	中国农业科学院哈尔滨兽医研究所	国家标准
111	GB/T 18644—2002	猪囊尾蚴诊断技术	吉林农业大学	国家标准
112	GB/T 18645—2002	动物结核病诊断技术	中国兽药监察所	国家标准
113	GB/T 18646—2002	动物布鲁氏菌病诊断技术	中国农业科学院哈尔滨兽医研究所	国家标准
114	GB/T 18647—2002	动物球虫病诊断技术	中国农业科学院上海家畜寄生虫病研究所	国家标准
115	GB/T 18648—2002	非洲猪瘟诊断技术	农业部动物检疫所	国家标准
116	GB/T 18651—2002	牛无浆体病快速凝集检测方法	农业部动物检疫所	国家标准
117	GB/T 18652—2002	致病性嗜水气单孢菌检验方法	南京农业大学动物医学院	国家标准
118	GB/T 18653—2002	胎儿弯曲杆菌的分离鉴定方法	天津动物植物检疫局	国家标准
119	GB/T 18653—2002	口蹄疫诊断技术	中国农业科学院兰州兽医研究所	国家标准
120	GB/T 18936—2003	高致病性禽流感诊断技术	中国农业科学院哈尔滨兽医研究所	国家标准
121	GB/T 19167—2003	传染性囊病诊断技术	北京市农林科学院畜牧兽医研究所	国家标准
122	GB/T 19168—2003	蜜蜂病虫害综合防治规范	中国农业科学院蜜蜂研究所	国家标准
123	GB/T 19180—2003	牛海绵状脑病诊断技术	农业部动物检疫所	国家标准
124	GB/T 19200—2003	猪水泡病诊断技术	中国农业科学院兰州兽医研究所	国家标准
125	GB/T 19442—2004	高致病性禽流感防治技术规范	全国畜牧兽医总站	国家标准

（续）

序号	标准号	标准名称	标准完成单位	标准类别
126	GB/T 19526—2004	羊寄生虫病防治技术规范	新疆农垦科学院畜牧兽医所	国家标准
127	GB/T 19441—2004	进出境禽鸟及其产品高致病性禽流感检疫规范	上海出入境检验检疫局、上海市质量技术监督局	国家标准
128	GB/T 19915.1—2005	猪链球菌2型平板和试管凝集试验操作规程	中华人民共和国江苏出入境检验检疫局	国家标准
129	GB/T 19915.2—2005	猪链球菌2型分离鉴定操作规程	南京农业大学	国家标准
130	GB/T 19915.3—2005	猪链球菌2型PCR定型检测技术	南京农业大学	国家标准
131	GB/T 19915.4—2005	猪链球菌2型三重PCR检测方法	南京农业大学	国家标准
132	GB/T 19915.5—2005	猪链球菌2型多重PCR检测方法	中国检验检疫科学研究院	国家标准
133	GB/T 19915.6—2005	猪链球菌2型通用荧光PCR检测方法	中华人民共和国北京出入境检验检疫局	国家标准
134	GB/T 19915.7—2005	猪链球菌2型荧光PCR检测方法	中华人民共和国北京出入境检验检疫局	国家标准
135	GB/T 19915.8—2005	猪链球菌2型毒力因子荧光PCR检测方法	中国检验检疫科学研究院	国家标准
136	GB/T 19915.9—2005	猪链球菌2型溶血素基因PCR检测方法	中华人民共和国出入境检验检疫局	国家标准
137	GB 16548—2006	病害动物和病害动物产品生物安全处理规程	全国畜牧兽医总站	国家标准
138	GB 16568—2006	奶牛场卫生规范	全国畜牧兽医总站	国家标准
139	GB/T 16551—2008	猪瘟诊断技术	中国兽医药品监察所	国家标准
140	GB/T 16550—2008	新城疫诊断技术	中国动物卫生与流行病学中心、扬州大学	国家标准
141	GB/T 18089—2008	蓝舌病病毒分离、鉴定及血清中和抗体检测技术	中华人民共和国云南出入境检验检疫局、中华人民共和国深圳出入境检验检疫局	国家标准
142	GB/T 18090—2008	猪繁殖与呼吸综合征诊断方法	辽宁出入境检验检疫局	国家标准
143	GB/T 22329—2008	牛皮蝇蛆病诊断技术	中国农业科学院兰州兽医研究所	国家标准

（续）

序号	标准号	标准名称	标准完成单位	标准类别
144	GB/T 21674—2008	猪圆环病毒聚合酶链反应试验方法	农业部兽医诊断中心	国家标准
145	GB/T 21675—2008	非洲马瘟诊断技术	中国动物卫生与流行病学中心	国家标准
146	GB/T 22910—2008	痒病诊断技术	农业部动物检疫所	国家标准
147	GB/T 23197—2008	鸡传染性支气管炎诊断技术	中国动物卫生与流行病学中心、华南农业大学	国家标准
148	GB/T 22469—2008	禽肉生产企业兽医卫生规范	农业部动物检疫所、农业部兽医局	国家标准
149	GB/T 22468—2008	家禽及禽肉兽医卫生监控技术规范	中国动物卫生与流行病学中心	国家标准
150	GB/T 22330.1—2008	无规定动物疫病区标准（第1部分）通则	农业部动物检疫所	国家标准
151	GB/T 22330.2—2008	无规定动物疫病区标准（第2部分）无口蹄疫区	农业部动物检疫所、全国畜牧兽医总站	国家标准
152	GB/T 22330.3—2008	无规定动物疫病区标准（第3部分）无猪水泡病区	农业部动物检疫所	国家标准
153	GB/T 22330.4—2008	无规定动物疫病区标准（第4部分）无古典猪瘟区	中国动物卫生与流行病学中心	国家标准
154	GB/T 22330.5—2008	无规定动物疫病区标准（第5部分）无非洲猪瘟区	中国动物卫生与流行病学中心等	国家标准
155	GB/T 22330.6—2008	无规定动物疫病区标准（第6部分）无非洲马瘟区	中国动物卫生与流行病学中心	国家标准
156	GB/T 22330.7—2008	无规定动物疫病区标准（第7部分）无牛瘟区	中国动物卫生与流行病学中心	国家标准
157	GB/T 22330.8—2008	无规定动物疫病区标准（第8部分）无牛传染性胸膜肺炎区	中国动物卫生与流行病学中心等	国家标准
158	GB/T 22330.9—2008	无规定动物疫病区标准（第9部分）无海绵状脑病区	中国动物卫生与流行病学中心	国家标准
159	GB/T 22330.10—2008	无规定动物疫病区标准（第10部分）无蓝舌病区	农业部动物检疫所、全国畜牧兽医总站	国家标准
160	GB/T 22330.11—2008	无规定动物疫病区标准（第11部分）无小反刍兽疫区	中国动物卫生与流行病学中心	国家标准

（续）

序号	标准号	标准名称	标准完成单位	标准类别
161	GB/T 22330.12—2008	无规定动物疫病区标准（第12部分）无绵羊痘和山羊痘区	中国动物卫生与流行病学中心等	国家标准
162	GB/T 22330.13—2008	无规定动物疫病区标准（第13部分）无高致病性禽流感区	中国动物卫生与流行病学中心	国家标准
163	GB/T 22330.14—2008	无规定动物疫病区标准（第14部分）无新城疫区	中国动物卫生与流行病学中心	国家标准
164	GB/T 17999.2—2008	SPF鸡红细胞凝集抑制试验	中国农业科学院哈尔滨兽医研究所、中国动物卫生与流行病学中心、济南斯帕法斯家禽有限公司	国家标准
165	GB/T 17999.8—2008	SPF鸡鸡白痢沙门氏菌检验	中国农业科学院哈尔滨兽医研究所、中国动物卫生与流行病学中心、济南斯帕法斯家禽有限公司	国家标准
166	GB/T 17999.10—2008	SPF鸡间接免疫荧光试验	中国农业科学院哈尔滨兽医研究所、中国动物卫生与流行病学中心、济南斯帕法斯家禽有限公司	国家标准
167	GB/T 17999.6—2008	SPF鸡酶联免疫吸附试验	中国农业科学院哈尔滨兽医研究所、中国动物卫生与流行病学中心、济南斯帕法斯家禽有限公司	国家标准
168	GB/T 17999.7—2008	SPF鸡胚敏感试验	中国农业科学院哈尔滨兽医研究所、中国动物卫生与流行病学中心、济南斯帕法斯家禽有限公司	国家标准
169	GB/T 17999.5—2008	SPF鸡琼脂扩散实验	中国农业科学院哈尔滨兽医研究所、中国动物卫生与流行病学中心、济南斯帕法斯家禽有限公司	国家标准
170	GB/T 17999.9—2008	SPF鸡试管凝集试验	中国农业科学院哈尔滨兽医研究所、中国动物卫生与流行病学中心、济南斯帕法斯家禽有限公司	国家标准

（续）

序号	标准号	标准名称	标准完成单位	标准类别
171	GB/T 17999.1—2008	SPF 鸡微生物学监测总则	中国农业科学院哈尔滨兽医研究所、中国动物卫生与流行病学中心、济南斯帕法斯家禽有限公司	国家标准
172	GB/T 17999.4—2008	SPF 鸡血清平板凝集试验	中国农业科学院哈尔滨兽医研究所、中国动物卫生与流行病学中心、济南斯帕法斯家禽有限公司	国家标准
173	GB/T 17999.3—2008	SPF 鸡血清中和试验	中国农业科学院哈尔滨兽医研究所、中国动物卫生与流行病学中心、济南斯帕法斯家禽有限公司	国家标准
174	GB/T 22914—2008	SPF 猪病原的控制与监测	北京市 SPF 猪育种管理中心	国家标准
175	GB/T 22915—2008	口蹄疫病毒荧光定量 RT-PCR 检测方法	深圳出入境检验检疫局、云南出入境检验检疫局、中国检验检疫科学研究院	国家标准
176	GB/T 22916—2008	水泡性口炎病毒荧光 RT-PCR 检测方法	深圳出入境检验检疫局、云南出入境检验检疫局	国家标准
177	GB/T 22917—2008	猪水泡病病毒荧光 RT-PCR 检测方法	深圳出入境检验检疫局、云南出入境检验检疫局	国家标准
178	GB/T 22332—2008	鸭病毒性肠炎诊断技术	华南农业大学、广东出入境检验检疫局	国家标准
179	GB/T 22333—2008	日本乙型脑炎病毒反转录聚合酶链反应试验方法	农业部兽医诊断中心	国家标准
180	GB/T 23239—2009	伊氏锥虫病诊断技术	中国农业科学院上海兽医研究所	国家标准
181	GB/T 17494—2009	马传染性贫血病间接 ELISA 诊断技术	中国农业科学院哈尔滨兽医研究所	国家标准
182	GB/T 17823—2009	集约化猪场防疫基本要求	中国农业大学	国家标准
183	GB/T 26436—2010	禽白血病诊断技术	山东农业大学、中华人民共和国珠海出入境检验检疫局、华南农业大学	国家标准
184	GB/T 26618—2011	派琴虫病诊断操作规程	中国检验检疫科学研究院、福建出入境检验检疫局、黄岛出入境检验检疫局、国家海洋环境监测中心等	国家标准

（续）

序号	标准号	标准名称	标准完成单位	标准类别
185	GB/T 27517—2011	鉴别猪繁殖与呼吸综合征病毒高致病性与经典毒株复合 RT-PCR 方法	河南省动物疫病预防控制中心	国家标准
186	GB/T 27518—2011	西尼罗病毒病检测方法	北京出入境检验检疫局、北京百欧赛地生物工程技术开发中心	国家标准
187	GB/T 27521—2011	猪流感病毒核酸 RT-PCR 检测方法	中国农业科学院哈尔滨兽医研究所、中国检验检疫科学研究院、中国兽医药品监察所	国家标准
188	GB/T 27527—2011	禽脑脊髓炎诊断技术	内蒙古农业大学、内蒙古动物疫病预防控制中心、中国动物疫病预防控制中心、北京世纪元亨动物防疫技术有限公司、扬州大学、青岛易邦生物工程有限公司	国家标准
189	GB/T 27528—2011	口蹄疫病毒实时荧光 RT-PCR 检测方法	中华人民共和国深圳出入境检验检疫局、中国检验检疫科学研究院、北京盈九思科技发展有限公司	国家标准
190	GB/T 27529—2011	马接触传染性子宫炎诊断技术	山东出入境检验检疫局、新疆出入境检验检疫局	国家标准
191	GB/T 27530—2011	牛出血性败血病诊断技术	甘肃农业大学	国家标准
192	GB/T 27531—2011	病毒性脑病和视网膜病病原逆转录-聚合酶链式反应(RT-PCR)检测方法	中华人民共和国深圳出入境检验检疫局	国家标准
193	GB/T 27532—2011	犬瘟热诊断技术	青岛农业大学动物科技学院、中华人民共和国上海出入境检验检疫局、中华人民共和国山东出入境检验检疫局	国家标准
194	GB/T 27533—2011	犬细小病毒病诊断技术	青岛农业大学动物科技学院、中华人民共和国上海出入境检验检疫局	国家标准
195	GB/T 27535—2011	猪流感 HI 抗体检测方法	中国农业科学院哈尔滨兽医研究所	国家标准
196	GB/T 27536—2011	猪流感病毒分离与鉴定方法	中国农业科学院哈尔滨兽医研究所	国家标准

（续）

序号	标准号	标准名称	标准完成单位	标准类别
197	GB/T 27537—2011	动物流感检测 A 型流感病毒分型基因芯片检测操作规程	中国检验检疫科学研究院、中国人民解放军军事医学科学院、中国兽医药品监察所	国家标准
198	GB/T 27538—2011	动物流感检测 A 型 H1N1 流感病毒中 HA、NA 的焦磷酸测序检测方法	山东出入境检验检疫局	国家标准
199	GB/T 27539—2011	动物流感检测 A 型流感病毒通用荧光 RT-PCR 检测方法	中华人民共和国北京出入境检验检疫局、中华人民共和国广东出入境检验检疫局、深圳匹基生物工程有限公司	国家标准
200	GB/T 27540—2011	猪瘟病毒实时荧光 RT-PCR 检测方法	中国兽医药品监察所	国家标准
201	GB/T 27621—2011	马鼻肺炎病毒 PCR 检测方法	新疆农业大学	国家标准
202	GB/T 27634—2011	传染性囊病病毒核酸检测方法	中华人民共和国深圳出入境检验检疫局、深圳市检验检疫科学研究院、华南农业大学、中华人民共和国珠海出入境检验检疫局、北京盈九思科技有限公司	国家标准
203	GB/T 27635—2011	斑点叉尾鮰嗜麦芽寡养单胞菌检测操作方法	中华人民共和国江苏出入境检验检疫局、中国动物卫生与流行病学中心	国家标准
204	GB/T 27637—2011	副结核分枝杆菌实时荧光 PCR 检测方法	中华人民共和国广东出入境检验检疫局、吉林农业大学、北京盈九思科技发展有限公司	国家标准
205	GB/T 27639—2011	结核病病原菌实时荧光 PCR 检测方法	中华人民共和国广东出入境检验检疫局、华中农业大学、中国检验检疫科学研究院、北京盈九思科技发展有限公司	国家标准
206	GB/T 27640—2011	马痘诊断技术	中华人民共和国山东出入境检验检疫局、中国动物卫生与流行病学中心	国家标准
207	GB/T 27641—2011	马螨病诊断技术	中华人民共和国山东出入境检验检疫局	国家标准

（续）

序号	标准号	标准名称	标准完成单位	标准类别
208	GB/T 27980—2011	马病毒性动脉炎诊断技术	农业部热带亚热带动物病毒学重点开放实验室	国家标准
209	GB/T 27981—2011	牛传染性鼻气管炎病毒实时荧光 PCR 检测方法	中华人民共和国广东出入境检验检疫局、江苏出入境检验检疫局	国家标准
210	GB/T 27982—2011	小反刍兽疫诊断技术	中国动物卫生与流行病学中心	国家标准
211	GB/T 27644—2011	禽疱疹病毒 2 型荧光 PCR 检测方法 原名马立克病毒 I 型荧光 PCR 检测方法	中华人民共和国深圳出入境检验检疫局、扬州大学、河南农业大学	国家标准
212	GB/T 18649—2014	牛传染性胸膜肺炎诊断技术	中国农业科学院哈尔滨兽医研究所	国家标准

附表 4

已发布屠宰标准

序号	标准号	标准名称	标准完成单位	标准类别	发布时间
1	GB/T 30958—2014	生猪屠宰成套设备技术条件	商务部流通产业促进中心等	国家标准	2014/7/8
2	SB/T 10908—2012	屠宰企业诚信体系实施指南	商务部流通产业促进中心	商业行业标准	2013/1/23
3	SB/T 10909—2012	屠宰企业诚信体系评价实施细则	商务部流通产业促进中心	商业行业标准	2013/1/23
4	SB/T 10911—2012	屠宰设备维修员技能要求	商务部流通产业促进中心等	商业行业标准	2013/1/23
5	SB/T 10913—2012	病害肉化制成套设备技术条件	商务部流通产业促进中心等	商业行业标准	2013/1/23
6	SB/T 10918—2012	屠宰企业实验室建设规范	商务部流通产业促进中心等	商业行业标准	2013/1/23
7	SB/T 10730—2012	易腐食品冷藏链技术要求禽畜肉	中国制冷学会等	商业行业标准	2012/8/1
8	SB/T 10731—2012	易腐食品冷藏链操作规范畜禽肉	中国制冷学会等	商业行业标准	2012/8/1
9	GB 18078.1—2012	农副食品加工业卫生防护距离第 1 部分：屠宰及肉类加工业	中国疾病预防控制中心环境与健康相关产品安全所等	国家标准	2012/6/29
10	SB/T 10659—2012	畜禽产品包装与标识	商务部流通产业促进中心等	商业行业标准	2012/3/15
11	SB/T 10656—2012	猪肉分级	商务部流通产业促进中心等	商业行业标准	2012/3/15
12	SB/T 10657—2012	生猪无害化处理操作规范	商务部流通产业促进中心等	商业行业标准	2012/3/15
13	SB/T 10660—2012	屠宰企业消毒规范	商务部流通产业促进中心等	商业行业标准	2012/3/15
14	SB/T 10658—2012	生猪副产品加工人员技能要求	商务部流通产业促进中心等	商业行业标准	2012/3/15
15	SB/T 10661—2012	屠宰企业消毒人员技能要求	商务部流通产业促进中心等	商业行业标准	2012/3/15

（续）

序号	标准号	标准名称	标准完成单位	标准类别	发布时间
16	SB/T 10663—2012	病害畜禽及其产品无害化处理人员技能要求	商务部流通产业促进中心等	商业行业标准	2012/3/15
17	SB/T 10662—2012	病害牲畜及病害牲畜产品化制设备	商务部流通产业促进中心等	商业行业标准	2012/3/15
18	GB/T 27643—2011	牛胴体及鲜肉分割	南京农业大学等	国家标准	2011/12/30
19	SB/T 10637—2011	牛肉分级	商务部流通产业促进中心等	商业行业标准	2011/12/20
20	GB/T 27519—2011	畜禽屠宰加工设备通用要求	商务部流通产业促进中心等	国家标准	2011/11/21
21	NY/T 2076—2011	生猪屠宰加工场（厂）动物卫生条件	中国动物卫生与流行病学中心	农业行业标准	2011/9/1
22	SB/T 10396—2011	生猪定点屠宰厂（场）资质等级要求	商务部市场秩序司等	商业行业标准	2011/7/7
23	SB/T 10353—2011	生猪屠宰加工职业技能岗位标准、职业技能岗位要求	商务部市场秩序司等	商业行业标准	2011/7/7
24	SB/T 10359—2011	肉品品质检验人员岗位技能要求	商务部流通产业促进中心等	商业行业标准	2011/7/7
25	SB/T 10600—2011	屠宰设备型号编制方法	商务部屠宰技术鉴定中心等	商业行业标准	2011/7/7
26	SB/T 10570—2010	片猪肉激光灼刻标识码、印应用规范	商务部流通产业促进中心等	商业行业标准	2010/10/9
27	SB/T 10571—2010	病害畜禽及产品焚烧设备	商务部流通产业促进中心等	商业行业标准	2010/10/9
28	NY/T 676—2010	牛肉等级规格	南京农业大学等	农业行业标准	2010/7/8
29	GB/T 24864—2010	鸡胴体分割	农业部家禽品质监督检验测试中心（扬州）	国家标准	2010/6/30
30	GB 50317—2009	猪屠宰与分割车间设计规范	国内贸易工程设计研究院等	国家标准	2009/5/4
31	NY/T 1759—2009	猪肉等级规格	中国农业科学院农业质量标准与检测技术研究所等	农业行业标准	2009/4/23

（续）

序号	标准号	标准名称	标准完成单位	标准类别	发布时间
32	NY/T 1760—2009	鸭肉等级规格	中国农业科学院农业质量标准与检测技术研究所等	农业行业标准	2009/4/23
33	GB/T 22569—2008	生猪人道屠宰技术规范	商务部畜禽屠宰管理办公室等	国家标准	2008/12/15
34	GB/T 22468—2008	家禽及禽肉兽医卫生监控技术规范	中国动物卫生与流行病学中心	国家标准	2008/11/4
35	GB/T 22469—2008	禽肉生产企业兽医卫生规范	农业部动物检疫所等	国家标准	2008/11/4
36	SBJ 15—2008	禽类屠宰与分割车间设计规范	国内贸易工程设计研究院等	商业行业标准	2008/9/27
37	GB/T 27301—2008	食品安全管理体系肉及肉制品生产企业要求	中国合格评定国家认可中心等	国家标准	2008/8/28
38	GB/T 9959.2—2008	分割鲜、冻猪瘦肉	商务部屠宰技术鉴定中心等	国家标准	2008/8/12
39	GB/T 9961—2008	鲜、冻胴体羊肉	商务部屠宰技术鉴定中心等	国家标准	2008/8/12
40	GB/T 22289—2008	冷却猪肉加工技术要求	商务部屠宰技术鉴定中心等	国家标准	2008/8/12
41	GB/T 22210—2008	肉与肉制品感官评定规范	农业部畜禽产品质量监督检验测试中心	国家标准	2008/7/31
42	SB/T 10456—2008	畜禽屠宰加工设备通用技术条件	商务部屠宰技术鉴定中心等	商业行业标准	2008/7/3
43	GB/T 9960—2008	鲜、冻四分体牛肉	商务部屠宰技术鉴定中心等	国家标准	2008/6/27
44	GB/T 17238—2008	鲜、冻分割牛肉	商务部屠宰技术鉴定中心等	国家标准	2008/6/27
45	GB/T 17236—2008	生猪屠宰操作规程	商务部屠宰技术鉴定中心等	国家标准	2008/6/27
46	SBJ 08—2007	牛羊屠宰与分割车间设计规范	国内贸易工程设计研究院等	商业行业标准	2007/12/28
47	NY/T 1565—2007	冷却肉加工技术规范	中国农业科学院农产品加工研究所等	农业行业标准	2007/12/18
48	NY/T 1564—2007	羊肉分割技术规范	中国农业科学院农产品加工研究所等	农业行业标准	2007/12/18

（续）

序号	标准号	标准名称	标准完成单位	标准类别	发布时间
49	NY/T 1341—2007	家畜屠宰质量管理规范	全国畜牧总站	农业行业标准	2007/4/17
50	NY/T 1340—2007	家禽屠宰质量管理规范	全国畜牧总站	农业行业标准	2007/4/17
51	GB/T 20551—2006	畜禽屠宰 HACCP 应用规范	商务部屠宰技术鉴定中心等	国家标准	2006/9/29
52	GB/T 20575—2006	鲜、冻肉生产良好操作规范	商务部屠宰技术鉴定中心	国家标准	2006/9/14
53	GB 16548—2006	病害动物和病害动物产品生物安全处理规程	全国畜牧兽医总站	国家标准	2006/9/4
54	NY/T 1174—2006	肉鸡屠宰质量管理规范	北京华都集团有限责任公司	农业行业标准	2006/7/10
55	GB/T 20094—2006	屠宰和肉类加工厂企业卫生注册管理规范	国家认证认可监督管理委员会注册部等	国家标准	2006/2/6
56	GB 16869—2005	鲜、冻禽产品	卫生部食品卫生监督检验所等	国家标准	2005/3/23
57	GB 2707—2005	鲜（冻）畜肉卫生标准	江苏省疾病预防控制中心等	国家标准	2005/1/25
58	NY/T 909—2004	生猪屠宰检疫规范	全国畜牧兽医总站	农业行业标准	2005/1/4
59	GB/T 19477—2004	牛屠宰操作规程	河南省漯河双汇实业集团有限责任公司等	国家标准	2004/3/16
60	GB/T 19478—2004	肉鸡屠宰操作规程	河南省漯河双汇实业集团有限责任公司等	国家标准	2004/3/16
61	GB/T 19479—2004	生猪屠宰良好操作规范	中国农业大学食品科学学院等	国家标准	2004/3/16
62	NY/T 632—2002	冷却猪肉	农业部畜禽产品质量监督检验测试中心等	农业行业标准	2002/12/30
63	NY/T 633—2002	冷却羊肉	农业部畜禽产品质量监督检验测试中心等	农业行业标准	2002/12/30
64	NY/T 630—2002	羊肉质量分级	中国农业科学院畜牧研究所等	农业行业标准	2002/12/30
65	NY/T 631—2002	鸡肉质量分级	中国农业科学院畜牧研究所等	农业行业标准	2002/12/30

（续）

序号	标准号	标准名称	标准完成单位	标准类别	发布时间
66	NY 467—2001	畜禽屠宰卫生检疫规范	农业部动物检疫所等	农业行业标准	2001/9/3
67	GB 9959.1—2001	鲜、冻片猪肉	中国肉类食品综合研究中心	国家标准	2001/7/20
68	GB 18394—2001	畜禽肉水分限量	国家国内贸易局肉禽蛋食品质量检测中心（北京）	国家标准	2001/7/20
69	GB 18393—2001	牛羊屠宰产品品质检验规程	国家国内贸易局肉禽蛋食品质量检测中心（北京）	国家标准	2001/7/20
70	GB/T 17996—1999	生猪屠宰产品品质检验规程	国家国内贸易局肉禽蛋食品质量检测中心（北京）	国家标准	1999/11/10
71	NY/T 330—1997	肉用仔鸡加工技术规程	北京农业大学食品科学系等	农业行业标准	1997/12/19
72	GB/T 16569—1996	畜禽产品消毒规范	农业部动物检疫所	国家标准	1996/10/3
73	GB 12694—1990	肉类加工厂卫生规范	北京市肉类联合加工厂等	国家标准	1991/3/18

附表 5

已发布伴侣动物标准

序号	标准号	标准名称	标准完成单位	标准类别	发布时间
1	SN/T3984—2014	犬细小病毒实时荧光PCR检疫技术规范	中华人民共和国四川出入境检验检疫局	商品检验行业标准	2014/12/1
2	SN/T4087—2014	狂犬病检疫技术规范	中华人民共和国北京出入境检验检疫局	商品检验行业标准	2014/12/1
3	QB/T 4524—2013	宠物用清洁护理剂	西安开米股份有限公司	轻工业行业标准	2013/10/17
4	SN/T 3505—2013	犬恶丝虫病检疫技术规范	中华人民共和国四川出入境检验检疫局	商品检验行业标准	2013/3/1
5	NY/T 2143—2012	宠物美容师	农业部畜牧行业职业技能鉴定指导站	农业行业标准	2012/3/1
6	GB/T 27532—2011	犬瘟热诊断技术	青岛农业大学动物科技学院	国家标准	2011/11/21
7	GB/T 27533—2011	犬细小病毒病诊断技术	青岛农业大学动物科技学院	国家标准	2011/11/21
8	SN/T 1698—2010	伪狂犬病检疫技术规范	中华人民共和国深圳出入境检验检疫局	商品检验行业标准	2010/11/1
9	SN/T 2428—2010	犬瘟热诊断方法	中华人民共和国黑龙江出入境检验检疫局	商品检验行业标准	2010/1/10

图书在版编目（CIP）数据

中国兽医科技发展报告.2013—2014年/农业部兽医
局编.—北京：中国农业出版社，2016.12
ISBN 978-7-109-22315-8

Ⅰ.①中…　Ⅱ.①农…　Ⅲ.①兽医学—科技发展—研
究报告—中国—2013—2014　Ⅳ.①S85

中国版本图书馆CIP数据核字（2016）第269156号

中国农业出版社出版
（北京市朝阳区麦子店街18号楼）
（邮政编码100125）
责任编辑　刘　玮　黄向阳
————————————
北京通州皇家印刷厂印刷　新华书店北京发行所发行
2016年12月第1版　2016年12月北京第1次印刷
————————————
开本：787mm×1092mm 1/16　印张：14.5
字数：300千字
定价：140.00元
（凡本版图书出现印刷、装订错误，请向出版社发行部调换）